高等学校电子信息类专业系列教材

FPGA 设计及应用

主　编　朱代先　代新冠

副主编　朱周华　黄晓俊　王　静

西安电子科技大学出版社

内 容 简 介

本书以培养电子信息技术应用型人才为目标，以实际应用为背景，深入浅出地介绍了 FPGA 的基本技术。在内容取材上，本书力求反映国内外 FPGA 技术的新成果、新应用；在描述方法上，本书既注重基本理论的介绍，力求通俗易懂，又强调理论与实践相结合，通过大量的实用例程帮助读者了解 FPGA 技术及其应用开发方法。

全书共 8 章，主要包括绪论、可编程逻辑器件、VHDL 硬件描述语言基础、VHDL 描述语句、有限状态机、常用接口的 FPGA 实现、FPGA 在通信系统设计中的应用、FPGA 在数字信号处理中的应用等内容。

本书可作为高等学校电子信息类专业本科生或研究生的教材，也可作为广大数字电路及数字系统设计开发人员的参考书。

图书在版编目 (CIP) 数据

FPGA 设计及应用 / 朱代先，代新冠主编 . -- 西安 : 西安电子科技大学出版社 , 2025. 6. -- ISBN 978-7-5606-7530-5

Ⅰ. TP331.2

中国国家版本馆 CIP 数据核字第 2025GX1580 号

策　　划　吴祯娥

责任编辑　吴祯娥

出版发行　西安电子科技大学出版社 (西安市太白南路 2 号)

电　　话　(029) 88202421　88201467　　邮　　编　710071

网　　址　www.xduph.com　　电子邮箱　xdupfxb001@163.com

经　　销　新华书店

印刷单位　陕西天意印务有限责任公司

版　　次　2025 年 6 月第 1 版　　2025 年 6 月第 1 次印刷

开　　本　787 毫米 × 1092 毫米　1/16　　印　　张　19.25

字　　数　456 千字

定　　价　58.00 元

ISBN 978-7-5606-7530-5

XDUP 7831001-1

前　言

EDA技术是现代电子设计的核心之一，也是电子信息类专业重要的专业基础课程。FPGA是可编程逻辑器件的典型代表，已被广泛应用于数字信号处理、图像处理、通信系统设计、机电控制等领域。

本书是作者根据多年的教学实践、电子设计竞赛指导、科研经验编写而成的，旨在培养高水平的工程技术应用型人才。全书分为四个部分：第一部分为EDA技术概述，介绍了EDA的发展历程和基本特征，并简要介绍了硬件描述语言的特点；第二部分介绍EDA的硬件资源，主要包括PLD、CPLD、FPGA的硬件结构和应用选择；第三部分介绍FPGA开发语言——VHDL，系统讲解VHDL硬件描述语言的基础知识，包括语法、数据对象、操作符、描述语句等；第四部分介绍FPGA技术在实际中的应用，涉及有限状态机、常用数字接口电路的FPGA实现、通信系统模块设计和数字信号常用的处理方法实现等内容。附录中提供了Quartus Prime 18.0的安装和新建工程的方法。

本书以工程应用为背景，涵盖了EDA技术的理论和实践，深入浅出地介绍了EDA的基本技术以及数字系统设计中的关键知识和技能。本书在内容组织上，力求简明精练，覆盖国内外EDA技术的最新成果和应用；在讲述方法上，注重基本内容和方法的易懂性，同时强调理论与实践的结合；通过大量实用例程突出了实用性，为读者提供了全面的学习和应用指导。

本书由朱代先主持编写，并编写第1、6、7章及第3章的3.1、3.2节，代新冠编写第2、8章，王静编写第3章的3.3～3.7节，朱周华编写第4章，黄晓俊编写第5章，全书由朱代先统稿。在编写本书的过程中，我们得到了作者单位的支持和同事及研究生的帮助，同时也得到了西安电子科技大学出版社的大力支持，感谢他们为本书出版付出的辛勤劳动。

鉴于作者水平有限，书中难免存在不妥之处，恳请读者批评指正。

作　者

2024年7月

目　录

第1章 绪 论

1.1 电子设计自动化技术概述

电子设计自动化 (Electronic Design Automation，EDA) 是在计算机平台上利用 EDA 软件进行电子产品自动化设计的技术。设计人员可以使用电路原理图或者硬件描述语言 (Hardware Description Language，HDL) 在 EDA 开发软件中设计、输入、编辑各种电路，再对这些电路进行逻辑综合、适配、布局布线优化、仿真等处理，就可以得到设计结果，最终将设计结果下载到可编程目标芯片，如复杂可编程逻辑器件 (Complex Programmable Logic Device，CPLD) 和现场可编程门阵列 (Field Programmable Gate Array，FPGA)，测试合格后，即可得到设计的产品。EDA 技术融合了电子、计算机、信息处理、智能化技术，在现代电子系统设计和制造中扮演着关键角色，代表了电子设计技术的最新发展方向。运用 EDA 技术，设计人员只需描述系统的功能，由相应的设计软件负责处理系统的逻辑综合、布局布线、仿真等任务，大幅度提高了设计效率，也推动了数字系统设计的发展。

1.1.1 EDA 技术的发展历程

20 世纪末，电子技术取得了巨大的发展，这不仅引发了现代电子产品性能不断提升的浪潮，还加速了产品更新换代的速度。

EDA 技术作为现代电子设计的核心，借助计算机强大的计算能力，可以在 EDA 软件平台完成一系列设计步骤，包括逻辑简化、逻辑分割、逻辑综合、结构综合 (布局布线)、逻辑优化、仿真测试等。这不仅减轻了设计人员的工作强度，也使其设计能力不断增强。

在高新电子产品的设计和生产中，微电子技术与现代电子设计技术相辅相成、相互促进。EDA 技术可以将这两者紧密结合。EDA 技术不仅融合了大规模集成电路制造技术、集成电路 (Integrated Circuit，IC) 版图设计技术、专用集成电路 (Application Specific Integrated Circuit，ASIC) 测试和封装技术、CPLD 和 FPGA 编程下载技术、自动测试技术等，而且融合了计算机辅助设计 (Computer Assist Design，CAD)、计算机辅助制造 (Computer Aided Manufacturing，CAM)、计算机辅助翻译 (Computer Aided Translation，CAT)、计算机辅助工程 (Computer Aided Engineering，CAE) 以及多种计算机语言的设计概念。在现代电子学领域，EDA 技术综合了电子线路设计理论、数字信号处理技术、嵌入式系统和计算机设计技术、数字系统建模和优化技术、微波技术等内容，为现代电子理论和设计的表达与实现提供了广泛的可能性。

现代 EDA 技术的发展大致可以划分为三个主要阶段：CAD 阶段、CAE 阶段和 EDA 阶段。

(1) CAD 阶段 (20 世纪 70 年代)。早期的电子系统硬件设计使用的是分立元件，通过试探法和试凑法进行。20 世纪 70 年代随着中小规模集成电路的出现，设计人员开始使用不同型号的标准集成电路芯片设计更复杂的电路系统，传统手工布线已不能满足其需求，因此出现了自动布线的 CAD 工具，如 ACCEL 公司的 Tango 布线软件。然而，当时的 CAD 工具因受到计算机性能的限制，设计能力有限。

(2) CAE 阶段 (20 世纪 80 年代)。在 20 世纪 80 年代初期，EDA 技术的研发重点集中于逻辑模拟、定时分析、故障仿真以及自动布线等核心功能模块。随着技术不断演进，到 80 年代后期，EDA 工具实现了功能的重大突破，不仅能够完成设计描述、逻辑综合及电路优化等关键设计流程，还成功解决了此前电路设计中一直存在的功能验证难题。这个阶段 EDA 工具开始替代设计师的一部分工作，对确保成功设计和制造电子产品起到了关键作用。然而，大多数基于原理图的 EDA 工具仍难以满足复杂电子系统的设计要求。

(3) EDA 阶段 (20 世纪 90 年代至今)。随着可编程逻辑器件的出现，设计者逐渐从使用现成硬件转向自主设计硬件，从单个电子产品的开发转向系统级电子产品的开发。在这个阶段，EDA 工具取得了重大突破，以系统级设计为核心，实现了系统行为级描述、结构级综合、系统仿真与测试验证、系统划分及指标分配等一系列功能。这一时期的 EDA 工具具备高级抽象的设计能力，能够辅助设计师完成前期的诸多高层次设计任务，推动了整个电子设计行业的快速发展，使电子系统设计变得更加高效且便捷。

目前，EDA 工具已广泛应用于集成电路的设计、制造、封装等环节，涵盖了模拟电路、数字电路、FPGA、进程控制块 (Process Control Block，PCB)、面板等多个领域的设计工作，在现代集成电路产业中扮演着不可或缺的关键角色。EDA 技术的发展对现代集成电路产业产生了深远的影响，显著降低了芯片的设计成本，使得大规模且复杂的电路设计成为现实。更为重要的是，EDA 技术与现代先进工艺的结合为集成电路的性能提升和尺寸缩减带来了全新的发展机遇，为电子产品创新提供了更广泛的空间，推动整个产业朝着更高性能、更紧凑尺寸的方向迈进。可以说，EDA 技术的不断发展不仅提高了设计效率，还对整个电子产业的发展产生了积极的推动作用。

1.1.2 EDA 的基本特征

1. 采用行为级综合工具

在 EDA 技术中，采用了行为级综合工具，使设计层次从寄存器传输级 (Register Transfer Level，RTL) 提升至系统级。RTL 是对同步数字电路的抽象模型，基于数字信号在硬件寄存器、存储器、组合逻辑器件和总线等逻辑单元之间的流动，以及相关逻辑代数运算方式来定义。这种方式使设计者能够更灵活地从系统行为的高层次入手进行设计。通过这种方法，设计者可在设计初期关注系统的功能和行为，而无须深入考虑底层硬件实现细节。这种高层次抽象不仅提升了设计灵活性，同时也使整个设计过程更易于理解和协作。

2. 采用硬件描述语言来描述

EDA 技术广泛采用硬件描述语言，如超高速集成电路硬件描述语言 (Very High-Speed Integrated Circuit HDL，VHDL) 和 Verilog HDL，用于对电子系统进行描述。这些语言提供了一种结构化、形式化的方法，允许设计人员以类似编程的方式表达电子系统的行为和结构。相较于传统的门级描述方式，硬件描述语言提供了更高层次的抽象，使得设计人员能够更直观地理解和管理复杂系统。

3. “自上而下”的设计方法

“自上而下”的设计方法是 EDA 技术的核心理念之一。该方法鼓励设计人员从系统的高层次开始进行设计，逐步向底层细化。早期电子设计的基本思路是采用标准集成电路“自下而上”构造新系统，这种方法效率低、成本高，容易出错。随着 EDA 设计方法的引入，一种全新的“自上而下”的设计方法出现了，如图 1.1 所示。

“自上而下”的设计方法是：首先，从系统设计入手，在顶层进行功能方框图的划分和结构设计，并在方框图级进行仿真和纠错；其次，利用硬件描述语言对高层次的系统行为进行描述，在系统级进行仿真；最后，通过综合优化工具生成具体门电路的网表文件，其对应的物理实现可以是印制电路板或专用集成电路。

在这一设计方法中，主要的仿真和调试过程是在高层次上完成的。这有利于早期发现结构设计的错误，避免设计工作的浪费，同时减少逻辑功能仿真的工作量，从而提高设计的一次成功率。

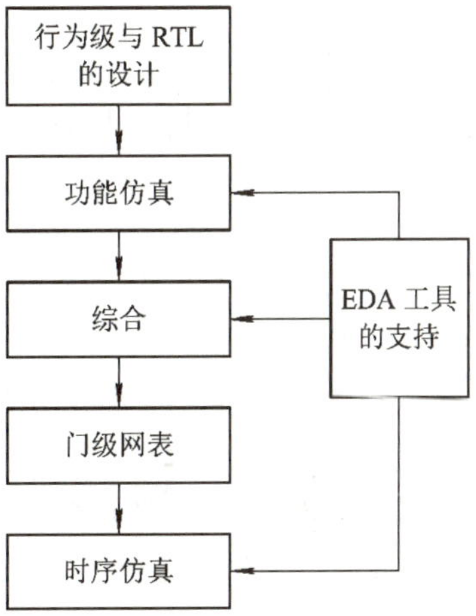

图 1.1 “自上而下”的设计方法

4. 集设计、仿真和测试于一体

现代的 EDA 软件平台集设计、仿真、测试于一体，配备了系统设计自动化的全部工具：多种能兼容和混合使用的逻辑描述输入工具，高性能的逻辑综合、优化和仿真测试工具。电子设计师可以从概念、算法、协议等开始设计电子系统，可以将电子产品从电路设计、性能分析到设计出 IC 版图或 PCB 版图的整个过程在计算机上自动完成。与以往的设计方法相比，采用 EDA 技术可以提高设计效率，减轻设计人员的工作负担。

5. 在线系统编程

编程是把系统设计的程序化数据按一定的格式写入一个或多个可编程逻辑器件的编程存储单元，用于确定其内部模块的逻辑功能及其相互连接关系。早期的可编程逻辑器件编程需要将芯片从电路板拆卸下，再插入专用编程器进行烧录。如今，随着 EDA 技术的发展，广泛采用在线编程技术实现器件内系统的动态配置。

所谓系统内可配置是指可编程逻辑器件具有对插在系统内或电路板上的器件进行编程和再编程的能力。这使系统的硬件功能也可以像软件一样被编程配置，为设计者进行电子系统设计和开发提供了极大的便利。这种技术彻底改变了系统的设计、制造、测试和维护方式，为样机开发、电路调试、系统生产以及系统升级带来了突破性的变革。

6. IP 复用技术

IP(Intellectual Property) 原来是指知识产权、著作权等，在 IC 设计领域，可将其理解为实现某种功能的设计。电子系统的设计越向高层发展，基于 IP 复用 (IP Reuse) 的设计技术越显示出其优越性。IP 核是指完成某种功能的设计模块，它可以分为软核、固核和硬核。

1) 软核

软核指的是寄存器传输级模型，表现为寄存器传输语言 (Register Transfer Language，RTL) 代码 (Verilog 或 VHDL)。软核通常只需要经过功能仿真和综合验证，无须进行物理实现和布局布线，其优点是灵活性高、可移植性强，用户可以对软核的功能加以裁剪以符合特定的应用，也可以对软核的参数进行重新载入。

2) 固核

固核是指经过了综合 (布局布线) 的带有平面规划信息的网表。网表是电子电路的抽象表示，其中包含了电路中的各个组件 (如晶体管、电阻、电容等) 以及它们之间的连接信息，通常以 RTL 代码和对应具体工艺网表的混合形式提供。与软核相比，固核的设计灵活性稍差，但在可靠性上有较大的提高。

3) 硬核

硬核是指经过验证的设计版图，其经过前端和后端验证，并针对特定的设计工艺，用户不能对其进行修改。

软核使用灵活，但其可预测性差，延时不一定能达到要求；硬核可靠性高，能确保电子系统的性能，如速度、功耗等，能很快地投入使用。

基于 IP 核的设计能节省开发时间、缩短开发周期、避免重复劳动，因此基于 IP 复用的设计技术得到了广泛应用。但其也存在一些问题，如 IP 版权保护、IP 保密、IP 核集成等。

7. 开放性和标准化

开放式设计环境也被称为框架结构 (Framework)。框架是一种软件平台架构，在 EDA 系统中，主要负责协调设计流程和管理设计数据，实现数据与工具之间的双向交互，并为 EDA 工具提供良好的运行环境。框架结构的核心功能包括提供与硬件平台无关的图形用户界面、支持工具间的通信、管理设计数据和设计流程，以及提供与数据库相关的服务。

当 EDA 系统构建了一个符合标准的开放式框架结构时，就能兼容其他厂商的 EDA 工具共同开展设计工作。这种框架结构的出现使国际上众多优秀的 EDA 工具能够集成在同一计算机平台上，形成一个完整的 EDA 系统。它充分发挥了每个设计工具的技术优势，实现资源共享。在这种环境下，设计者能够更高效地使用各种工具，从而提高设计质量和效率。

1.2 专用集成电路设计方法

集成电路分为标准集成电路和定制集成电路两类。标准集成电路是指具有通用功能、可以在市场上购买到的通用器件。它们具有标准的芯片功能，可广泛应用于各种领域。标准集成电路包括中央处理单元 (Central Processing Unit，CPU)、各类存储器、计算机主板上的南北桥芯片、显示卡上的图形处理器，以及运算电路中的加法器、减法器、比较器、数据选择器等。在计算机通信接口方面，通用串行总线 (Universal Serial Bus，USB) 收发器也被认为是标准集成电路的一部分。

定制集成电路 (Application Specific Integrated Circuit，ASIC) 是按用户需要专门设计制作的集成电路，专门用于特殊场合。相对于标准集成电路而言，ASIC 提供了更高程度的定制化，以满足特定系统或功能的独特设计要求，从而提高设计的安全性和系统设计的整合效率。ASIC 是一类面向专门用途或特定用户需求而设计制造的集成电路，它构成了片上系统 (System on Chip，SoC) 集成的基础。这种类型的集成电路被精心设计以满足特定应用的性能和功能需求，从而在各个领域中发挥着关键作用。

基于 EDA 设计技术的 ASIC，根据其实现工艺，可统称为掩膜 ASIC(或 ASIC)。可编程 ASIC 是一种为特定应用系统定制的集成电路。与掩膜 ASIC 相比，可编程 ASIC 具有面向用户灵活多样的可编程性。

ASIC 可由以下 3 种方式实现。

1. 门阵列

门阵列 ASIC 是由规则排列成行、列的基本逻辑单元组成的半定制芯片，其外围部分是 I/O 单元。这些单元包含输入和输出缓冲器、晶体管、压焊盘等。门阵列内部由基本的逻辑单元或门电路组成。每个单元均由少量的晶体管组成。门阵列上所有的晶体管在初始时并不连接，布局设计软件根据给定的设计方案，会计算出哪些晶体管需要连接。ASIC 厂商提供一些未连接的芯片，当设计完成时，厂商只需对参与连接的金属层进行照相掩膜，并加载在芯片上，就可以生产出所需的芯片。门阵列的优点是其内部电路工作速度快，电路密度高 (具有百万个门电路的门阵列，其时钟频率能达到数百 MHz 甚至数 GHz)，在一个芯片上可集成多个功能块，对需求量较大的产品来说，门列阵成本低廉。门阵列的缺点是 ASIC 的厂商需要时间制造和测试电路部件。另外，用户要预先承担大笔的费用，即所谓的非重复性工程 (Non-Recurring Engineering，NRE) 费用，ASIC 生产厂商需用这笔费用启动整个 ASIC 的生产过程。

2. 标准单元

标准单元设计是数字逻辑电路设计的一种方法。通过使用 ASIC 厂商提供的标准单元库，设计人员能够灵活地选择和组合多种已验证的标准逻辑单元，以构建符合特定需求的集成电路。这种设计方法灵活，能够根据具体应用需求进行个性化定制，提高了设计效率。然而，需要注意的是，由于涉及的掩膜层数较多，通常需要超过 12 层的掩膜，这会带来生产成本的增加和设计周期的延长。

3. 全定制

全定制设计是一种按照客户要求，以实现最佳电路设计为目标的方法，旨在生产价格合理、性能优越的定制产品。虽然这种设计方式为满足特定需求提供了极大的灵活性，但其缺点包括需花费高昂的 NRE 费用、大量的设计人工费用，以及较长的设计周期。因此，全定制设计通常只在关键电路的设计阶段使用，以确保在性能、成本和时间之间取得最佳平衡，同时确保满足客户的独特需求。全定制设计在追求个性化和卓越性能的同时，需要精心权衡各方面的因素，以达到最终产品的最佳性能和经济效益。

1.3 HDL 的特点

HDL 是一种专门用于描述数字电路和硬件系统的语言。HDL 允许工程师以高层次的抽象方式描述电路的功能和行为，从而方便进行硬件的设计和验证。最常见的 HDL 包括 VHDL 和 Verilog HDL。这些语言提供了一种行为级的描述方式，使得设计人员能够通过代码表示数字电路的结构和操作。HDL 不仅可用于定义硬件系统的结构，还可以对其行为进行描述，如时序、组合逻辑等。

HDL 在数字电路设计的各个阶段中都发挥着重要的作用，包括高层次的系统级设计、行为级的模块设计，以及底层的门级和布线级设计。它使得设计人员能够通过计算机辅助工具进行仿真、综合、优化和布局布线，从而更有效地完成电路设计。

1.3.1 VHDL

VHDL 的起源可以追溯到 20 世纪 80 年代。当时，美国国防部启动了超高速集成电路 (Very High-Speed Integrated Circuit，VHSIC) 项目，旨在满足对超高速集成电路的需求。VHDL 应运而生。在应用之初它主要用于描述电子系统的结构和功能。

1987 年，VHDL 第一次被确定为电气与电子工程师协会 (Institute of Electrical and Electronics Engineers，IEEE) 标准，标准草案编号为 1076/B 版，即 IEEE 1076-1987。这一版本的制定为 VHDL 奠定了基本框架和语法，为数字电路设计提供了一种统一的描述方法。

1993 年，VHDL-1993 版本对 1987 年标准进行了扩展和改进，引入了新的命令和属性，进一步增强了语言的表达能力，使其更加适用于数字电路设计不断变化的需求。

2008 年，VHDL-2008 标准发布，标准编号为 IEEE 1076-2008。其在 VHDL-1993 的基础上进行了修订和增强，包括改进类属语句、增加新标准包等。VHDL-2008 使得 VHDL 更加现代化和强大，进一步提高了语言的灵活性和适用性，为复杂数字系统设计提供了更多的可能性。

2019 年 IEEE 发布了 VHDL-2019 标准，成为目前的最新版本。这个版本主要是对 VHDL-2008 进行修复和改进，添加了一些新的特性，如函数重载、增强的类属语句等。

VHDL 主要用于对数字系统的结构、行为、功能和接口进行详细描述。其语言形式和描述风格与一般的计算机高级语言十分类似，但它又包含许多具有硬件特征的语句。在进行工程设计时，应用 VHDL 给设计带来了多方面的优势：

(1) 广泛的应用领域。VHDL 是一种多层次的硬件描述语言，适用于各种数字电路和系统的描述。它不仅可以应用于集成电路的设计，还可以用于嵌入式系统、通信系统等领域。它覆盖面广，能够满足不同应用场景的需求。

(2) 可读性强。VHDL 具有良好的可读性，不仅能够被计算机接受，而且容易被设计人员理解。这使得设计人员能够更轻松地理解和维护代码，有助于团队协作和项目的长期维护。

(3) 可移植性强。VHDL 具有较强的可移植性，即设计的电路可以在不同的硬件平台上实现，且大部分代码无须重写。这使得设计人员能够更容易地迁移电路到不同的 FPGA

或 ASIC 平台上，提高了设计的灵活性和适应性。这种特性对于在不同硬件环境中进行验证和优化是非常有价值的。

(4) 生命周期长。VHDL 的硬件描述与工艺无关，因此其不会因工艺的变化而过时。这意味着使用 VHDL 描述的电路具有较长的生命周期，不受制造工艺的影响。

(5) 支持大规模系统设计。VHDL 支持大规模系统设计的分解和已有设计的再利用。设计人员可以通过模块化设计的方式，将复杂的系统划分为小模块，这有助于提高设计的灵活性和可维护性。同时，已有的设计可以被方便地重用，加速新项目的开发。

(6) 工业标准认可。VHDL 已成为 IEEE 承认的工业标准，被广泛地应用于学术界和工业界。这种标准化确保了 VHDL 的一致性和互操作性，使其成为通用的硬件描述语言，为设计人员提供了一种可靠的工具。

1.3.2 Verilog HDL

Verilog HDL 的特点是其编程风格与 C 语言相似，它推出的时间比 VHDL 早，在许多领域的应用都很普遍。几年以来，EDA 界对 VHDL 和 Verilog HDL 一直争论不休。实际上这两种语言各有所长，市场占有率也相差不大。

Verilog HDL 始于 20 世纪 80 年代初，由 GDA 公司的 Phil Moorby 推出。他在 1983 年首次引入 Verilog HDL，并在 1984～1985 年设计了 Verilog-XL 仿真器，这奠定了 Verilog HDL 在门级仿真中的基础。

1986 年，Phil Moorby 提出了用于快速门级仿真的 XL 算法，进一步推动了 Verilog HDL 的发展。1989 年，Cadence 公司收购了 GDA 公司，Verilog HDL 成为了 Cadence 公司的私有财产，同时成立了 OVI 组织促进 Verilog HDL 的开放发展。

1995 年，IEEE 标准化 Verilog HDL 为 IEEE 1364-1995，使其成为了通用的硬件描述语言。2001 年 Verilog HDL 1364-2001 标准发布，其语言特性得到了修订和扩展。

2005 年，IEEE 1364-2005 标准发布，对 Verilog HDL 进行了更新。该版本不仅对上一版本进行了细微修正，还包括一个相对独立的新部分，即 Verilog-AMS。这个扩展使得传统的 Verilog HDL 可以对集成的模拟和混合信号系统进行建模。

1.4 常用的 FPGA 工具软件

1.4.1 EDA 工具

EDA 在电子设计自动化领域扮演着至关重要的角色，其核心目标是实现电子设计的全自动化过程，而这需要在计算机环境中依赖各种软件包和专用工具的支持。由于 EDA 的流程涵盖了不同的环节，而单个 EDA 工具通常专注于 EDA 流程中的某一特定步骤。故通常每个环节都需要相应的软件包或专用 EDA 工具来处理。总体而言，EDA 工具可以分为五个主要模块。

(1) 设计输入编辑器：设计输入是指设计人员将所设计的系统或电路以开发软件所要求的特定形式表达出来，并将其输入至计算机的过程。设计输入一般有三种方式：硬件描

述语言 (如 VHDL、Verilog HDL)、原理图输入以及 IP 核输入。

(2) 综合器：将高级设计描述转化为底层网表的关键模块。底层网表是一种由综合器生成的硬件描述，通常以逻辑门、触发器，以及其他硬件基本单元的形式表达。综合器通过逻辑简化、综合和优化等操作，生成与目标硬件相关的网表文件。网表文件是硬件设计的一种描述文件，用于以文件的形式存储设计的结构和连接关系。综合器的目标是提高设计的效率和性能，确保生成的网表能够准确反映设计人员的意图。

(3) 仿真器：设计人员验证设计的关键工具。它将设计描述转换为计算机上的软件模型，允许设计人员在仿真环境中测试电路的逻辑功能和时序性能。设计人员通过仿真可以在实际硬件制造之前检测和纠正潜在的设计问题，提高设计的可靠性和效率。

(4) 适配器：负责将由综合器生成的网表文件配置于目标器件中。这个步骤是将设计从软件模型转换为特定硬件平台的关键环节。适配器确保设计能够正确地映射到目标芯片，并考虑到目标硬件的特定约束和要求。

(5) 下载器：负责将适配后的下载文件加载到目标可编程逻辑器件 (如 CPLD 或 FPGA) 中。这一步是将设计部署到实际硬件的关键步骤，使其成为一个具有设定功能的专用集成芯片。

常用的集成 FPGA/CPLD 开发工具见表 1.1，这些开发工具中很多都集成了一些专业的第三方软件，以方便用户在设计过程中使用。

表 1.1　常用的集成 FPGA/CPLD 开发工具

软　件	说　明
MAX + Plus Ⅱ	MAX + Plus Ⅱ是 Altera 的集成开发软件，其使用广泛，支持 Verilog HDL、VHDL 和 AHDL，MAX + Plus Ⅱ发展到 10.2 版本后，已不再推出新版本
Quartus Ⅱ	Quartus Ⅱ是 Altera 继 MAX+Plus Ⅱ后的第 2 代开发工具
Quartus Prime	从 Quartus Ⅱ 15.1 开始，Quartus Ⅱ更名为 Quartus Prime(Intel 收购了 Altera 之后)。Quartus Prime 已发布的最新版本是 23.4。Quartus Prime 集成了新的 Spectra-Q 综合工具，支持数百万逻辑单元 (Logic Element，LE) 的 FPGA 器件的综合；集成了新的前端语言解析器，扩展了对 VHDL-2019 和 System Verilog-2005 的支持
ISE	ISE 是 Xilinx 的 FPGA/CPLD 的集成开发软件，提供从设计输入到综合、布局布线、仿真、下载的全套解决方案，并提供与其他 EDA 工具的接口。其中，原理图输入可用第三方软件 ECS，HDL 综合可用 Xilinx 公司的 XST、Synopsys 的 FPGA Express 和 Synplicity 的 Synplify/Synplify Pro，仿真可用 ModelSim XE 或 ModelSim SE
Vivado	Vivado 设计套件是 Xilinx 于 2012 年发布的集成设计环境。Vivado 是基于 AMBAAXI4 互连规范、IP-XACT IP 封装元数据、工具命令语言、Synopsys 系统约束，以及其他有助于根据客户需求量身定制设计流程并符合业界标准的开放式环境，支持多达 1 亿个等效 ASIC 门的设计
ispLEVER	ispLEVER Classic 是 Lattice 的 FPGA 设计环境，支持 FPGA 器件的整个设计过程，包括从概念设计到 JEDEC 或位流编程文件输出
Diamond	Diamond 软件也是 Lattice 的开发工具，支持 FPGA 从设计输入到位流文件下载的整个流程，支持 Windows 7、Windows 8 等操作系统

1.4.2　Xilinx 公司的 Vivado 开发工具概述

Vivado 是 Xilinx 公司推出的一款集成化的设计套件，用于进行 FPGA 和 SoC 的设计、验证和实现。该工具旨在提供全面、高效的解决方案，以应对现代数字系统设计中的复杂性、多元化和智能化的需求。Vivado 开发工具的主要特点如下：

(1) 设计流程综合。Vivado 提供了从高级综合 (High-Level Synthesis，HLS) 到综合、实现、验证和调试的一体化设计流程。这使得设计人员能够在不同的抽象层次上进行设计，从而更灵活地完成项目。

(2) 可视化设计环境。Vivado 提供了一个直观的图形用户界面 (Graphical User Interface，GUI)，允许设计人员通过拖放和连接模块来设计硬件系统。此界面还包括设计分析和优化工具，以帮助设计人员改进设计。

(3) 高级综合 (HLS)。Vivado HLS 允许设计人员使用 C、C++ 或 System C 等高级语言来描述硬件功能，然后将其综合为 RTL 代码。这种方法可以加速设计流程，尤其对于复杂的数字信号处理 (Digital Signal Processing，DSP) 和算法加速应用。

(4) 综合和实现。Vivado 包括综合工具，负责将设计转换为底层 RTL 代码，并生成 bitstream 文件，用于配置 FPGA。实现工具负责将设计映射到特定的目标器件，并执行布局、布线和时序分析。

(5) 调试和验证。Vivado 提供了强大的调试和验证工具，包括逻辑分析、时序分析、硬件调试，以及对设计的仿真支持。这些工具有助于设计人员检测和解决硬件设计中的问题。

(6) IP 集成。Vivado 支持可重用的 IP 核，这些核包括处理器、通信接口、外设等。这样，设计人员可以更加快速地集成现有的功能模块，提高设计效率。

(7) 交叉编译和嵌入式系统支持。Vivado 支持交叉编译，允许在嵌入式处理器中运行嵌入式软件，同时支持 Zynq 等 SoC 架构。Vivado 在数字系统设计中扮演着关键的角色，为设计人员提供了强大而灵活的工具，以应对不断发展的设计需求。

1.4.3　Altera 公司的 Quartus Ⅱ开发工具概述

Altera 公司的 Quartus Ⅱ是一款用于进行 FPGA 设计、验证和实现的综合性开发工具。Quartus Ⅱ提供了全面的解决方案，以应对数字系统设计中的复杂性和需求。Quartus Ⅱ开发工具的主要特点如下。

(1) 设计输入与编辑。Quartus Ⅱ支持多种设计输入方式，包括硬件描述语言编码 (如 Verilog HDL 或 VHDL)、原理图输入以及硬件抽象层次设计。设计人员可以选择适合其工作流程的输入方式，并在 Quartus Ⅱ中进行编辑和管理。

(2) 综合与优化。Quartus Ⅱ提供了综合和优化工具，将高级的设计描述转化为底层的逻辑电路。这个过程包括对电路进行逻辑综合、技术映射以及优化，以满足目标 FPGA 的资源利用和性能要求。

(3) 布局与布线。Quartus Ⅱ包含了布局与布线工具，用于在 FPGA 上放置逻辑元件并实现电路的物理连接。这一阶段考虑了信号延迟、时序约束和资源利用率等因素，以保证电路在 FPGA 上能够满足时序和性能要求。

(4) 时序分析与约束。Quartus Ⅱ支持时序分析工具，用于评估电路的时序性能。设计人员可以添加时序约束，以确保设计在 FPGA 上满足时序要求，同时也可以进行时序优化。

(5) 仿真与调试。Quartus Ⅱ集成了 ModelSim 仿真工具，允许设计人员在开发电路过程中进行仿真和调试。这有助于在将电路加载到 FPGA 之前发现和解决问题，提高设计的可靠性。

(6) 配置与下载。Quartus Ⅱ支持将最终的设计配置到目标 FPGA 设备中。它生成配置文件，用于将比特流加载到 FPGA 中，实现硬件执行设计的电路。

1.5 FPGA 设计流程

FPGA 设计流程是指在 EDA 软件和编程工具上完成 FPGA 电路系统设计的全过程。通常，该流程在 EDA 软件平台上展开，首先利用 HDL 等硬件描述语言进行设计，再通过多层次仿真技术验证设计的可行性和正确性，确保功能符合要求；然后借助 EDA 工具的逻辑综合功能，将功能描述转换为目标芯片的网表文件，并传递给器件厂商的布局布线工具，完成逻辑优化、映射和布局布线；随后利用生成的仿真文件对功能和时序进行进一步验证，以保障实际系统的性能；最后，针对特定目标芯片完成逻辑映射和编程下载。整个流程包含设计输入、综合、布局布线和编程配置四个主要步骤，以及功能仿真和时序仿真两个关键的校验环节。FPGA 的设计流程如图 1.2 所示。

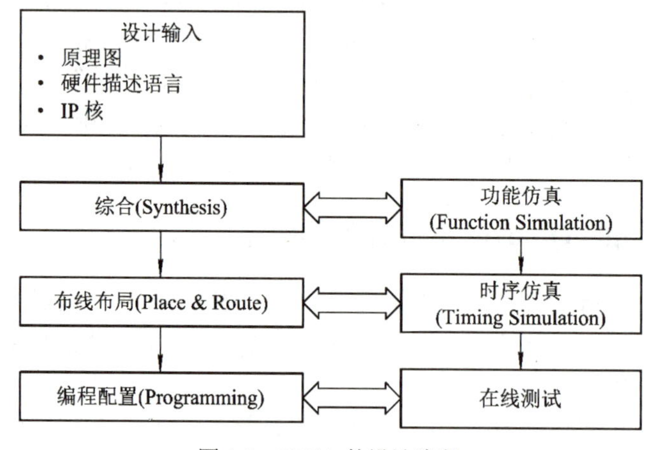

图 1.2 FPGA 的设计流程

1. 设计输入

设计输入是将电路系统以一定的表达方式输入计算机，是在 EDA 软件平台上对 FPGA 开发的最初步骤，设计输入通常有以下 3 种形式。

(1) 原理图输入方式。设计人员可以通过绘制原理图，从软件系统提供的元件库中选择所需的元件，直观地表示设计的电路结构。这种方式对电路知识的要求相对较高，适用于简单的电路设计。其优点是易于实现仿真，方便信号观察和电路调整；但缺点是当产品有变动时，需要重新绘制原理图。

(2) 硬件描述语言输入方式。使用硬件描述语言 (如 VHDL 或 Verilog HDL) 以文本形式描述设计，支持逻辑和行为描述。普通硬件描述语言如高级布尔方程语言 (Advanced Boolean Equation Language，ABEL) 主要用于简单的可编程逻辑器件 (Programmable Logic Device，PLD) 设计，而 VHDL 和 Verilog HDL 是主流高层次硬件描述语言，支持复杂系统的描述。这种方式具有较高的灵活性，适用于各种规模的电路设计。

(3) IP 核输入方式。使用现成的 IP 核来加速设计过程。这些 IP 核是由 FPGA 厂商或第三方开发和验证的模块，提供了特定的功能或子系统。设计人员可以直接将这些预先验证的模块集成到他们的设计中，从而减少开发时间和降低风险。

2. 综合

综合阶段是将高层次的设计描述自动转化为更低层次的描述，这个过程包括以下几个关键步骤。

(1) 行为综合。行为综合将设计从高层次的抽象表示转换为 RTL 级。

(2) 逻辑综合。逻辑综合将 RTL 级描述转换为更底层的逻辑门级，使用逻辑元件来表示数字电路的功能。此步骤包括对逻辑电路进行优化，以满足性能和资源的要求。

(3) 版图综合或结构综合。此步骤是将逻辑门级描述转换为版图表示，或转换为 PLD 器件的配置网表。

综合器是一种能够自动完成上述转换的软件工具。它可以把用原理图或 HDL 描述的电路转换成由与或阵列、RAM、触发器、寄存器等逻辑单元组成的电路结构网表。

硬件综合器的作用看似与软件编译器相似，但二者存在本质区别。两者区别的示意图如图 1.3 所示，软件编译器会将用 C 语言或汇编语言编写的程序转换为二进制机器码，而硬件综合器则是把硬件描述语言编写的程序代码转换为具体的电路网表结构。

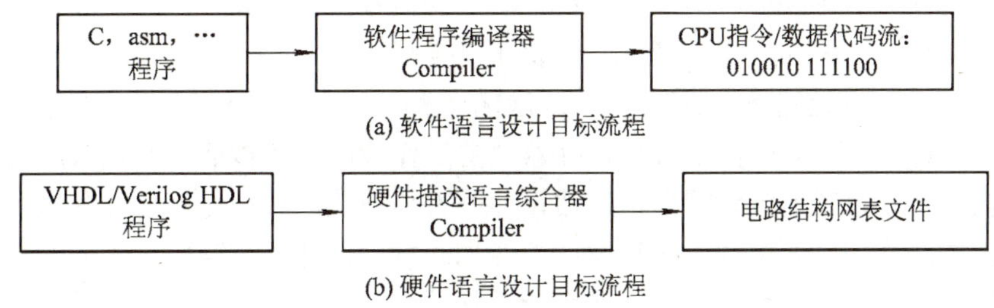

图 1.3　硬件综合器和软件程序编译器的比较

3. 布局布线

布局布线可理解为将综合生成的电路逻辑网表映射至具体的目标器件中实现，并产生最终的可下载文件的过程。布局布线是将综合后的网表文件针对特定目标器件进行逻辑映射的过程。它将整个设计划分为多个适合器件内部逻辑资源的小模块，并根据设计需求在速度和面积之间进行权衡。布局是将这些小模块放置在器件内部的特定位置，以便后续连线；布线则是利用器件的布线资源，实现各功能模块间以及反馈信号间的连接。

布局布线完成后产生一些重要的文件，文件如下：

(1) 芯片资源耗用情况报告。

(2) 面向其他 EDA 工具的输出文件，如 EDIF 文件等。

(3) 生成延时网表结构，用于进行精确的时序仿真。由于已经提取了延时网表，仿真结果能够反映芯片的实际性能。若仿真结果不符合设计要求，则需要修改源代码或更换速度更快的器件，直至满足设计目标为止。

(4) 器件编程文件。器件编程文件涵盖了用于 CPLD 编程的 JEDEC、POF 等格式文件，以及用于 FPGA 配置的 SOF、JAM、BIT 等格式文件。

由于布局布线与芯片的物理结构直接相关，因此一般选择芯片制造商提供的开发工具进行布局布线工作。

4. 编程与配置

在 FPGA 设计流程的编程配置阶段，经过综合和实现的设计被映射至具体的可编程逻辑器件。首先，通过综合和实现生成描述设计的编程文件，该文件包含在 PLD 器件中实现的逻辑功能和布局信息。随后，这一编程文件会被下载至 PLD 器件，将其中的逻辑结构配置为具体的硬件电路。值得注意的是，对于采用带电可擦除可编程只读存储器 (Electrically Erasable Programmable Read Only Memory，EEPROM) 工艺的非易失性 PLD 器件，这一过程通常称为编程 (Programming)。而对于基于静态随机存取存储器 (Static Random-Access Memory，SRAM) 工艺的 PLD 器件，则称为配置 (Configure)。整个编程与配置阶段是将设计具体实现在可编程硬件上的关键环节。

5. 仿真

在 FPGA 设计流程中，仿真阶段是至关重要的一环，用于验证和性能分析。仿真分为两个方面：功能仿真和时序仿真。

(1) 功能仿真：目的是验证设计的逻辑功能。它通常在设计输入完成后、选择具体器件进行综合之前进行。功能仿真主要对逻辑功能进行初步验证，验证完成后，设计工具可以生成报告文件和信号波形输出，以查看各节点的信号变化。如果在此阶段发现问题，设计人员需回溯至设计输入阶段，修正逻辑设计缺陷。

(2) 时序仿真：在选定具体器件并完成布局布线后进行。它用于验证设计的时序特性，能够全面分析设计性能，其仿真结果与实际器件的工作情况非常接近。通过时序仿真，设计人员可以获取特定路径的时延信息，评估设计的整体性能。时序仿真还会提供所有路径的延时数据，故亦称为延时仿真。如果设计性能未达标，设计人员需要识别影响性能的关键路径，根据延时信息调整约束文件，并重新进行综合与布局布线，直至满足设计要求。因此，时序仿真对于分析时序关系、评估设计性能以及检查和消除竞争冒险等问题是一个非常关键的步骤。

1.6 EDA 技术的发展趋势

1. EDA 工具的进一步发展

随着市场需求的增长，集成工艺水平，以及计算机自动设计技术的不断提高，单片系统或系统集成芯片成为 IC 设计的主流，这种发展趋势表现在以下几个方面。

(1) 超大规模集成电路 (Very Large Scale Integration Circuit，VLSI) 技术水平的不断提高，

超深亚微米 (Very Deep Sub-Micron，VDSM) 工艺走向成熟，在一个芯片上完成系统级的集成已成为现实。

(2) 由于工艺线宽的不断减小，在半导体材料上的许多寄生效应已经不能被简单地忽略，这就对 EDA 工具提出了更高的要求。同时，这也使得 IC 生产线的投资更为巨大，PLD 开始进入传统的 ASIC 市场。

(3) 市场对电子产品提出更高的要求，如必须降低电子系统的成本，减小系统的体积、功耗等，从而对系统的集成度不断提出更高的要求。同时，设计效率也成为一个产品能否成功的关键因素，促使 EDA 工具更重视 IP 核的集成。

(4) 高性能的 EDA 工具将得到长足的发展，其自动化和智能化程度将不断地提升；另一方面计算机技术的提高，也为复杂的 SoC 设计提供了物质基础。

目前，HDL 主要支持行为级或功能级的描述，尚不能支持系统级抽象描述。为了弥补这一不足，已经开发出更接近电路系统级设计的硬件描述语言，如 System C 和 System Verilog。此外，还出现了一些系统级混合仿真工具，可以在同一开发平台上实现高级语言 (如 C/C++) 与标准硬件描述语言 (Verilog HDL、VHDL) 的联合仿真。

2. EDA 技术将促使 ASIC 和 FPGA 融合

随着系统开发对 EDA 技术的目标器件的各种性能指标要求的提高，ASIC 和 FPGA 将更大程度地相互融合。这是因为，虽然标准逻辑 ASIC 芯片尺寸小、功能强、功耗低，但设计复杂，并且有批量生产要求；可编程逻辑器件的开发费用低，能现场编程，但体积大、功耗大。因此 FPGA 和 ASIC 正逐步走到一起，两者之间正在诞生一种“杂交”产品，其互相融合，取长补短，以满足成本和设计速度的要求。例如，将 PLD 嵌入标准功能单元。

3. EDA 技术的应用领域更广泛

从目前的 EDA 技术发展来看，其特点是使用普及、应用面广、工具多样。ASIC 和 PLD 器件正在向超高速、高密度、低功耗、低电压方向发展。EDA 技术水平不断提高，设计工具不断趋于完善。

拓展思考题

1-1　什么是电子设计自动化?

1-2　现代 EDA 技术的特点有哪些?

1-3　什么是“自上而下”的设计方式?

1-4　传统数字系统设计方法与 EDA 设计方法有什么区别?

1-5　什么是硬件描述语言？它与计算机高级语言有什么不同?

1-6　什么是综合？常用的综合工具有哪些?

第 2 章　可编程逻辑器件

2.1　PLD 简介

可编程逻辑器件 (PLD) 与电子设计自动化技术的产生和发展密切相关。在 20 世纪 70 年代初，数字电路设计面临着高度的定制需求，但传统的固定功能集成电路无法适应不断变化的设计要求。这促使了对一种能够根据需要重新编程的硬件方案的追求，从而催生了 PLD 的发展。

PLD 是一种半定制的集成电路，具有高度可编程的数字逻辑功能。这类器件的设计目的在于能够通过编程在制造后改变其逻辑功能，以适应不同的应用需求。PLD 被广泛应用于数字电路设计，为设计人员提供了一种灵活、高度可定制的硬件解决方案。

随着 EDA 技术的发展，PLD 逐渐演变为更为灵活和功能更强大的形式，其中最为突出的就是 FPGA。FPGA 具有大量的可编程逻辑单元和可编程连接资源，通过 EDA 工具可以实现对复杂数字逻辑功能的灵活设计。EDA 技术为设计人员提供了从高层次抽象到底层实现的全面支持，包括逻辑综合、布局布线、仿真等多个环节，使得设计人员能够更加高效地完成数字电路设计。

2.1.1　PLD 概述

PLD 是电子设计领域备受瞩目的技术，其影响力可媲美 20 世纪 70 年代单片机的发明和应用。PLD 具备实现各种数字器件的功能，从高性能的 CPU 到简单的 74 系列集成电路，都可以通过 PLD 来实现。使用 PLD 进行数字电路开发能显著缩短设计周期、减小印制电路板 (Print Circuit Board，PCB) 面积，同时提高系统的可靠性。PLD 在 20 世纪 90 年代后迅速发展，同时也推动了电子设计自动化软件和硬件描述语言的不断进步。

20 世纪 70 年代初，PLD 的雏形出现，它们是熔丝编程的只读存储器 (Programmable Read-Only Memory，PROM) 和可编程逻辑阵列 (Programmable Logic Array，PLA)。早期的公司如 Monolithic Memories Inc 在这一时期推动了 PLD 的初步应用及商业化。

20 世纪 70 年代末，AMD 公司推出了改进后的可编程阵列逻辑 (Programmable Array Logic，PAL)，它对 PLA 器件进行了优化，标志着 PLD 技术的进一步演进。

20 世纪 80 年代初，Lattice 公司在 PLD 技术领域进行了创新，引入了可电擦写的通用阵列逻辑 (Generic Array Logic，GAL)，它相比 PAL 器件更加灵活，为 PLD 领域带来了新的选择。

20 世纪 80 年代中期，Xilinx 公司的成立推动了现场可编程门阵列的发展，成功推出了世界上第一个 FPGA 器件，为 PLD 技术注入了更大的灵活性和可编程能力。

20 世纪 80 年代末，Lattice 公司提出了系统可编程 (In System Programming，ISP) 的概念，并推出了一系列具备系统可编程能力的 CPLD。这一时期，Lattice 公司在 PLD 技术方面的创新为系统级设计提供了更多的灵活性。

自 20 世纪 90 年代，随着集成电路技术的飞速发展，PLD 技术进入全新发展阶段。超大规模器件的出现，即可编程片上系统 (System On a Programmable Chip，SOPC)，进一步拓展了 PLD 技术的应用领域，使其能够承载更复杂的数字系统设计。在此阶段，逻辑器件集成硬核高速乘法器、千兆位差分串行接口、微处理器以及软核处理器等组件。这类器件不仅实现了软件需求与硬件设计的无缝融合，还完美地集成了高速性能与灵活性，使其在性能和规模上不仅超越了传统的 ASIC 器件，更突破了传统 FPGA 的设计范式。这使 PLD 的应用范围从单一功能设计扩展至系统级功能实现。

2.1.2　PLD 的优点

PLD 是逻辑器件产品中增长最快的，主要有两个原因。首先，单片器件逻辑门数量的不断提高且集成了众多功能，显著改善了系统的性能和可靠性，同时降低了系统体积、功耗和成本；其次，PLD 的配置和重新配置能够在数十秒或数分钟内完成，赋予其强大的灵活性，支持在最后一刻快速设计修改，以及在设计定型之前对各种想法进行原型实验。这种能力满足了不断缩短上市时间的期限要求，推动了 PLD 领域的迅速发展。由于 PLD 自身的特点，因此它具有不同于固定逻辑器件的优点。

(1) PLD 的灵活性体现在其能够根据具体设计需求配置逻辑功能和内部连接，而不受硬件固定结构的束缚。设计人员可以使用硬件描述语言或图形化工具定义数字逻辑电路，从而在同一块硬件上实现不同的功能。这种灵活性使得 PLD 非常适用于应对多变的设计需求和不断改变的应用场景。

(2) PLD 具有可重构性，即可以在硬件部署后重新配置和修改设计内容与功能，而无需更换芯片。这使得在产品开发的各个阶段进行修改和优化变得更加容易。设计人员可以通过更新配置文件而不是更换硬件来应对新的设计需求，降低了开发和生产的成本，同时缩短了产品的研发时间。

(3) 现代的可编程门阵列具有大量的可编程逻辑单元和内置各种功能的逻辑块，设计人员可以在同一芯片上实现复杂的数字系统，减小系统的物理体积，提高整体性能。这对于有限的板载空间和功耗预算是至关重要的。

(4) PLD 领域的先进开发工具为设计人员提供了直观、高效的设计环境。这些工具包括硬件描述语言编译器、图形化设计工具、综合工具、布局布线工具等，使得设计人员能够更轻松地完成从概念到实现的整个设计流程。先进的开发工具提高了设计的可维护性和可扩展性。

(5) PLD 厂商提供了丰富的 IP 核心库，包括常见的数字功能、通信接口、处理器核心等。设计人员可以利用这些现成的 IP 核，避免重复设计，加速系统设计的过程，降低开发风险。IP 核心库的支持使得设计人员能够专注于系统的差异化和创新设计。

2.1.3　PLD 的分类

PLD 的种类很多，几乎每个 PLD 供应商都能提供具有自身结构特点的 PLD，不同厂家又有不同的系列和产品名称，PLD 的种类和分类更是大不相同。常见的分类方式有按器件结构、按互连结构、按可编程特性、按可编程元件以及按集成度分类。

1. 按器件结构分类

按器件结构的不同，一般可将 PLD 分为基于乘积项 (与或阵列结构) 的阵列型和基于查找表结构的单元型 PLD。其中，PROM、EEPROM、PAL、GAL 和 CPLD 是典型的阵列型 PLD，FPGA 称为单元型 PLD。

2. 按互连结构分类

按互连结构的不同，可将 PLD 分为确定型和统计型。确定型 PLD 提供的互连结构每次用相同的互连线实现布线，该类 PLD 的延时特性可以从数据手册上查阅而事先确定；统计型结构是指设计系统每次执行相同的功能，却能给出不同的布线模式，一般无法确切地预知线路的延时。

3. 按可编程特性分类

按可编程特性的不同，可将 PLD 分为一次可编程和重复可编程。PROM、PAL 和熔丝型 FPGA 是典型的一次可编程产品，其他大多是重复可编程产品。其中，用紫外线擦除的产品的可编程次数一般在数十次的量级，电擦除方式的产品的可编程的次数稍多些，采用电可擦除的互补金属氧化物半导体 (Electrically Erasable Programmable Read-Only Memory，EECMOS) 工艺的产品，擦写次数可达上千次，而采用静态随机存取存储器 (Static Random-Access Memory，SRAM) 结构的产品，则被认为可实现无限次的编程。

4. 按可编程元件分类

目前，一般有 5 种编程元件：① 熔丝型开关 (一次可编程，要求大电流)；② 可编程低阻电路元件 (多次可编程，要求中电压)；③ 可擦可编程只读存储器 (Erasable Programmable Read-Only Memory，EPROM) 的编程元件 (需要有石英窗口，紫外线擦除)；④ EEPROM 的编程元件；⑤ 基于 SRAM 的编程元件。

5. 按集成度分类

集成度是指芯片上集成的晶体管数量或元器件数量，它是集成电路性能的一项重要的指标。如果按集成度的不同，可将 PLD 分为低密度可编程逻辑器件 (Low Density Programmable Logic Device，LDPLD) 和高密度可编程逻辑器件 (High Density Programmable Logic Device，HDPLD)。PLD 集成度分类框图见图 2.1。

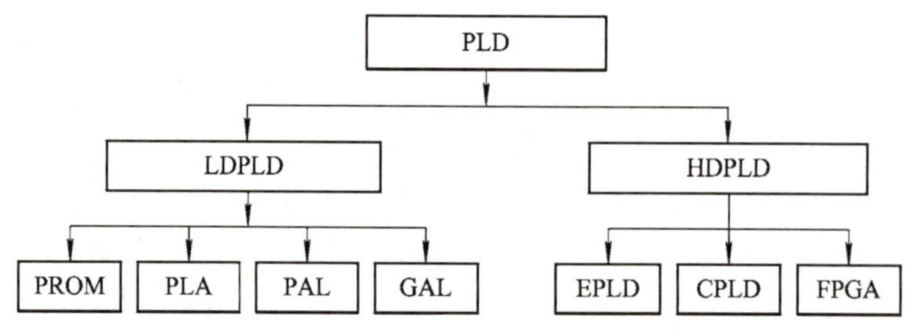

图 2.1 PLD 集成度分类框图

2.1.4 PLD 的发展趋势

随着大规模现场可编程逻辑器件的兴起，系统设计正进入系统可编程的新时代。芯片设计朝着高密度、低电压、低功耗的方向前进，这也迎合了当今数字系统的设计需求。国际上各大公司也在积极扩充其 IP 核心库，以更好的优化资源，满足用户的需求，同时扩大市场份额。

在未来发展中，PLD 呈现出以下几个趋势。

1. 高密度、高速度、宽频带、高保密性

PLD 的发展趋势之一是在芯片设计中追求更高的密度和速度，以满足不断增长的应用需求。随着技术的进步，我们可以期待更为复杂的器件，能够处理更多数据并在更短的时间内完成任务。提高器件的频带宽度和保密性也是关键目标，以满足通信、安全等方面不断提升的要求。

2. 低电压、低功耗、低成本、低价格

芯片制造技术的不断进步将推动 PLD 向低电压、低功耗、低成本、低价格的方向发展。这将有助于降低电子系统的能耗，减少制造成本，同时提高设备的经济性和竞争力。更节能、更经济的器件将有助于推动 PLD 的广泛应用。

3. IP 软核 / 硬核复用、系统集成

PLD 未来将更加注重 IP 软核 / 硬核的复用，以实现更高层次的系统集成。这将缩短产品的设计周期，提高开发效率，并推动芯片设计的标准化和模块化发展。通过更广泛的 IP 复用，设计人员可以更快速地构建复杂的系统，促进行业的创新。

4. 模、数混合可编程方向

随着数字信号处理和模拟电路的融合，PLD 将更好地支持模拟和数字混合信号处理，满足多种应用场景的需求，如射频通信、传感器接口等。这意味着未来的器件将更灵活，能够处理更多种类的信号，为多样化的应用提供支持。

5. 系统可重构

未来的 PLD 将更加注重系统级的可重构性，使设备能够根据工作负载和需求变化进行动态配置和优化。这种灵活性将为不同的应用提供更好的适应性和性能，使设备更具有可扩展性和可定制性。

6. FPGA/CPLD 在多领域应用

FPGA/CPLD 将在物联网、人工智能、云计算、网络通信、图像处理、机器人等领域大显身手。它们将广泛应用于智能传感器、自适应通信系统、高性能计算等应用场景，推动 PLD 在各行业中的广泛应用。这种多领域应用将进一步巩固 PLD 在数字系统设计中的核心地位。

2.2　PLD 的硬件结构

图 2.2 中所示为 PLD 器件的基本结构框图，它由输入缓冲电路、与阵列、或阵列、输出缓冲电路等四部分组成。

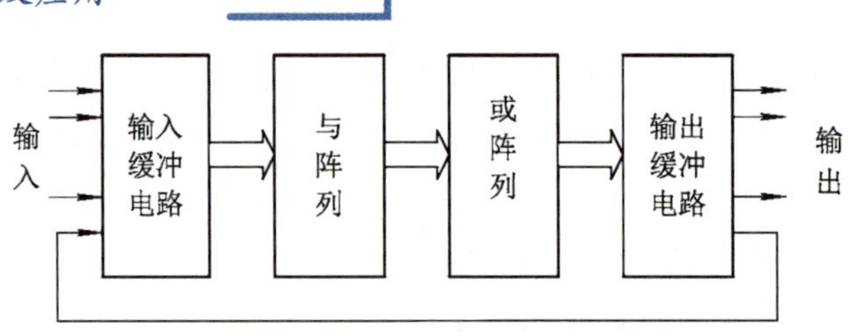

图 2.2 PLD 器件的基本结构

2.2.1 PLD 的表示方法

在介绍 PLD 的原理之前，我们首先了解一些常用的逻辑元件符号和描述 PLD 内部结构电路符号。由于 PLD 的特殊结构，表示内部结构电路符号和常用的逻辑元件符号之间存在一定差别。在 PLD 电路中，门阵列的每个交叉点称为单元，单元的连接方式有三种表达方式，用于表达未连接、可编程连接和固定连接。电路连接表示如图 2.3 所示。

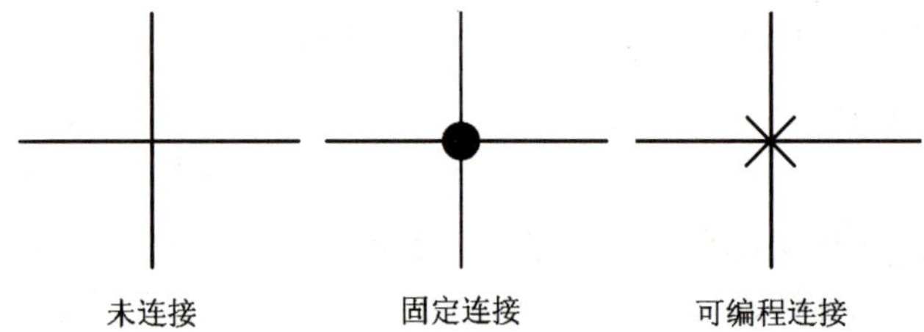

图 2.3 电路连接表示

PLD 中的基本门电路符号如图 2.4 所示。其中，图 2.4(a) 为与门，图 2.4(b) 为或门，图 2.4(c) 为输出恒等于 0 的与门及其简化表示形式，图 2.4(d) 中与门的所有输入均不接通，保持“悬浮”的 1 状态，图 2.4(e) 为具有互补输出的输入缓冲器，图 2.4(f) 为三态输出缓冲器。

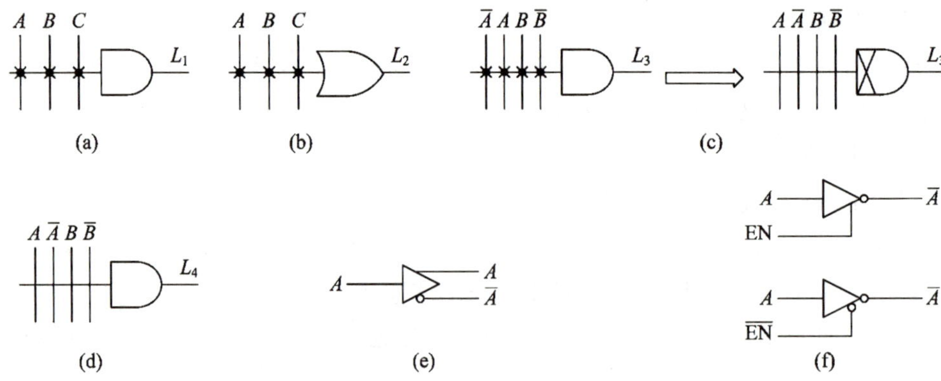

图 2.4 PLD 的基本门电路符号

图 2.5 所示是接入 PLD 内部最常用的阵列输入缓冲器电路，一般采用互补结构，同图 2.6 所示的 PLD 的互补输入等效。

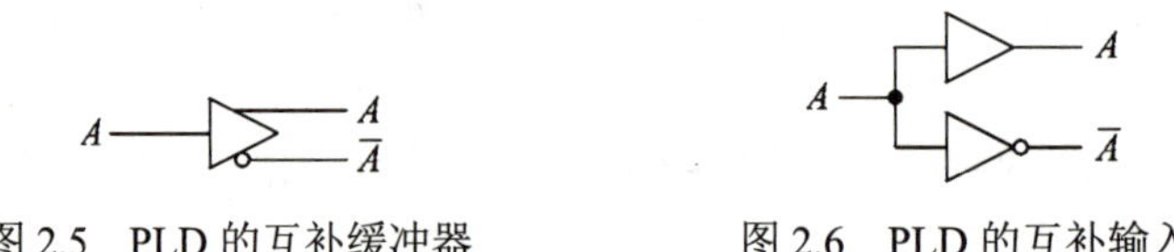

图 2.5 PLD 的互补缓冲器　　图 2.6 PLD 的互补输入

2.2.2　PROM 的结构原理

PROM 是一种用于存储固定数据的可编程只读存储器。在编程中，PROM 通常用于存储不经常修改的程序代码或数据，因为它的内容在编程后是只读的，不可修改。本小节将介绍 PROM 的工作原理、应用场景，以及使用示例。

PROM 的工作原理很简单。它由一系列的位线和存储单元组成，每个存储单元可以存储一位 (0 或 1) 信息。在制造 PROM 时，存储单元的初始状态是空白的，即所有位都置为逻辑 1。然后，通过一个特殊的编程设备将需要存储的数据以逆序的方式写入 PROM 的存储单元中。一旦数据被写到 PROM 中，就无法再修改，因为 PROM 的存储单元是非易失性的，即断电后数据依然保持不变。PROM 基本结构如图 2.7 所示。

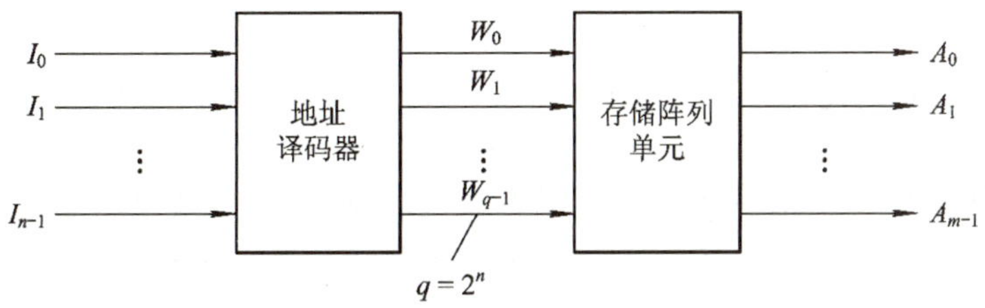

图 2.7　PROM 基本结构

可编程只读存储器芯片内部结构见图 2.8(a)。输入缓冲电路用于生成输入信号的原变量和反变量。与门负责译码，而或门的输入通过可编程连接来实现。当给定输入信号的变量组合时，与门的相应输出为高电平。如果或门的输入与该与门的输出相连，则或门输出高电平；否则，如果或门的输入未与该与门输出相连，则或门输出低电平。这种结构的设计使芯片能够根据输入信号的变量组合，以编程的方式生成相应的输出。

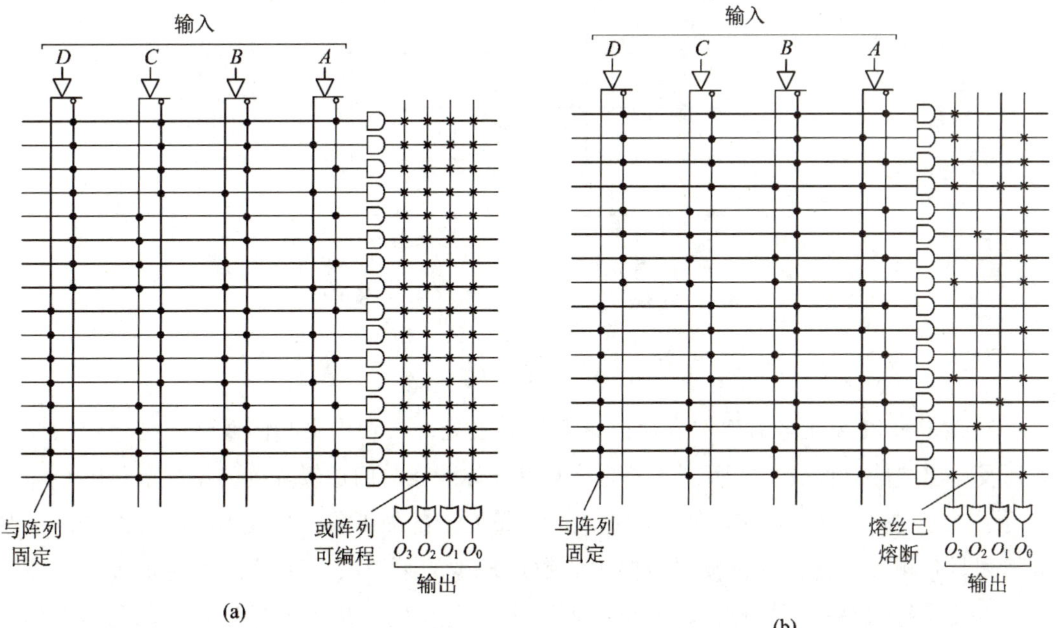

图 2.8　PROM 芯片的内部结构图

图 2.8(b) 中，4 个或门的输出分别为

$$O_3 = AB + C'D'$$
$$O_2 = AB'C$$
$$O_1 = ABC'D' + A'B'CD$$
$$O_0 = A + BD' + CD'$$

可编程只读存储器可以生成输入信号的所有乘积项，从而实现任意的输入信号逻辑函数。不过，当输入信号很多时，用这种方法实现电路会变得很复杂。例如，若 PROM 有 n 个输入变量，它将产生 2^n 个最小项(乘积项)。随着输入变量的增加，PROM 阵列的规模按 2 的幂次增加。因此，由于结构的限制，PROM 并不适用于表达多输入变量的组合逻辑函数。

2.2.3 PLA 的结构原理

使用 PROM 实现组合逻辑函数，在输入变量急剧增大时，PROM 的存储空间占有率急速上升，芯片利用率也大大降低。因此，在 PROM 的基础上进行改进，出现了结构更加灵活的可编程逻辑阵列 (PLA)。由前面介绍可知，PROM 是或逻辑可编程阵列，PLA 则是与和或逻辑均可编程的阵列。PLA 的阵列结构如图 2.9 所示。

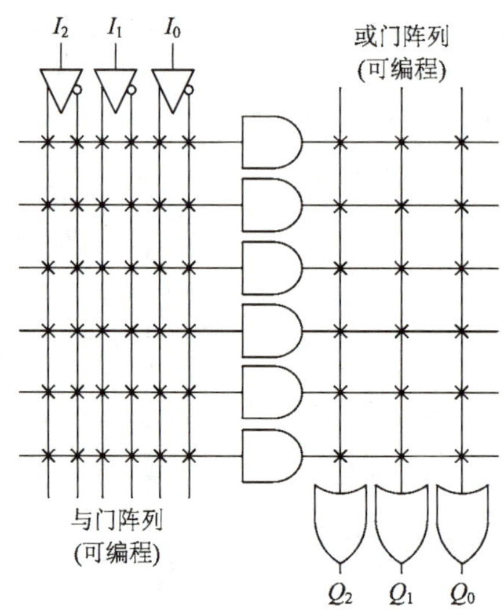

图 2.9 PLA 的阵列结构

PROM 和 PLA 在电路架构上存在诸多相似之处，二者均由与门逻辑阵列、或门逻辑阵列及输出缓冲器构成。然而，二者的核心差异体现在与门逻辑阵列的特性上。PROM 的与门逻辑阵列属于固定结构，能够产生输入变量的全部最小项；与其不同，PLA 的与门逻辑阵列具备可编程属性，仅按照需要生成数量较少的乘积项。这使 PLA 更加灵活，能够根据需要进行可编程逻辑设计。如今，虽然 PLA 已退出市场，但凭借其面积利用率高的优势，在全定制 ASIC 设计中 PLA 结构仍被广泛使用。

2.3　CPLD 的硬件结构

CPLD 是一类采用 EEPROM 工艺和乘积项技术的 PLD。相较于 FPGA，CPLD 通常用于实现中小规模的组合逻辑电路和需要固定延迟的时序逻辑电路功能。

2.3.1　乘积项原理

乘积项是一种创新的可编程逻辑电路架构，用于简化数字电路的设计和实现。它源自设计者对组合逻辑电路和时序逻辑电路的深入分析。研究发现，所有组合逻辑电路都可以通过两级的与门 / 或门电路来实现，而加入存储单元或延迟单元 (如触发器、锁存器等) 后，就形成了时序逻辑电路。基于此原理，研究者提出了乘积项可编程逻辑架构，PLD 的电路框图如图 2.10 所示。

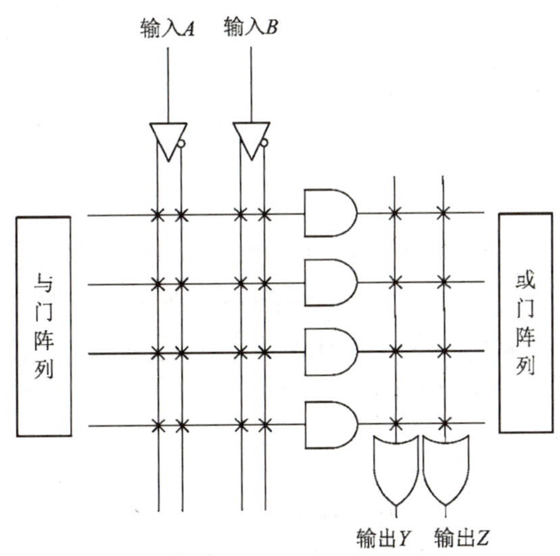

图 2.10　PLD 的电路框图

该结构的核心是可编程的与门阵列和或门阵列。设计者通过对输入信号与与门之间的乘积项连接，以及乘积项与或门之间的连接进行编程设定，即可实现特定逻辑功能。

从电路的结构来看，输入电路由输入缓冲器构成，其作用是将互补的输入信号传输至与门阵列。若输入电路集成锁存器或寄存器，便可构建时序电路。输出电路存在组合逻辑与时序逻辑两种类型：组合逻辑中，或门阵列直接连接三态门实现输出；时序逻辑则需经过寄存器处理，再通过三态门输出。此外，为增强器件的应用灵活性，可按需将输出信号反馈至与门阵列的输入端。

乘积项的优势在于，设计者无需深入了解底层电路的物理连接，而是通过高级编程来实现逻辑功能。组合和时序两种输出方式以及输出反馈的设计，使其能够满足多样化的数字电路设计需求，为数字电路设计领域带来更高的灵活性和创新性。

2.3.2　CPLD 的基本结构

不同厂商生产的 CPLD 在制造工艺上可能存在细微的差异，但总体而言，其基本结构通常由三部分组成：可编程逻辑块 (Macro Cell，MC)、可编程互连阵列 (Programmable Interconnect Array，PIA) 以及可编程 I/O 单元。这些部分通常采用 EPROM、EEPROM、Flash 等工艺制造。CPLD 通用结构如图 2.11 所示。

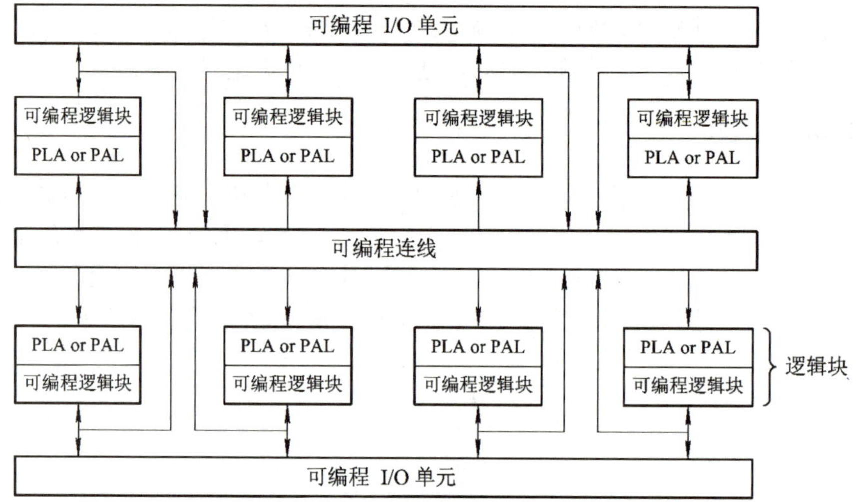

图 2.11　CPLD 通用结构示意图

1. 可编程逻辑块

MC 是 CPLD 的核心部分，通过不同的配置，MC 可实现多种类型的逻辑功能。CPLD 的 MC 采用宏单元结构，其本质是由与、或阵列和触发器组成的。其中，与、或阵列用于实现组合逻辑功能，触发器用于实现时序逻辑功能。

宏单元的具体结构 (以 MAX7000 系列的单个宏单元结构为例) 如图 2.12 所示。

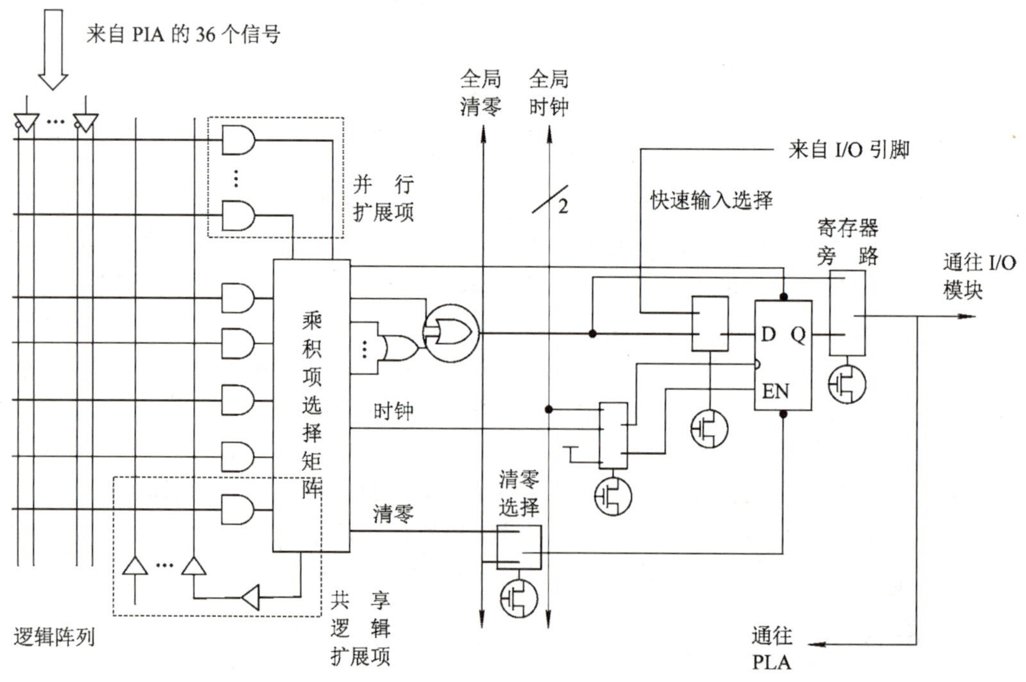

图 2.12　MAX7000 系列的单个宏单元结构

图 2.12 所示的左侧是乘积项阵列，它实际上是一个与或阵列。该阵列的每个交叉点都代表一个可编程熔丝，当其导通时，实现了与逻辑。这部分的功能是实现组合逻辑，其中乘积项阵列负责实现与逻辑，而后面的乘积项选择矩阵则形成了或阵列，两者协同工作实现了组合逻辑电路的功能。

右侧是一个可编程的 D(Delay) 触发器，它具有可编程选择的时钟和清零输入。用户可以根据需要配置触发器的工作方式，包括选择专用的全局清零和全局时钟，或者使用内部逻辑 (乘积项阵列) 产生的时钟和清零信号。如果在设计中不需要触发器，可以将其旁路，使信号直接传递给 PLA 或输出到 I/O 脚，从而实现组合逻辑电路的设计。

每个宏单元内部包含一个共享的扩展乘积项，经过非门处理后，将结果回馈到逻辑阵列中。此外，宏单元还包含并行的扩展乘积项，其中一部分是从邻近的宏单元借用而来的。

宏单元内部的可配置寄存器可以独立配置为带有可编程时钟控制的 D、T、TK 或 SR (Reset-Set) 触发器工作方式。同时，也可以选择将寄存器旁路，使其在组合逻辑模式下工作。

可编程寄存器支持以下三种时钟输入模式。

(1) 全局时钟信号模式。该模式下，全局时钟输入直接连接到每个寄存器的时钟端，实现了最快的时钟到输出性能。

(2) 全局时钟信号由高电平有效的时钟信号使能。这种模式提供每个触发器的时钟使能信号，虽然仍使用全局时钟，但输出速度相对较快。

(3) 用乘积项实现一个阵列的时钟模式。在这种模式下，触发器的时钟由来自隐埋的宏单元或 I/O 引脚的信号进行控制，这种方式的输出速度较慢。

2. 可编程连线

可编程连线 PIA 的作用是在各逻辑宏单元之间以及逻辑宏单元和 I/O 单元之间提供互连网络。各逻辑宏单元通过可编程连线阵列接收来自专用输入或输入端的信号，并将宏单元的信号反馈到其需要到达的目的地。这种互连机制有很大的灵活性，它允许在不影响引脚分配的情况下改变其内部设计。

3. 可编程 I/O 单元

CPLD 的可编程 I/O 单元和 FPGA 的可编程 I/O 单元的功能一致，实现不同电气特性下对输入 / 输出信号的驱动与匹配。由于 CPLD 的应用范围局限性较大，所以其可编程 I/O 的性能和复杂度与 FPGA 相比有一定的差距。CPLD 的可编程 I/O 支持的 I/O 标准较少，频率也较低。

2.3.3　Altera 公司的 CPLD 器件

Altera 公司由发明了世界上首款 PLD EP300 的 Robert Hartmann、Michael Magranet 和 Paul Newhagen 创立于 1983 年，是一家专业设计、生产、销售高性能、高密度 PLD，以及相应开发工具的公司。

Altera 公司的产品按照编程特性可以分为两类：一类是乘积项结构，其基本构造块是宏单元，包括 Classic、MAX 7000、MAX Ⅴ等，其中 Classic 采用 EPROM 工艺制造，MAX

7000 采用 EEPROM 工艺制造；另一类是查找表结构，其基本单位是逻辑单元 (Logic Element，LE)，Altera 的全系列 FPGA 产品 MAX Ⅴ CPLD 均采用这种结构，其中 FPGA 均采用 SRAM 工艺制造，而 MAX Ⅴ采用 Flash 工艺制造。

MAX Ⅴ系列的 CPLD 具备高度可配置性，相对于其他 CPLD，它在提供更高的密度和单位面积 I/O 数量方面更具有优势。MAX Ⅴ器件的密度范围广泛，从 40～2 210 个逻辑元件 (相当于 32～1 700 个等效宏单元)，同时可提供高达 271 个 I/O 元件，可以满足各种应用需求，包括 I/O 扩展、总线和协议桥接、电源监控和控制、FPGA 配置和模拟 IIC(Inter-Integrated Circuit Bus) 接口。

MAX Ⅴ器件内置片上闪存、内部振荡器和存储器功能，相较于其他 CPLD，其总功耗降低了 50%，且仅需一个电源，这有助于满足低功耗设计要求，延长电池使用寿命，静态功耗仅为 45 μW。此外，MAX Ⅴ采用成熟的低成本晶圆制造工艺，利用成熟的架构实现可靠功能，具有出色的性价比。

MAX Ⅴ器件支持系统编程，允许在设备工作时进行编程，实现现场更新，对系统整体运行无影响。它还具备用户闪存功能，为重要系统信息提供非易失性内存存储。MAX Ⅴ器件的结构如图 2.13 所示。

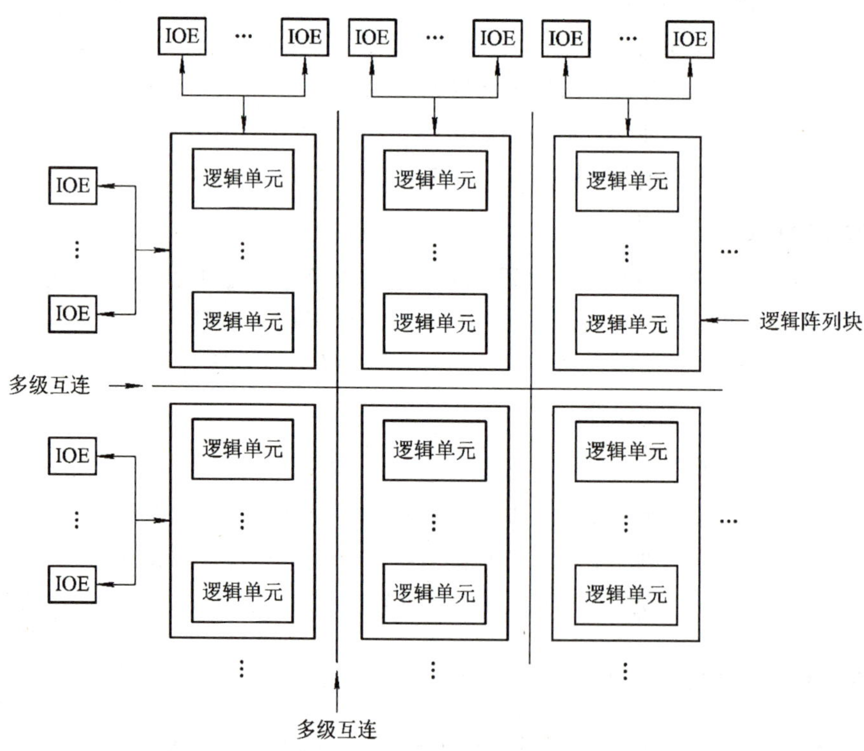

图 2.13 MAX Ⅴ器件结构框图

MAX Ⅴ器件系列以其卓越的性能和多样的特性脱颖而出。采用低成本、低功耗、非易失性的 CPLD 架构，实现了即时启动、待机电流低至 25 μA，并具有极低的信号传输延迟。内部振荡器支持高速通信的小幅度摆动差分信号 (Reduced Swing Differential Signal,

RSDS) 和仿真低电压差分信号 (Low Voltage Differential Signal，LVDS) 输出。灵活的时钟资源、用户闪存块、通用 I/O 接口、总线友好型架构和施密特触发器等特性，为设计提供了高度的可定制性。此外，MAX Ⅴ器件符合外设部件互连标准 (Peripheral Component Interconnect，PCI) 本地总线规范、支持热插拔、内置 JTAG BST(Joint Test Action Group Boundary Sean Test) 电路，进一步增强了器件的可靠性、调试和测试能力。MAX Ⅴ系列器件在多方面的卓越表现，使其成为各种应用场景的理想选择。表 2.1 所示为 MAX Ⅴ系列器件的性能。

表 2.1　MAX Ⅴ系列器件的性能

设　备	UFM 块	LAB 列	LAB 行		总 LABs
			长 LAB 行	短 LAB 行 (宽度)	
5M40Z	1	6	4	—	24
5M80Z	1	6	4	—	24
5M160Z	1	6	4	—	24
5M240Z	1	6	4	—	24
5M570Z	1	12	4	3 (3)	57
5M1270Z	1	16	7	3 (5)	127
5M2210Z	1	20	10	3 (7)	221

2.4　FPGA 的硬件结构

在 FPGA 中，实现组合逻辑电路功能的基本电路是查找表和数据选择器，而触发器则是实现时序逻辑电路功能的基本电路。查找表实质上是一个 SRAM，其中 M 个输入项的逻辑函数可以由一个 2^M 位容量的 SRAM 实现，函数值存放在 SRAM 中。地址线作为输入线，地址线上的值对应输入变量的值，而 SRAM 的输出即为逻辑函数值，通过连线开关实现与其他功能块的连接。

2.4.1　查找表原理

查找表结构的函数功能非常强大，可以实现任意一个具有 M 个输入项的组合逻辑函数，总计有 2^M 个可能的函数。在使用查找表实现逻辑函数时，将对应函数的真值表预先存放在 SRAM 中，从而实现相应的函数运算。

表 2.2 所示为使用显示查找表 (Look-Up-Table，LUT) 实现 4 输入与门的例子。通过 LUT，当 4 输入与门的输入端 a、b、c、d 变化时，对应的输出端也随之变化。将与门输入端的 4 个引脚看作 LUT 的输入地址，其寻址空间为 16。在这 16 个存储单元中存放与门对应的逻辑值，就实现了用 LUT 替代与门的功能。

通常情况下，多个输入的查找表采用级联的方式连接，以满足更复杂的逻辑功能。多输入查找表的逻辑块级联如图 2.14 所示。

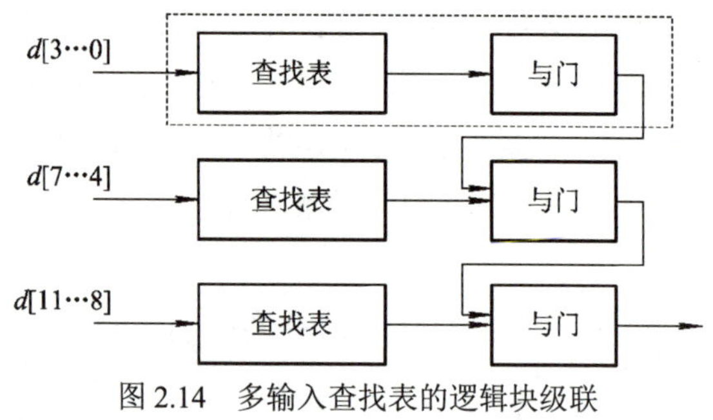

图 2.14　多输入查找表的逻辑块级联

表 2.2　用 LUT 实现 4 输入与门

实际逻辑电路		LUT 的实现方式	
a b c d OUT		a b c d 16 × 1 RAM (LUT) 输出	
a、*b*、*c*、*d* 输入	逻辑输出	地址	RAM 中存储内容
0000	0	0000	0
0001	0	0001	0
…	0	…	0
1111	1	1111	1

2.4.2　FPGA 的基本结构

FPGA 的基本结构包括可编程输入 / 输出单元 (Input/Output Block，IOB)、可配置逻辑块 (Configurable Logic Block，CLB)、数字时钟管理模块 (Digital Clock Manager，DCM)、嵌入式块 RAM(Block RAM)、可编程内部连线资源 (Interconnect Resource，IR)、底层内嵌功能单元、内嵌专用硬核。

FPGA 内部最主要的、最需要关注的部件是 CLB、IOB 和 IR。CLB 是 FPGA 有可编程能力的主要承担者。通过配置 CLB 可以让 FPGA 实现各种不同的逻辑功能。IOB 分布在 FPGA 的周边，也具有可编程特性，可以配置支持各种不同的接口标准，如 LVTTL(Low Voltage Transistor-Transistor Logic)、LVCMOS(Low Voltage Complementary Metal Oxide Semiconductor)、PCI 和 LVDS 等。除了 CLB、IOB 和 IR 以外，FPGA 还有很多其他的功能单元，如数字时钟管理器 (Digital Clock Manager，DCM)、块随机存储单元 (Block Random Access Memory，BRAM)、锁相环 (Phase Locked Loop，PLL) 和延迟锁相环 (Delay Locked Loop，DLL) 等。FPGA 的基本结构如图 2.15 所示。

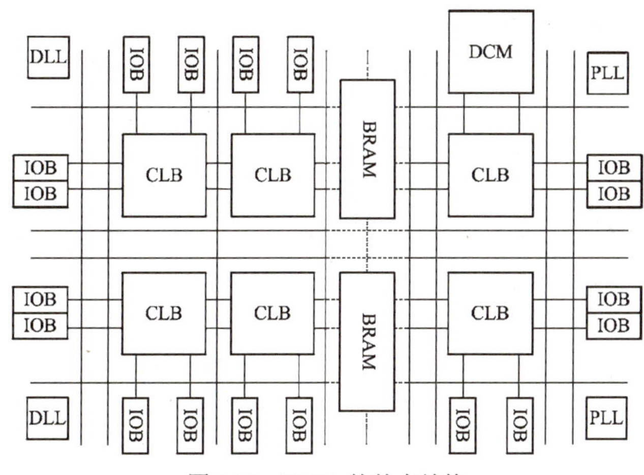

图 2.15　FPGA 的基本结构

1. 可配置逻辑块

可配置逻辑块 (CLB) 是 FPGA 内的基本逻辑单元，是 FPGA 完成各种需求功能的最基础单元。CLB 的实际数量和特性依器件的不同而不同，但是每个 CLB 都包含一个可配置开关矩阵，此矩阵由 4 个或 6 个输入、一些选型电路 (多路复用器等) 和触发器组成。开关矩阵是高度灵活的，可以对其进行配置以便处理组合逻辑、移位寄存器或 RAM。每个 CLB 模块不仅可以用于实现组合逻辑和时序逻辑，还可以配置为分布式 RAM 和分布式 ROM。CLB 电路的基本结构如图 2.16 所示。

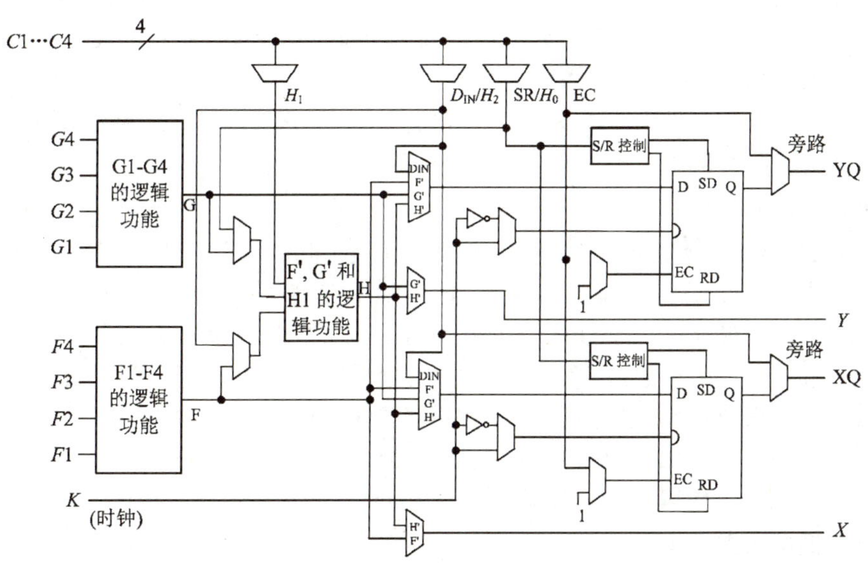

图 2.16　CLB 电路的基本结构

2. 可编程输入 / 输出单元

可编程输入 / 输出单元是芯片与外界电路的接口部分。这部分单元实现不同电气特性下对 I/O 信号的驱动与匹配要求。为了便于管理和适应多种电气标准，FPGA 的 IOB 被划分为若干个组 (bank)，每个 bank 的接口标准由其接口电压决定，一个 bank 只能有一种接口电压，但不同 bank 的接口电压可以不同。只有相同电气标准的端口才能连接在一起，电压标准相同是接口标准的基本条件。通过软件的灵活配置，可适配不同的电气标准与 I/O 物理特性，调整驱动电流的大小，改变上、下拉电阻，还可以调节信号的时延。IOB 的基本结构如图 2.17 所示。

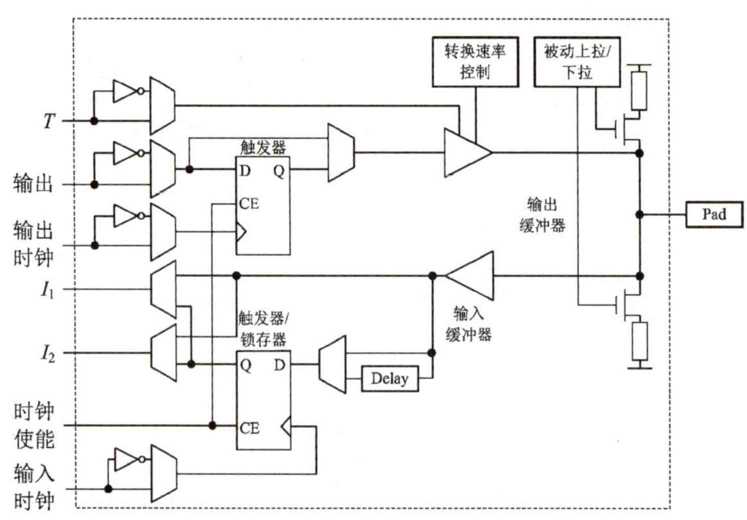

图 2.17　IOB 的基本结构

3. 可编程内部连线资源

可编程内部连线资源 (IR) 将 CLB 的输入、输出之间，CLB 与 CLB 之间，CLB 和 IOB 之间连接起来，从而使 FPGA 能够形成各种功能复杂的系统。IR 主要由许多金属线段构成，这些金属线段带有可编程开关，通过自动布线实现各种电路的连接。布线时，可以选择单长线或双长线连接，单长线是贯穿于 CLB 之间的垂直和水平金属线段，长度分别等于相邻 CLB 的行距和列距，其提供了相邻 CLB 之间的快速互连和复杂互连的灵活性，任意两点间的连接都要通过开关矩阵。

4. 嵌入式块 RAM

大多数 FPGA 都具有内嵌的 BRAM，这大大拓展了 FPGA 的应用范围和灵活性。BRAM 可被配置为单端口 RAM、双端口 RAM、内容地址存储器 (Content Addressable Memory，CAM)、先进先出 (First In First Out，FIFO) 等常用存储结构。CAM 存储器在其内部的每个存储单元中都有一个比较逻辑，写入 CAM 中的数据会和内部的每一个数据进行比较，并返回与端口数据相同的所有数据的地址，因而在路由的地址交换器中有广泛的应用。除了 BRAM 外，还可以将 FPGA 中的 LUT 灵活配置成 RAM、ROM、FIFO 等结构。在实际应用中，芯片内部的 BRAM 的数量也是选择芯片的一个重要因素。

5. 数字时钟管理模块

时钟信号是时序逻辑电路里最重要的信号，因此，业内很多 FPGA 均提供数字时钟管理模块 (Digital Clock Manager，DCM)。先进的 FPGA 不仅提供数字时钟管理，还具备相位环路锁定功能。相位环路锁定能够提供精确的时钟，且能够降低抖动，并实现过滤功能。

2.4.3　Altera 公司的 FPGA 器件

Altera 公司创立于 1983 年，总部位于美国硅谷圣何塞。1984 年，Altera 成功开发了第一个可重复编程的逻辑器件——EP300，它是 Altera 公司推出的第一款商业化 PLD，而 Classic 系列也是 Altera 公司早期推出的 PLD 之一，直至今天仍在销售。

Altera 公司分别在 1988 年和 1992 年推出了基于乘积项的 MAX 器件和基于查找表的 FLEX 器件，并且还推出了更新、更强大、更高效的 Quartus Ⅱ开发系统，进一步拓展了该公司在行业中的技术领先地位。Altera 公司自 1992 年推出第一款 FPGA 产品 FLEX 8000 至今，其不断秉承创新理念，相继推出了近 20 个系列的 FPGA 产品。

Altera 公司 (现已被 Intel 收购) 目前的主流产品包括高端系列的 Stratix、Stratix Ⅱ、Stratix Ⅲ、Stratix Ⅳ、Stratix Ⅴ、Stratix10，被收购后推出的高端系列 Agile 3、Agile 5、Agile 7、Agile 9，中端系列的 Arria、Arria Ⅱ、Arria Ⅴ、Arria 10，低成本的 Cyclone、Cyclone Ⅱ、Cyclone Ⅲ、Cyclone Ⅳ、Cyclone Ⅴ、Cyclone 10，以及由 CPLD 发展而来的 MAX Ⅱ、MAX ⅡZ、MAX Ⅴ、MAX 10。

下面主要以 Altera 公司低成本的 Cyclone 系列为例来介绍 FPGA 的基本结构。

Altera 公司于 2003 年推出了一种低成本、中等规模的 FPGA——Cyclone 器件，它采用 0.13 μm 工艺、1.5 V 内核供电。该产品是 Altera 公司最成功的器件之一，性价比较高，应用于通信、计算机外设、汽车等行业的中低端产品。

Altera 公司于 2005 年开始推出的新一代低成本 FPGA-Cyclone Ⅱ器件，它采用 90 nm 工艺、1.2 V 内核供电。最大的 Cyclone Ⅱ器件的规模是 Cyclone 的 3 倍，其增加了 DSP 块，在芯片总体性能上要优于 Cyclone 系列器件。Cyclone Ⅱ提供了硬件乘法器单元，支持低成本应用中的多种公共外部存储器接口和 I/O 协议；而且它延续了 Cyclone 的低成本定位，在逻辑容量、锁相环、乘法器和 I/O 数量上都较 Cyclone 有很大的提高。

Cyclone Ⅲ是 Altera 公司于 2007 年推出的，采用了台积电 65 nm 的低功耗工艺技术制造，可应用于通信设备、手持式消费类产品。Cyclone Ⅲ具有 20 万个逻辑单元、8 Mb 存储器，而静态功耗低于 0.25 W。

Altera 公司于 2008 年开始推出 Cyclone Ⅳ，其延续了 Cyclone FPGA 系列的领先优势，提供带收发器选项的低功耗 FPGA。Cyclone Ⅳ更适用于大规模应用，能够提供更大的带宽。

Altera 公司于 2011 年开始推出 Cyclone Ⅴ，针对广泛的通用逻辑和数字信号处理技术 (Digital Signal Processing，DSP) 应用而优化，实现了最低的系统成本和功耗。Cyclone Ⅴ FPGA 提供了行业最低的系统成本和功耗，以及全新的性能水平。与 Cyclone Ⅳ相比，其总体功耗降低了 40%，还具有高效的逻辑集成功能、集成收发器版本、SoC FPGA 版本，包括基于 ARM 的硬处理器系统 (Hard Process or System，HPS)。

Altera 公司于 2017 年开始推出 Cyclone 10，针对机器视觉、视频连接、智能视觉摄像头等高带宽性能应用进行了优化。该系列还专门对低功耗、低成本设计进行了优化，加快了产品研发速度。

2.4.4　Cyclone Ⅴ系列器件

英特尔 SoC FPGA 主要由 FPGA 和 HPS 两部分组成。Cyclone Ⅴ SoC FPGA 的资源组成如图 2.18 所示。

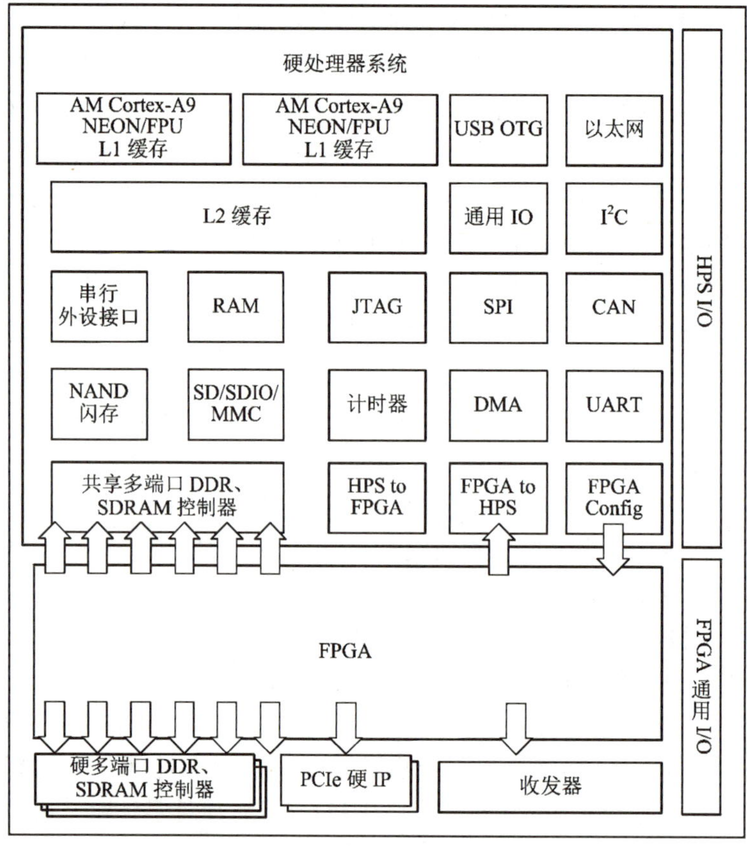

图 2.18 Cyclone V SoC FPGA 的资源组成

由图 2.18 中可以看出，HPS 中的资源有：双核处理器 ARM Cortex-A9、以太网控制器、串行接口控制器、Flash 控制器、DMA 控制器、多端口 SDRAM 控制器、计时器等。

Cyclone V 系列采用了台积电的 28 nm 低功耗工艺，具有低功耗、高性能和低成本的特点。Cyclone V FPGA 的核心架构包括多达 300 k 个等效逻辑元件，这些元件排列成自适应逻辑模块 (Adaptive Logic Module，ALM) 的垂直列。此外，还包括高达 12 MB 的嵌入式存储器、1.7 MB 的分布式存储器逻辑阵列块以及多达 342 个精度可调数字信号处理模块。它还配备了 8 个小数分频锁相环，所有的逻辑资源都通过高度灵活的时钟网络互连。

Cyclone V FPGA 提供了灵活的接口支持，芯片最多可连接 12 个 5 Gb/s 收发器，支持 840 MHz 的 LVDS 接口和 800 Mb/s 的外部存储器带宽。在硬件 IP 方面，它包括 HPS、PCI Express(PCIE)、内存控制器。增强的 PCIE 模块支持 Gen1 和 Gen2 应用，并增加了多功能支持，简化了软件驱动程序的开发。在设计安全方面，Cyclone V FPGA 提供了多层次的设计保护，包括 256 位高级加密标准 (Advanced Encryption Standard，AES) 比特流加密、联合测试工作组 (Joint Test Action Group，JTAG) 端口保护、内部振荡器、归零和循环冗余校验功能。

1. 自适应逻辑模块

自适应逻辑模块是逻辑结构的基本构件。它是最小的逻辑单元，而不再是之前的 LE。ALM 包括 1 组 LUT 查找表、4 个 D 触发器、2 个全加器和一些其他布线。10 个 ALM 组成

一个逻辑阵列块 (Logic Array Block，LAB)，LAB 是 FPGA 主要三部分组成之一。Cyclone Ⅴ系列的 ALM 结构如图 2.19 所示，可以看出它与相邻的 LAB、存储器模块、DSP 等模块用直接互联线进行连接。

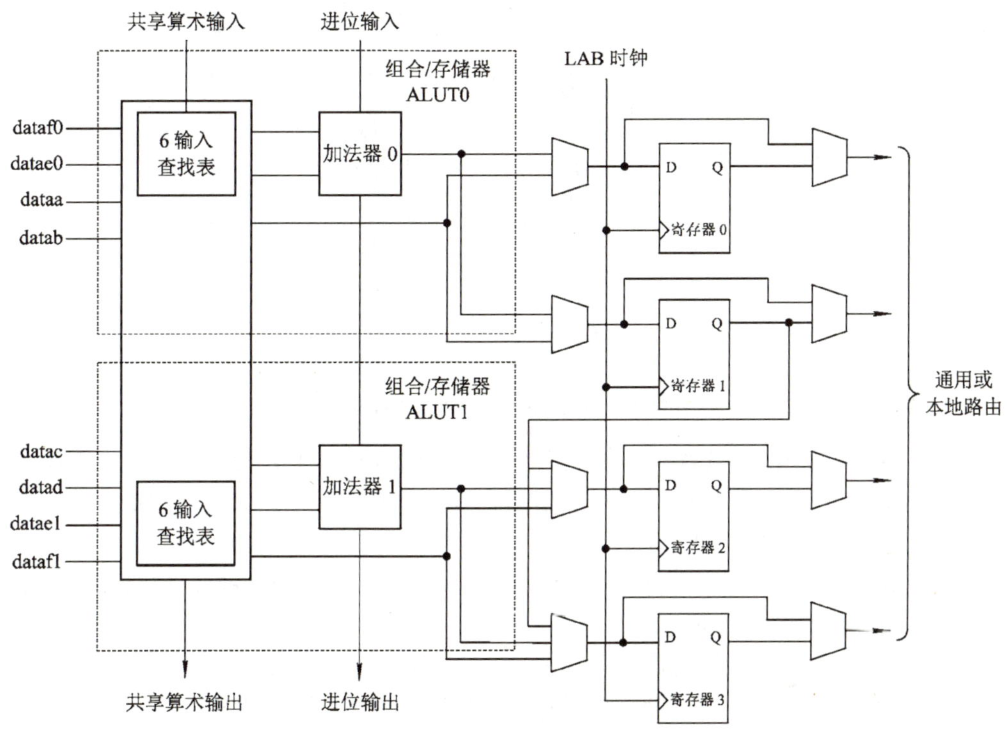

图 2.19　Cyclone Ⅴ系列的 ALM 结构

每个 ALM 包含 4 个可编程寄存器，每个寄存器都具备数据、时钟、同步和异步清零、同步加载等端口。这些寄存器的时钟和清零控制信号可以由全局信号、通用 I/O(GPIO) 引脚或任何内部逻辑驱动。时钟使能信号则可由通用型输入输出 (General Purpose Input Output，GPIO) 引脚或内部逻辑生成。在组合功能中，寄存器被旁路，查找表的输出直接传递到 ALM 的输出。

每个 ALM 中的通用布线输出都能够驱动本地、行和列的布线资源。两个 ALM 的输出可以驱动列、行或直接链路，其中一个 ALM 输出还能够驱动本地互连资源。ALM 输出可以由 LUT、加法器或寄存器产生，其中 LUT 或加法器可以驱动一个输出，而寄存器则可以驱动另一个输出。

寄存器封装允许将不相关的寄存器和组合逻辑电路封装到单一的 ALM 中，从而提高设备的利用率。另一种提高资源利用的方法是允许寄存器输出反馈到同一 ALM 的 LUT，使寄存器与其自身的扇出 LUT 一起封装。

逻辑数组块由一组逻辑资源组成，每个 LAB 都包含专用逻辑，用于驱动 ALM。这种结构化的配置实现了高度的灵活性，使得 Cyclone Ⅴ器件能够有效地适应不同的逻辑需求和设计约束，Cyclone Ⅴ系列的 LAB 结构如图 2.20 所示。

每个 LAB 都能够快速地同直连路由互连，有效地驱动 30 个 ALM。任何给定的 LAB 中都有 10 个 ALM，每个相邻的 LAB 中也有 10 个 ALM。

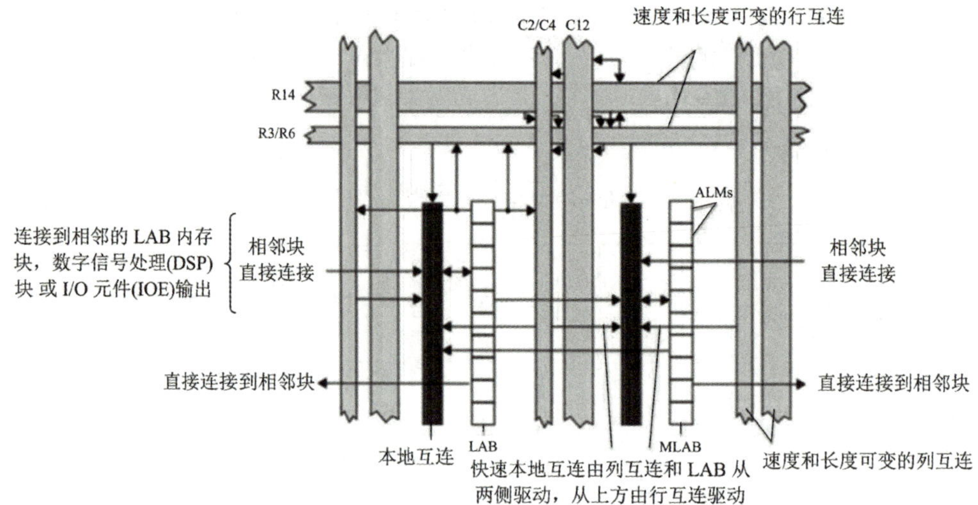

图 2.20 Cyclone V 系列的 LAB 结构

本地互连允许使用同一 LAB 中的列和行互连，同时使用 ALM 的输出来驱动该 LAB 内的其他 ALM。此外，左侧或右侧的相邻 LAB、MLAB(Memory Logic Array Blocks)、M10K 模块或数字信号处理模块也可以通过直连路由来驱动 LAB 的本地互连。

直连路由最大程度地减少了行和列互连的使用，从而提供了更高的性能和灵活性，LAB 阵列间的互联结构如图 2.21 所示。

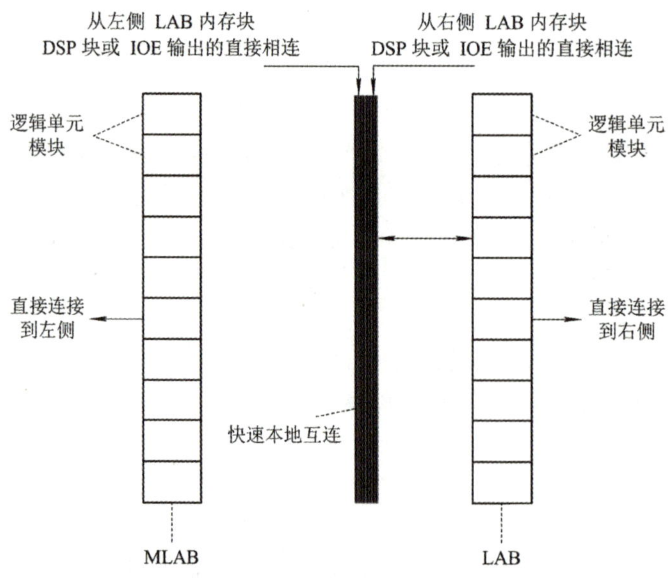

图 2.21 LAB 阵列间的互联结构

每个 LAB 都包含专用逻辑，用于将控制信号传递到其 ALM 中。每个 LAB 都拥有 2 个独特的时钟源和 3 个时钟使能信号。LAB 控制模块利用这 2 个时钟源和 3 个时钟使能信号，能够生成最多 3 个时钟信号。反相时钟源被视为独立的时钟源。每个时钟和时钟使能信号都是相互连接的。当取消复位时钟使能信号时，将关闭相应 LAB 范围内的时钟。LAB 的控制信号生成结构如图 2.22 所示。

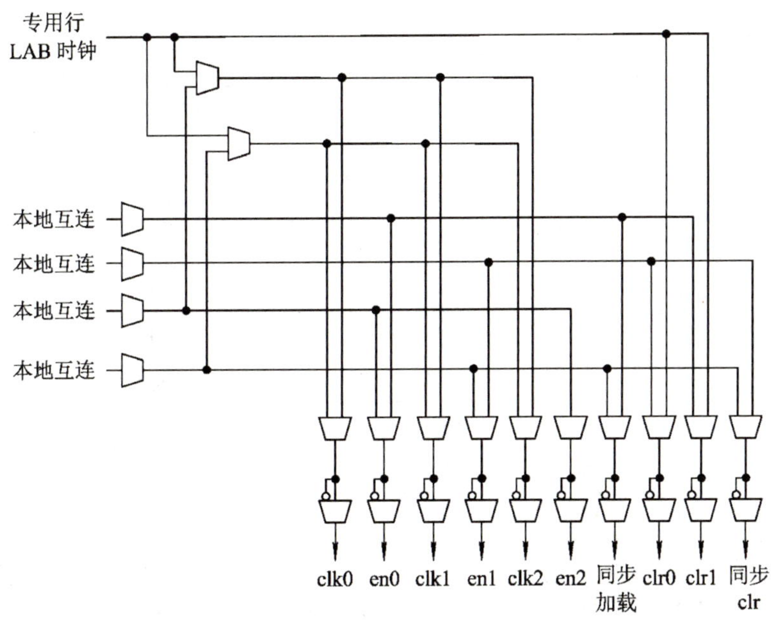

图 2.22　LAB 的控制信号生成结构

2. 嵌入式存储器块

Cyclone V 器件内置两种类型的嵌入式存储器块，包括专用的 10 kB M10K 块和增强型的 640 位 MLAB。M10K 块为专用存储器资源块，适用于较大的存储器阵列，并提供大量的独立端口。而 MLAB 则由双用途逻辑阵列块配置而成，对 DSP 应用中的移位寄存器、FIFO 缓冲区和滤波器延迟线进行了特别优化。每个 MLAB 由 10 个 ALM 组成，可以配置为 10 个 32 × 2 块，为每个 MLAB 提供一个 32 × 20 简单双端口 SRAM 块。这两种存储器块的结合使得 Cyclone V 器件能够灵活应对各种存储需求。Cyclone V 器件中的嵌入式存储器容量和分布如表 2.3 所示。

表 2.3　Cyclone V 器件中的嵌入式存储器容量和分布

器　件	型号	M10K		MLAB		总 RAM 位 / kB
		块	RAM 位 / kB	块	RAM 位 / kB	
Cyclone V E	A2	176	1760	314	196	1956
	A4	308	3080	485	303	3383
	A5	446	4460	679	424	4884
	A7	686	6860	1338	836	7696
	A9	1220	12 200	2748	1717	13 917
Cyclone V GX	C3	135	1350	291	182	1532
	C4	250	2500	678	424	2924
	C5	446	4460	678	424	4884
	C7	686	6860	1338	836	7696
	C9	1220	12 200	2748	1717	13 917

续表

器　件	型号	M10K		MLAB		总 RAM 位 / kB
		块	RAM 位 / kB	块	RAM 位 / kB	
Cyclone Ⅴ GT	D5	446	4460	679	424	4884
	D7	686	6860	1338	836	7696
	D9	1220	12 200	2748	1717	13 917
Cyclone Ⅴ SE	A2	140	1400	221	138	1538
	A4	270	2700	370	231	2460
	A5	397	3970	768	480	4450
	A6	553	5530	994	621	6151
Cyclone Ⅴ SX	C2	140	1400	221	138	1538
	C4	270	2700	370	231	2460
	C5	397	3970	768	480	4450
	C6	553	5530	994	621	6151
Cyclone Ⅴ ST	D5	397	3970	768	480	4450
	D6	553	5530	994	621	6151

Cyclone Ⅴ系列器件不仅具备丰富的内部存储资源，还提供了多样的硬核 IP 接口和外部内存接口。例如，Cyclone Ⅴ支持两种硬件内存控制器，兼容 DDR3、DDR2 和 LPDDR2 SDRAM 设备。对于 SoC 设备而言，在 HPS 中增加了一个硬件内存控制器，进一步拓展了内存接口的配置选项。总体而言，Cyclone Ⅴ设备为设计人员提供了极大的灵活性和选择自由度。这使得 Cyclone Ⅴ系列器件能够满足不同应用场景的内存接口需求。

3. 可调精度 DSP 模块

Cyclone Ⅴ精度可调的数字信号处理 (Digital Signal Processing，DSP) 模块具有高性能、低功耗的乘法操作，支持 9 位、18 位和 27 位的字长，这些块内置两个 18 × 19 的复杂乘法运算单元，可执行高效的乘法操作。同时，块内部集成了加法、减法，以及双 64 位累加单元，有效地整合了乘法运算的结果，提供了全面而灵活的算术运算支持。

在时域滤波应用方面，DSP 模块支持 19 位或 27 位的级联操作，形成时域滞后线。通过 64 位级联输出总线，DSP 模块能够轻松传递输出结果，无需额外的外部逻辑支持，为系统设计提供了更高的集成度。值得注意的是，DSP 模块在 19 位和 27 位模式下还支持硬件预加器，使其更适用于对称滤波器的设计。

此外，Cyclone Ⅴ可调精度 DSP 模块还提供了内部系数的寄存器库，为用户提供了方便的滤波器实现途径。同时，它还支持 18 位和 27 位的系统有源有限脉冲响应、滤波器，这些滤波器具备分布式输出加法器，为数字信号处理、应用提供了更灵活、高效的工具。这些综合而强大的特性使得 Cyclone Ⅴ可变精度 DSP 块在多样化的应用场景中具备卓越性能。Cyclone Ⅴ器件的可调精度 DSP 资源如表 2.4 所示。

表 2.4　Cyclone V 器件的精度可调 DSP 资源

可变精度 DSP 块资源	操作模式	支持的实例	预加法器支持	系数支持	输入级联支持	链接输出支持
1 个可变精度 DSP 块	独立 9 × 9 乘法器	3	否	否	否	否
	独立 18 × 18 乘法器	2	是	是	是	否
	独立 18 × 19 乘法器	2	是	是	是	否
	独立 18 × 25 乘法器	1	是	是	是	是
	独立 20 × 24 乘法器	1	是	是	是	是
	独立 27 × 27 乘法器	1	是	是	是	是
	两个 18 × 19 的乘法器 - 加法器	1	是	是	是	是
	18 × 18 的乘法器 - 加法器与 36 位输入相加	1	是	否	否	是
2 个可变精度 DSP 块	复杂 18 × 19 乘法器	1	否	否	是	否

4. PLL 时钟资源

Cyclone V 器件包含以下组织成分层结构的时钟网络。

1) 全局时钟网络

Cyclone V 器件提供可驱动整个器件的全局时钟网络 (Global Clock，GCLK)。GCLK 在功能块中充当低偏斜时钟源，如自适应逻辑模块、数字信号处理、嵌入式存储器以及 PLL 等。此全局时钟网络的设计旨在为整个器件提供统一而可靠的时序基准。同时，Cyclone V 器件的 I/O 元件和内部逻辑还具备驱动 GCLK 的能力，用于创建内部生成的全局时钟以及其他高扇出的控制信号，如同步或异步清零以及时钟使能信号。这种综合设计保障了器件内各个部分之间的时序一致性，为复杂的数字设计提供了可靠的时钟架构。

2) 区域时钟网络

区域时钟网络 (Regional Clock，RCLK) 专门用于驱动它们所服务的区域，在 Cyclone V 器件中具有最低的时钟插入延迟和偏移。这个网络为单个器件区域内的逻辑提供了可靠的时序性能。在此框架下，Cyclone V 器件的 IOE 和特定区域内的内部逻辑还能够驱动 RCLK，从而创建内部生成的区域时钟以及其他高扇出的控制信号。这种设计提供了一种有效的方式，使得 RCLK 网络能够满足不同区域限内逻辑的时钟需求，并为器件提供可靠的时序同步。

3) 外设时钟网络

Cyclone V 器件中的外设时钟网络 (Peripheral Clock，PCLK) 主要由来自水平方向传播 PCLK 信号构成。该网络能够驱动来自 PLD 收发器接口时钟、水平 I/O 引脚，以及内部逻辑的时钟输出。相较于 GCLK 和 RCLK 网络，PCLK 网络具有更高的时钟偏移，时钟偏移是指时钟信号到达数字电路各个部分所用时间的差异。通过使用 PCLK 进行通用路由，可以有效地将信号输入到 Cyclone V 器件，从而提供一种灵活而可靠的时钟架构。这种设计使得器件能够在各种应用场景中实现可靠的时序性能。

5. I/O 单元

Cyclone V 为用户提供了高度可配置的通用 I/O 接口 (GPIO) 模块。首先，该 GPIO 模块支持可编程总线及上拉电阻连接模式，为设计人员提供了广泛的配置选项，以满足各种电路连接和控制需求。其次，Cyclone V 的 GPIO 模块支持 LVDS 差分输出，为高性能应用提供了出色的信号驱动能力和灵活性。

在时序收敛方面，Cyclone V 的 GPIO 模块引入了先进的设计特性。它支持通过硬件直接读取 FIFO 缓冲器中的输入寄存器地址，使时序管理更为灵活和可控。此外，该 GPIO 模块还引入了不同结构的延时锁相环链，为时序控制提供了更多的定制选项。

Cyclone V 的 I/O 元件支持多种 I/O 标准，包括单端、非电压参考、电压参考等标准，以及 LVDS、RSDS、mini-LVDS、HSTL(High Speed Transceiver Logic)、HSUL(High Speed Unterminated Logic)、SSTL(Stub Series Terminated Logic) 等。此外，Cyclone V 的 IOE 支持串行器 / 解串器，可编程的输出电流强度、上升 / 下降沿速率、总线保持、上拉电阻、预增强、I/O 延迟、输出电压差分等多项功能；还包括开漏输出、带 / 不带校准的片上串行终端、片上并行终端、片上差分终端，以及对高速差分 I/O 的支持。这种全面而高度可配置的 GPIO 设计使得 Cyclone V 能够适应复杂系统设计的多样性需求，为工程师提供了卓越的定制能力和灵活性，有助于实现更加复杂和多样化的电路设计。Cyclone V E 器件的 I/O 单元如表 2.5 所示。

表 2.5 Cyclone V E 器件的 I/O 单元

器件型号	M383	M484	U324	F256	U484	F484	F672	F896
	通用 I/O	通用 I/O	通用 I/O	通用 I/O	通用 I/O	通用 I/O	通用 I/O	通用 I/O
A2	223	—	176	128	224	224	—	—
A4	223	—	176	128	224	224	—	—
A5	175	—	—	—	224	240	—	—
A7	—	240	—	—	240	240	336	480
A9	—	—	—	—	240	224	336	480

2.5 CPLD/FPGA 开发应用选择

2.5.1 PLD 选择的依据

选择 PLD 时，需考虑以下几点。

(1) FPGA 供应商和开发工具支持是选择器件时需要考虑的重要因素。目前市场上主要有 Xilinx(现在属于 AMD)、Altera(现在属于 Intel)、Lattice、Actel 等主流 FPGA 供应商。在选择器件时，最好考虑选择市场份额大并且得到广泛认可的主流器件。

表 2.6 所示为主要 FPGA/CPLD 厂商的网址，仅供参考。

表 2.6　主流 FPGA/CPLD 厂商网址一览表

厂商名称	网　址
Altera	https://www.intel.cn/content/www/cn/zh/products/programmable.html
Xilinx	https://www.xilinx.com/products/silicon-devices/fpga.html
Actel	https://www.microchip.com/en-us/products/fpgas-and-plds
Lattice	https://www.latticesemi.com/zh-CN

Xilinx 公司提供了集成开发环境 Vivado，Altera 公司提供了 Quartus Ⅱ。这两款开发环境都具备强大的功能和友好的用户界面，支持本公司所有器件的设计和开发。它们涵盖了从设计输入到编程 / 下载的整个设计流程，并提供了与第三方工具丰富的接口。

(2) 电气接口标准在当前数字电路领域中非常多。复杂的数字系统中常常涉及多种电气接口标准。目前，常用的 FPGA 器件均能支持各种电气接口标准，能够满足绝大多数应用设计的需求。

(3) 硬件资源是器件选型的重要考量因素，包括逻辑资源、I/O 资源、布线资源、DSP 资源、存储器资源、锁相环资源、串行收发器资源，以及其他扩展资源如硬核微处理器等。局部布线资源的不足可能导致电路运行速度明显下降，有时甚至无法适配器件，从而引发设计失败。

(4) 主流器件常见的封装包括方型扁平式封装 (Quad Flat Package，QFP)、球栅阵列封装 (Ball Grid Array，BGA)、细间距球栅阵列封装 (Fine Ball Grid Array，FBGA)。BGA 和 FBGA 封装器件有高密度的引脚，导致设计中需采用多层板。印制电路板 (Printed Circuit Board，PCB) 布线复杂，设计成本较高，器件焊接成本也高，因此应尽量减少使用。对电路速度要求较高时，选择 BGA 和 FBGA 器件更为合适，它们的引脚电感和分布电容较小，这有利于高速电路的设计。

(5) 选择器件的基本原则是在满足应用需求的前提下，尽量选择速度较低的器件。这有助于避免由于传输线效应导致的信号反射问题，减少在设计过程中对信号完整性的关注。此外，速度较低的器件通常使用更广泛，价格较为合理，而高速器件由于使用需求较少，价格较高且供货渠道相对有限，容易导致订货周期长，影响产品的研发进程和上市效率。而选择速度适中的器件有助于在保证电路性能的同时也降低了设计的复杂程度和研发周期。

(6) 随着器件集成度的提高和性能的不断提升，FPGA 器件的价格普遍下降。在选择器件时，应关注推出的新型器件，以便既能满足电路的性能需求，又能充分考虑到研发成本。

(7) 在某些应用场合，对器件的环境温度适应能力有较高的要求，因此应选择工业级、军品级或宇航级的器件。

2.5.2　FPGA 与 CPLD 的比较

不同厂家对 CPLD 和 FPGA 的定义有所不同。我们可以根据器件的结构特点和工作原理将 CPLD 和 FPGA 进行分类，将以乘积项结构方式构成逻辑行为的器件称为 CPLD，而将以查找表结构方式构成逻辑行为的器件称为FPGA。由于FPGA和CPLD都是可编程逻辑器件，因此二者具有很大的相似性。但是CPLD和FPGA在硬件结构上的差异使得它们具有各自的特点。在结构工艺方面，CPLD多为乘积项结构，实现工艺多为EECMOS，也包括EEPROM、Flash、反熔丝等；FPGA多为查找表加寄存器结构，实现工艺多为SRAM，也包含反熔丝等。

在功耗方面，一般情况下CPLD的功耗要比FPGA大并且集成度越高功耗越明显。

在时延方面，CPLD的连续式布线结构决定了它的时序延时是均匀和可预测的，而FPGA的分段式布线结构决定了其延时的不可预测性。因此，对于FPGA而言，时序约束和仿真非常重要，一般需要通过时序约束、静态时序分析和仿真等手段来提高并验证时序性能。

在编程方式上，CPLD主要是基于EEPROM或Flash存储器编程，编程次数可达1万次，其优点是系统断电时编程信息也不会丢失。CPLD又可分为在编程器上编程和在系统编程两类。FPGA大部分是基于SRAM编程，编程信息在系统断电时会丢失，每次上电时，需从器件外部将编程数据重新写入SRAM中。其优点是编程次数不限，在工作中快速编程，从而实现板级和系统级的动态配置。

在编程上，FPGA比CPLD具有更大的灵活性。CPLD通过修改具有固定内连电路的逻辑功能来编程，而FPGA主要通过改变内部连线的布线来编程；FPGA可在逻辑门下编程，而CPLD在逻辑块下编程。

CPLD适用于中小规模的组合逻辑和固定时序逻辑设计，这是因为它采用了乘积项结构，并且引脚间延时是固定的，确保了时序的确定性和可靠性。而FPGA则通常用于大规模复杂时序逻辑设计，这是因为它采用了LUT加寄存器的结构，具有高度的可编程性和灵活性。此外，FPGA还拥有大量的触发器，可以支持更复杂的时序逻辑电路设计，满足高性能计算和数据处理的需求。

CPLD比FPGA使用起来更方便。CPLD的编程采用EEPROM或Flash技术，无须外部存储器芯片，则使用简单；FPGA的编程信息需存放在外部存储器上，使用方法复杂。两者之间的互连结构不同，CPLD的逻辑块互连是集总式的，其特点是等延时，即任意两块之间的延时是相等的，这种结构给设计人员带来很大的方便；FPGA的互连则是分布式的，其延时与系统的布局有关。

在逻辑规模和复杂度上，CPLD的规模小，逻辑复杂度低，因而适合简单的电路设计；FPGA的规模大，逻辑复杂度高，新型器件高达千万门级，故其适用于复杂的电路设计。在保密性方面，CPLD的保密性比FPGA的保密性要好。一般的FPGA不容易实现加密。但是目前一些采用Flash加SRAM工艺的新型FPGA器件，在其内部嵌入了加载Flash，则能提供更好的保密性。

在成本和价格方面，CPLD的成本和价格低，更适合低成本的设计；FPGA成本和价格高，适合高速、高密度的高端数字逻辑的设计。

尽管两者在硬件结构上有一定的差异，但是对用户而言，CPLD和FPGA的设计流程有一定的相似性，使用EDA软件的设计方法两者也没有太大的区别，设计时根据所选的器件型号发挥器件的特性即可。

拓展思考题

2-1 简要说明 PLD 器件的种类与分类方法。

2-2 FPGA 和 CPLD 器件在结构上有什么明显的区别？各有什么特点？

2-3 概述 FPGA 器件的优点及其主要的应用场合。

2-4 FPGA 的英文全称是什么？ FPGA 的结构主要由哪几部分组成？每一部分的作用是什么？

2-5 简述基于乘积项的可编程逻辑器件的结构特点。

2-6 基于查找表的可编程逻辑器件结构的原理是什么？

2-7 基于查找表和基于乘积项的可编程逻辑器件结构各有什么优点？

2-8 在 FPGA 和 CPLD 的应用开发中应考虑哪些因素？

第 3 章　VHDL 硬件描述语言基础

3.1　VHDL 概述

VHSIC 硬件描述语言 (VHSIC Hardware Description Language，VHDL) 是用于描述数字电路和系统的硬件描述语言，是一种标准化的硬件描述语言，广泛应用于数字电路设计和电子系统设计领域。VHDL 语言是一种强大的工具，可以帮助工程师描述复杂的数字电路，并进行仿真和综合，也可以描述电路的结构、功能和时序行为。它也是一种形式化的语言，能够准确地描述电路的行为特性，有助于设计人员在设计阶段发现和解决问题。下面给出一个简单的例子，来帮助读者更好地理解 VHDL 代码的结构。

【例 3.1】 2 选 1 多路选择器 VHDL 语言描述。

```
LIBRARY IEEE ;
USE IEEE.STD_LOGIC_1164.ALL ;        --库和包的声明
ENTITY mux21a IS
PORT( a, b : IN  BIT ;
      s : IN  BIT;
      y : OUT BIT  ) ;               --实体描述
END ENTITY mux21a ;
ARCHITECTURE one OF mux21a  IS
 BEGIN
  y <=  a  WHEN  s = '0'  ELSE
      b  ;
END ARCHITECTURE one ;               --结构体的描述
```

例 3.1 代码是对 2 选 1 多路选择器的 VHDL 描述，其展示了一个完整的 VHDL 程序结构，它包括库和包的声明、实体、结构体三个基本部分。

3.2　VHDL 结构与要素

一个完整的 VHDL 程序文件一般由库 (LIBRARY)、程序包 (PACKAGE)、实体 (ENTITY)、结构体 (ARCHITECTURE) 及配置 (CONFIGURATION) 基本单元构成。其中，库和程序包使用说明主要是为了声明设计实体将要用到的库和程序包。库用于存放预定义元件、数据类型、函数等资源。程序包则是对这些资源的进一步封装和组织。实体说明用于描述该设计实体与外界的接口信号，其明确了实体有哪些输入信号和输出信号，以及这些信号的名称、数据类型等信息，是可视部分。结构体说明用于描述该设计实体内部工作的逻辑关系，是对实体说明中所定义的接口信号如何在内部进行处理和转换的详细描述。结构体说明是设计实体的不可视部分，其描述了设计实体的具体功能。根据需要，实体还可以有配置说明语句，其为实体选定某个特定的结构体，或者以层次化的方式对特定的设计实体进行元件例化。VHDL 的基本结构如图 3.1 所示。

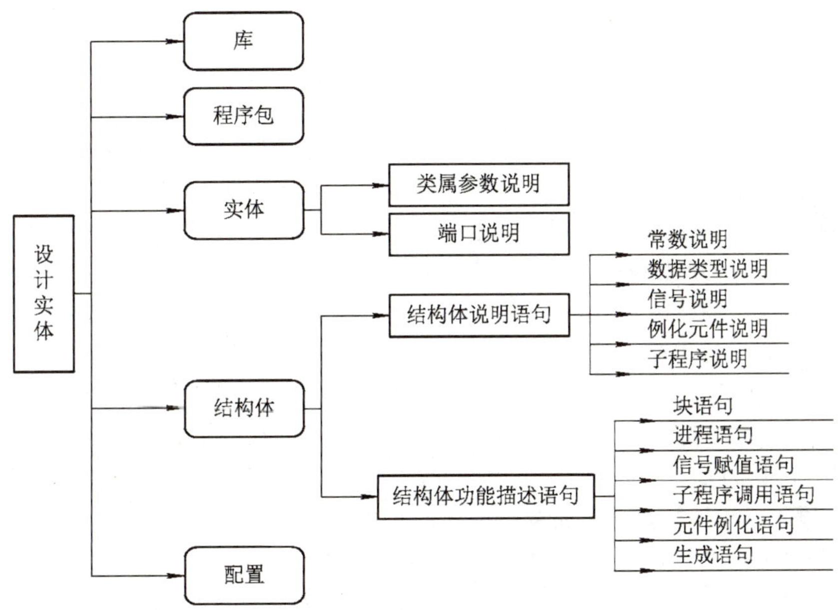

图 3.1　VHDL 的基本结构

3.2.1　库

在 VHDL 设计中，为提升设计效率并保证设计遵循统一的语言标准和数据格式，要把有用的信息汇总到库中，以方便设计者随时取用。这些信息包含预先定义的数据类型、常量、子程序等组成的设计单元集合 (即程序包)，还有预先设计好的各类设计实体 (元件)。所以，库可被视为存放预先完成的程序包、数据集合体以及元件的仓库。在 VHDL 设计中要使用某个程序包，应在设计前打开它，这样才能使用其中的设计单元。在综合阶段，当综合器在高层次的 VHDL 源文件中需要调用库资源时，会读取该库指定的源文件并将其纳入综合。因此，要在设计实体前用库语句和 USE 语句进行声明。一般来说，在 VHDL 程序里声明打开的库和程序包，对该设计而言是可见的，则能被设计项目调用。例如，IEEE 库是经过 IEEE 认证的资源库，其包含了 IEEE-1076 标准中的标准设计单元，如 Synopsys 公司的 STD_LOGIC_UNSIGNED 程序包等。通常，一个库会包含多个程序包，一个程序包又包含多个子程序，而子程序又包含函数、过程、设计实体 (元件) 等基础设计单元。

VHDL 的库分为两类：一类是设计库，如在具体设计项目中设定的目录所对应的 WORK 库；另一类是资源库，资源库是常规元件和标准模块存放的库，如 IEEE 库。

1. 常用库

一般来说，VHDL 常用库有 4 个，分别为 IEEE 库、STD 库、VITAL 库和 WORK 库。

(1) IEEE 库。在 VHDL 设计领域，IEEE 库是应用最为广的库之一。它收纳了遵循 IEEE 标准的程序包，同时也涵盖了其他一些符合工业标准的程序包，为 VHDL 设计提供了丰富且实用的资源。IEEE 库中的标准程序包众多，主要有 STD_LOGIC_1164、NUMERIC_BIT 及 NUMERIC_STD 等。在这些程序包里，STD_LOGIC_1164 是最常用的集合包之一，该程序包定义了标准逻辑类型以及相关的逻辑运算函数和转换函数等资源，大多数基于数字系统设计的程序包均以其设定的标准作为基础进行构建。IEEE 库还包含了一些虽未被 IEEE 正式标准涵盖，但在工业界已广泛使用并成为事实上工业标准的程序包。例如，Synopsys 公司开发的 STD_LOGIC_ARITH、STD_LOGIC_SIGNED 和 STD_LOGIC_UNSIGNED 程序包是最常用的。这些程序包提供了丰富的算术运算和逻辑运算功能单元，极大简化了数字电路设计。当前，市面上大多数 EDA 开发环境都对 IEEE 库里的这些程序包提供了良好的支持，从而使得设计者能够更加高效地进行 VHDL 工程设计。

(2) STD 库。STD 库作为 VHDL 标准所包含的资源库，主要由 STANDARD 和 TEXTIO 程序包构成。STANDARD 程序包内定义了一系列常用的数据类型，如 BIT、BOOLEAN、INTEGER、REAL、TIME 等，并且针对这些数据类型配备了相应的运算函数。这些数据类型和函数为 VHDL 程序设计提供了基础的数据表示和运算能力，是进行数字电路设计不可或缺的基本元素。TEXTIO 程序包则聚焦于 VHDL 程序的输入 / 输出操作，其包含了与 ASCII 码文本文件相关的文件类型定义，以及用于读 / 写操作的子程序等。在程序测试阶段，该程序包非常实用，设计者可借助它实现与外部文本文件的数据交互。需要注意，TEXTIO 程序包不支持赋值操作和逻辑综合。从本质上来说，它是专门为 VHDL 仿真工具打造的，是 VHDL 程序与外部计算机文件管理系统进行数据交换的重要界面和接口。

(3) VITAL 库。VITAL 库是符合 IEEE Standard 1076.4 标准的 IEEE 库，由含有精确的 ASIC 时序模型的时序包集合 VITAL TIMING 和基本元件包集合 VITAL_PRIMITIVES 组成，支持以 ASIC 单元的真实时序数据对一个 VHDL 设计进行精细模拟验证，可以大大提高 VHDL 门级时序模拟的精度。

(4) WORK 库。WORK 库是设计人员的现行工作库，用于存放自己设计的工程项目。在 PC 机或工作站用 VHDL 进行项目设计，不允许直接在根目录下进行设计，必须在根目录下建立一个工程目录 (即文件夹) 进行设计。VHDL 综合器将此目录默认为 WORK 库，WORK 不是设计项目的目录名，而是一个逻辑名。VHDL 标准规定 WORK 库总是可见的，因此在程序设计时不需要明确指定并打开。

2. 其他库

除了前文所述的 4 个库之外，VHDL 中还存在其他类型的库，这些库在特定的设计场景中发挥着重要作用。

(1) 面向 ASIC 的库。在 VHDL 中，为了进行门级仿真，各公司须提供面向 ASIC 的逻辑门库。在该库中存放着与逻辑门一一对应的实体，使用前必须要用库说明语句对其进行说明。

(2) 用户自定义库。用户自定义库是由设计者根据设计需求，将自主开发的共用程序包、设计实体、函数或类型定义等内容进行系统性封装而形成的资源集合。该库可用于复用设计模块、统一数据类型或共享特定功能代码。使用用户自定义库时，设计者需遵循特定的声明规范：首先，通过库说明语句指定库的名称，明确其在文件系统中的存储路径；其次，利用 USE 语句打开库内相应的程序包，确保所需的设计单元在当前设计环境中可见。用户自定义库为复杂项目开发提供了高效的模块化设计支持。

当库对当前项目默认可见时，则无须用 LIBRARY 和 USE 等语句显式声明，而对于那些默认不可见的库，则需要显式声明。库的语句格式如下：

```
LIBRARY 库名;
USE 程序包名;
```

如使用 IEEE 库中的下降沿程序包，需做如例 3.2 所示的声明。

【例 3.2】 IEEE 库的 STD_LOGIC-1164 包的声明。

```
LIBRARY IEEE;
USE IEEE.STD_LOGIC_1164.FALLING_EDGE;
```

以上语句相当于为其后的设计实体打开了以此库名命名的库，以便设计实体可以利用其中的程序包。USE 语句格式有两种：一种是对本设计实体打开指定库中的特定程序包所选定的项目；另一种是对本设计实体打开指定库中指定程序包的所有项目，如下所示。

```
LIBRARY 库名;
USE 库名 .程序包名 .项目名;          --打开选定项目
USE 库名 .程序包名 .ALL;             --打开所有项目
```

3.2.2　程序包

程序包是采用 VHDL 语言编写的可复用代码单元，其主要功能是实现设计资源的共享与调用，类似于一个通用的“工具箱”。在程序包中定义的数据类型、常量、函数、过程等设计元素，均可作为共享资源供其他设计单元使用，这与 C 语言中的头文件具有相似的作用。程序包的使用，不仅可以减少代码的重复编写，还能有效提升程序结构的清晰性和设计的模块化。

在 VHDL 设计中，实体部分声明的数据类型、常量和子程序，仅在对应的结构体中使用；而单个实体的声明或结构体内部定义的设计元素，其作用域仅限于该实体，无法被其他实体直接调用。程序包的引入正是为了解决这一局限性，它能够将一组数据类型、常量和子程序进行封装，使其能够跨设计单元复用。

程序包由包头和包体两部分组成。包头 (程序包说明) 主要用于声明程序包内可被外部访问的数据类型、元件、函数和子程序等接口信息，其语法结构与实体定义类似，侧重于对外暴露资源的声明。包体是程序包功能的具体实现部分，用于存放函数和过程的可执行代码，同时允许定义内部子程序、变量和数据类型，这些内部元素仅在包体内部可见。需要注意的是，包头和包体均以关键字 PACKAGE 开头，但包体需通过 PACKAGE BODY 进行标识以区分于包头。程序包的标准语法结构如下：

包头格式：

```
PACKAGE程序包名 IS
```

```
  [包头说明语句]
END程序包名;
```

包体格式：

```
PACKAGE BODY程序包名 IS
  [包体说明语句]
END程序包名;
```

常用的预定义的程序包有以下四种。

1. STD_LOGIC_1164 程序包

STD_LOGIC_1164 程序包是 IEEE 库中最常用的程序包，也是 IEEE 的标准程序包。此程序包中包含了数据类型、子类型和函数的定义，这些定义将 VHDL 扩展为一个能描述多值逻辑(即除“0”和“1”以外还有其他的逻辑量，如高阻态“Z”、不定态“X”等)的硬件描述语言，能满足实际数字系统的设计需求。该程序包中包含的数据类型有 STD_ULONGIC、STD_ULONG_VECTOR、STD_LOGIC 和 STD_LOGIC_VECTOR，其中用得最多和最广泛的是满足工业标准的 STD_LOGIC 和 STD_LOGIC_VECTOR 两种数据类型，它们非常适合于 CPLD/FPGA 器件中的多值逻辑设计结构。

2. STD_LOGIC_ARITH 程序包

STD_LOGIC_ARITH 程序包预先在 IEEE 库中编译，它是 Synopsys 公司的程序包。此程序包在 STD_LOGIC_1164 程序包的基础上扩展了 UNSIGNED、SIGNED 和 SMALL_INT 三个数据类型，并为其定义了相关的算术运算符和转换函数。

3. STD_LOGIC_UNSIGNED 和 STD_LOGIC_SIGNED 程序包

这两个程序包都是 Synopsys 公司的程序包，都预先在 IEEE 库中编译。这些程序包重载了可用于 INTEGER、STD_LOGIC 和 STD_LOGIC_VECTOR 型混合运算的运算符，并定义了一个由 STD_LOGIC_VECTOR 型到 INTEGER 型的转换函数。这两个程序包的区别是，STD_LOGIC_SIGNED 中定义的运算符考虑到了符号，是有符号数的运算，而 STD_LOGIC_UNSIGNED 则正好相反，是没有符号数的运算。

程序包 STD_LOGIC_ARITH、STD_LOGIC_UNSIGNED 和 STD_LOGIC_SIGNED 虽然未成为 IEEE 标准，但它们已经成为事实上的工业标准，绝大多数的 VHDL 综合器和 VHDL 仿真器都支持它们。

4. STANDARD 和 TEXTIO 程序包

这两个程序包是 STD 库中的预编译程序包。STANDARD 程序包中定义了许多基本的数据类型、子类型和函数，它也是 VHDL 标准程序包，实际应用中已隐性地打开了，故不必再用 USE 语句进行声明。TEXTIO 程序包定义了支持文本文件操作的许多类型和子程序。在使用 TEXTIO 程序包之前，需加语句 USE STD.TEXTIO.ALL 进行声明。

TEXTIO 程序包主要供仿真器使用。可以用文本编辑器建立一个数据文件，文件中包含仿真时需要的数据，仿真时用 TEXTIO 程序包中的子程序存取这些数据。在综合器中，此程序包常被忽略。

调用程序包的通用格式如下：

```
USE库名.程序包名.ALL;
```

一般来说，调用 IEEE 库中的 STD_LOGIC_1164、STD_LOGIC_UNSIGNED、STD_LOGIC_ARITH 这 3 个程序包，足以满足大部分的 VHDL 程序设计需求。调用库和程序包的语句本身，在综合时并不消耗太多的资源。

【例 3.3】 调用 IEEE 库的三个程序包。

```
LIBRARY IEEE;
USE IEEE.STD_LOGIC_1164.ALL;
USE IEEE.STD_LOGIC_UNSIGNED.ALL;
USE IEEE.STD_LOGIC_ARITH.ALL;
```

3.2.3 实体

实体是 VHDL 设计中最基本的模块之一。其主要用于精确界定设计对象与外部环境之间的交互接口，包括输入 / 输出信号的定义、端口属性的描述等，同时还涵盖实体类属参数的声明。实体着重关注设计对象的外部可见特性，明确其与外部电路或系统进行数据传输和控制交互的界面规范，而不涉及电路内部具体的结构组成、逻辑连接方式以及功能实现细节，从而形成一个相对独立的、对外呈现标准化接口的设计模块。

1. 实体语句结构

实体说明单元的常用语句 (语句中均不区分大小写) 格式如下：

```
ENTITY 实体名 IS
  [GENERIC(类属表 );]
  [PORT(端口表 );]
END ENTITY 实体名 ;
```

实体说明单元必须按照上述结构来描述。实体应以语句“ENTITY 实体名 IS”开始，以语句“END ENTITY 实体名”结束。其中，实体名由设计者确定。程序中间方括号内的语句描述，在特定的情况下并不是必需的。

2. 类属参数说明

类属参数说明是一种端口界面常数，通常以声明语句的形式置于实体或块结构体的头部。在 VHDL 设计中，类属参数为设计实体与外部环境之间搭建了静态信息传递的桥梁，主要用于指定端口宽度、元件实例数量、定时参数等设计属性。与常规常数不同，类属参数的值并非在设计实体内部固定赋值，而是从外部进行设定的；常数一旦在设计实体内部完成初始化赋值，其数值在整个设计生命周期内保持恒定且不可修改。这种机制赋予了设计者极大的灵活性：通过修改类属参数的值，无需大幅改动设计实体内部代码，即可实现对电路结构、规模或性能参数的调整。例如，在参数化设计中，可利用类属参数动态配置设计实体的位宽、存储器的深度，或是调整状态机的时钟周期约束，从而显著提升设计的复用性和可扩展性。

类属参数的说明语句的格式如下：

```
GENERIC(常数名：数据类型 [：设定值 ];
……
常数名：数据类型 [：设定值 ]);
```

类属参数说明以关键词 GENERIC 引导一个类属参量表，在表中提供时间参数或总线宽度等静态信息，类属参数表说明在所定义的环境中的地位十分接近常数，但其行为却有些类似端口 (PORT)，能够从环境外部动态地接受赋值。因此，通常需要将类属参数说明放在其中，并将其放在端口说明语句的前面。

在一个实体中定义的、来自外部赋入类属的值，可以在实体内部或与之相应的结构体中读取。对于同一个设计实体，可以通过 GENERIC 语句为它创建多个行为不同的逻辑结构。比较常见的情况是，利用类属来动态规定一个实体的端口大小，或设计实体的物理特性，或结构体中的总线宽度，或设计实体中底层同种元件的例化数量等。

【例 3.4】 包含类属参数声明及端口声明的实体举例。

```
ENTITY mck IS
    GENERIC(WIDTH:INTEGER=8);
    PORT(ADD_BUS:OUT STD_LOGIC_VECTOR((WIDTH-1)DOWNTO 0));
END ENTITY mck;
```

例 3.4 中，GENERIC 语句定义了 mck 实体的地址总线端口 ADD_BUS 的数据类型和宽度 (即定义 ADD_BUS 为一个 8 位的位矢量)。由此可见，对类属参数 WIDTH 的改变会对结构体中所有相关总线的定义同时作出改变，由此将改变整个设计实体的硬件结构。

3. PORT 端口说明

PORT 端口说明语句是对一个设计实体界面的说明，也是对设计实体与外部电路接口通道的说明，其中包括对每一个接口的输入 / 输出模式和数据类型的定义。其格式如下：

```
PORT(端口名 :端口模式 数据类型 ;
      端口名 :端口模式 数据类型 ;
                  ...
      端口名 :端口模式 数据类型 );
```

其中：端口名是设计人员为实体的每一个对外通道所取的名字；端口模式是指这些通道上数据的流动方式，四种端口模式及其说明如表 3.1 所示；数据类型指端口上流动的数据的表达格式，常见的有 BIT、REAL、INTEGER 等，后续章节将详述。

表 3.1 端口模式说明

端口模式	端口模式说明 (以设计实体为主体)
IN	输入，只读模式，将变量或信号信息通过该端口读入
OUT	输出，单向赋值模式，将信号通过该端口输出
BUFFER	具有读功能的输出模式，可以读或写，只能有一个驱动源
INOUT	双向，可以通过该端口读入或输出信息

【例 3.5】 全加器端口 full_adder 的 VHDL 描述。

```
ENTITY full_adder IS
    PORT(a , b , c: IN BIT;
    sum , carry: OUT BIT);
END ENTITY full_adder;
```

例 3.5 所示全加器有三个输入端口 *a*、*b*、*c*，两个输出端口 sum、carry，数字类型均为 BIT 型 (位型)。

3.2.4　结构体

结构体作为设计实体的核心组成部分，主要承担描述设计实体内部电路结构、信号流向以及与外部端口间逻辑关系的重要功能。结构体通常位于实体说明之后，其内容属于设计实体的非可见部分，侧重于从逻辑和功能层面详细阐述实体的具体实现方式。作为实体功能的具体实现载体，结构体为同一设计实体提供多样化的实现途径。在实际设计过程中，一个实体可对应多个结构体，每个结构体均代表一种独立的功能实现方案，涵盖不同的逻辑架构、算法设计或元件连接方式。这些结构体在设计层级中具有平等地位，共同服务于同一实体的外部接口规范，但在综合阶段，出于生成单一硬件电路的需求，仅能选择其中一个结构体作为最终实现的依据，确保设计结果的唯一性和确定性。

1. 结构体的一般语句格式

结构体的语句格式如下：

```
ARCHITECTURE 结构体名 OF　实体名 IS
    [说明语句 ]
BEGIN
    [功能描述语句 ]
END [ARCHITECTURE] 结构体名 ;
```

其中，结构体中的实体名必须是所在设计实体的名称，而结构体名可以由设计人员自己确定。需要注意的是，当一个实体有多个结构体时，结构体的名字不能相同。

2. 结构体说明语句

结构体里的说明语句是对结构体功能描述语句中要用到的信号、数据类型、常量、元件、函数以及过程等进行说明。不过，在结构体中说明和定义的数据类型、常量、元件、函数和过程的使用范围仅限于该结构体。若需使其在其他实体或结构体中也能被使用，就需要把它们封装成程序包。

3. 功能描述语句结构

功能描述语句有五种类型，以并行方式工作的语句结构。五种类型分别是块语句、进程语句、信号赋值语句、子程序调用语句和元件例化语句。而在每一种语句的结构内部可能含有并行运行或顺序运行的逻辑描述语句。各种语句结构的组成和功能如下：

(1) 块语句是由一系列并行执行语句构成的组合体，它的功能是将结构体中的并行语句组成一个或多个模块。

(2) 进程语句定义顺序语句模块，用以将从外部获得的信号值或内部的运算数据向其他的信号进行赋值。

(3) 信号赋值语句将设计实体内的处理结果向定义的信号或界面端口进行赋值。

(4) 子程序调用语句用于调用一个已设计好的子程序。

(5) 元件例化语句对其他的设计实体做元件调用说明，并将此元件的端口与其他的元件、信号或高层次实体的界面端口进行连接。

【例 3.6】 多路选择器的 VHDL 语句格式。

```
ENTITY mux IS
  PORT(a,b:IN BIT;
        s:IN BIT;
        q:OUT BIT);
END ENTITY mux;
ARCHITECTURE behave OF mux IS
BEGIN
  q <= (a AND (NOT s)) OR(b AND s);
END ARCHITECTURE behave;
```

例 3.6 中，定义了一个名为“mux”的实体，PORT 定义了实体的接口，“a”和“b”是输入端口，类型为 BIT；“s”是选择信号输入端口，类型为 BIT；“q”是输出端口，类型为 BIT，接着定义了实体“mux”的结构体，命名为“behave”，描述了一种逻辑行为：当“s”为 0 时，“NOT s”为 1，因此 q = a AND 1 = a(因为 b AND 0 = 0)；当“s”为 1 时，“NOT s”为 0，因此 q = b AND 1 = b(因为 a AND 0 = 0)。利用该逻辑可以实现一个简单的多路选择器。

3.2.5 配置

VHDL 配置语句描述了层与层之间的连接关系以及实体与结构体之间的对应关系。设计者可以利用这种配置语句选择不同的结构体，使其与要设计的实体相对应。在仿真某一个实体时，可以利用配置选择不同的结构体进行性能对比试验，以得到性能最佳的结构体。配置可以把特定的结构体关联到一个确定的实体，正如配置一词本身的含义一样，它就是用来为较大的系统设计提供管理和工程组织的。在大型 VHDL 工程实践中，配置语句主要应用于两个关键场景：一个是，通过为同一实体配置不同结构体，支持设计者对多种实现方案进行仿真对比；另一个是，在元件例化过程中，为各实例化元件指定特定结构体，从而构建出符合设计预期的层次化电路结构。

配置是 VHDL 设计实体中的基本单元，在综合或者仿真过程中，配置语句能为明确整个设计的结构、性能等提供诸多有价值的信息。例如，它可以确定不同模块之间的连接方式、信号的传输路径等，从而使设计更加合理和高效。配置语句具备对元件端口连接进行重新规划的能力。在实际设计中，当设计需求发生变化或对设计进行优化时，可能需要调整元件之间端口的连接关系，这时就可以借助配置语句来实现这一目的。VHDL 综合器允许将配置规定为一个设计实体中的最高层设计单元，但其只支持对最顶层的实体进行配置。通常情况下，配置主要用在 VHDL 的行为仿真中。

配置语句的一般语句格式如下：

```
CONFIGURATION 配置名 OF 实体名 IS
  配置说明 ;
END 配置名 ;
```

其中，配置名由设计人员定义，配置说明部分根据不同的情况而有所区别。配置主要为顶层设计实体指定结构体，或为参与例化的元件实体指定所希望的结构体，以层次方式来对元件例化做结构配置。每个实体可以拥有多个不同的结构体，而每个结构体的地位是相同的。在这种情况下，可以利用配置说明为这个实体指定一个结构体。该配置的语句格式如下：

```
CONFIGURATION 配置名 OF 实体名 IS
  FOR 选配结构体名
  END FOR;
END 配置名 ;
```

其中，配置名是该默认配置语句的唯一标志，实体名就是要配置的实体的名称，选配结构体名就是用来组成设计实体的结构体名。例 3.7 所示为一个简单的配置应用，即在一个描述与非门 nand0 的设计实体中有两个不同的逻辑描述方式构成的结构体，用配置语句来为特定的结构体需求做配置指定。

【例 3.7】 与非门的配置语句。

```
LIBRARY IEEE;
USE IEEE.STD_LOGIC_1164.ALL;
ENTITY nand0 IS
  PORT (
    a : IN STD_LOGIC;
    b : IN STD_LOGIC;
    c : OUT STD_LOGIC
  );
END ENTITY nand0;
ARCHITECTURE one OF nand0 IS
BEGIN
  c <= NOT(a AND b);
END ARCHITECTURE one;
ARCHITECTURE two OF nand0 IS
BEGIN
  c <= '1' WHEN (a = '0') AND (b = '0') ELSE
      '1' WHEN (a = '0') AND (b = '1') ELSE
      '1' WHEN (a = '1') AND (b = '0') ELSE
      '0' WHEN (a = '1') AND (b = '1') ELSE
      '0';
END ARCHITECTURE two;
CONFIGURATION second OF nand0 IS
  FOR two
  END FOR;
END second;
CONFIGURATION first OF nand0 IS
  FOR one
```

```
    END FOR;
END first;
```

在例 3.7 中，若指定配置名为 second，则为实体 nand0 配置的结构体为 two；若指定配置名为 first，则为实体 nand0 配置的结构体为 one。这两种结构体的描述方式是不同的，但其具有相同的逻辑功能。

当一个设计的结构体中包含另外的元件时，配置语句应该包含更多的配置信息。此时，采用元件配置语句进行结构体中引用元件的配置，如例 3.8 所示。

【例 3.8】 使用元件例化语句来描述 RS 触发器的功能。

```
LIBRARY IEEE;
USE IEEE.STD_LOGIC_1164.ALL;
ENTITY rs0 IS
  PORT (
    r, s: IN STD_LOGIC;
    q, qf: BUFFER STD_LOGIC
  );
END rs0;
ARCHITECTURE rsf OF rs0 IS
  COMPONENT nand0
    PORT (
      a, b: IN STD_LOGIC;
      c: OUT STD_LOGIC
    );
  END COMPONENT;
BEGIN
  u1: nand0 PORT MAP (a => s, b =>qf, c => q);
  u2: nand0 PORT MAP (a => q, b => r, c =>qf);
END rsf;
CONFIGURATION sel OF rs0 IS
  FOR rsf;
  FOR u1, u2: nand0 USE CONFIGURATION WORK.first;
  END FOR;
END FOR;
END sel;
```

例 3.8 中，假设与非门 nand0 设计实体已进入工作库 WORK 中，结构体首先对要引用的元件进行说明，然后使用元件例化语句来描述 rs 触发器的功能。正如例 3.8 中用到的配置方式，通常在元件配置中的语句格式如下：

```
CONFIGURATION 配置名 OF 实体名 IS
 FOR 选配结构体名
  FOR 元件例化标号：元件名 USE CONFIGURATION 库名 .元件配置名；
```

```
    END FOR;
    FOR 元件例化标号：元件名 USE CONFIGURATION 库名 .元件配置名 ;
    END FOR;
    ...
   END FOR;
 END 配置名;
```

例 3.8 中的元件配置是对设计实体 rs0 进行配置，该配置的名称为 sel。在配置中采用结构体 rsf 作为最顶层设计实体 rs0 的结构体。结构体 rsf 中例化的两个元件 u1 和 u2 的实体是 nand0，并指定元件所用的配置是 first，它来源于 WORK 库。

3.3　VHDL 文字规则

与其他计算机高级程序设计语言类似，VHDL 作为标准化的硬件描述语言有一套严格且规范的文字表述规则。在运用 VHDL 进行数字系统设计时，设计者必须严格遵循这些规则编写代码，以确保设计的正确性、可读性和可移植性。VHDL 的文字体系主要涵盖数值和标识符两大类，这些文字元素是构成 VHDL 程序的基本单元，其使用规范直接影响设计的编译、综合与仿真结果。下文将系统阐述 VHDL 文字规则。

3.3.1　数字型文字

数字型文字有以下几种表达方式：

1. 整数文字

整数文字都是十进制数。例如：

2，5，624，135E2 (=13500)，25_768_12 (=2576812)

数字之间的下画线仅仅是为了提高文字的可读性，没有任何逻辑运算意义，相当于一个间隔符，不影响文字本身的数值。

2. 实数文字

实数文字也都是十进制数，但必须带有小数点。例如：

168.49，26.92，58_2.389 (=582.389)，2.0，61.3E-2 (0.613)

3. 以数制基数表示的文字

以数制基数表示的文字由五个部分组成，可以表示如下：

基数 # 基于该基数的整数 #E 指数

其中：第一部分是用十进制数标明数制进位的基数；第二部分是数制隔离符号“#”；第三部分是表达的文字，可以为整数，也可以为实数；第四部分是指数隔离符号“#”；第五部分用字符“E”加十进制表示的指数部分，这一部分的数如果是 0，则可以省略不写，如例 3.9 所示。

【例 3.9】 数制基数表示实例。

```
SIGNAL V1,V2,V3,V4,V5:INTEGER RANGE 0 TO 255;
```

```
V1 <= 2#1011#;          -- (二进制表示，对应十进制数为 11)
V2 <= 8#123#;           -- (八进制表示，对应十进制数为 83)
V3 <= 10#101#;          -- (十进制表示，对应十进制数为 101)
V4 <= 16#AD#;           -- (十六进制表示，对应十进制数为 173)
V5 <= 16#E#E1;          -- (十六进制表示，对应十进制数为 224)
```

4. 物理量文字

物理量文字，例如：

110 m (110 米)，30 s (30 秒)，3.3 V (3.3 伏)

需要注意的是，VHDL 综合器是不接受此类文字的，其只能用于仿真。

3.3.2 字符串型文字

字符是用单引号引起来的 ASCII 字符，既可以是数值，也可以是符号或字母。例如：

'A' 'd' '*' '3' '-'

字符串是一维的字符数组，需要放在双引号中。在 VHDL 中有两种类型的字符串：文字字符串和数位字符串。

1. 文字字符串

文字字符串是用双引号引起来的一串文字。例如：

"ERROR" "WAIT" "BOTH A AND F EQUAL TO H" "DD$EE"

2. 数位字符串

数位字符串也称为位矢量，是用字符形式表示的多位数码，它们所代表的是二进制、八进制或十六进制的数组，其位矢量的长度为等值的二进制数的位数。数位字符串的表示首先要有计算的基，然后将用该基数表示的值放在双引号中。基数分别以“B”“O”“X”表示，并放在字符串的前面，其含义分别如下：

B：二进制基数符号 (0、1)，在数位字符串中的每一位表示 1 bit。

O：八进制基数符号 (0～7)，在字符串中的每一个数代表一个八进制数，即代表一个 3 位的二进制数。

X：十六进制基数符号 (0～F)，在字符串中的每一位表示一个十六进制数，每一位代表一个 4 位的二进制数。

【例 3.10】 数字字符串的表示。

```
DATA1 <= B"1011"      --二进制数组，位矢量长度为 4
DATA2 <= O"24"        --八进制数组，位矢量长度为 6
DATA3 <= X"EAAE"      --十六进制数组，位矢量长度为 16
```

3.3.3 标识符

在 VHDL 语言体系中，标识符是用于标识各类语言元素的重要符号，广泛应用于常数、变量、信号、端口、子程序、实体、结构体以及参数等语法单位的命名。其核心功能在于为每个语法单位赋予唯一的名称标识，从而在设计代码中实现精准的区分与引用，保障程序的逻辑严谨性和可读性。VHDL 语言标准发展历程中，标识符的语法规则存在两个重要版本：VHDL-1987 和 VHDL-1993。其中，VHDL-1987 标准定义了基础的标识符语法规范，构成 VHDL 标识符命名的基本框架。随着语言的发展与应用需求的拓展，VHDL-1993 在前者基础上进行了语法规则的延伸与补充，形成了更为灵活和丰富的标识符体系。为便于区分，通常将 VHDL-1987 标准下的标识符称为短标识符，而将 VHDL-1993 标准中扩展后的标识符称为扩展标识符。这两类标识符在语法规则和应用场景上存在本质差异，共同服务于不同复杂度和需求的 VHDL 设计项目。

1. 短标识符

VHDL-1987 中的短标识符遵循以下的命名规则：

(1) 标识符必须为有效的字符，包括 26 个大小写英文字母，数字 0～9，以及下画线“_”。

(2) 必须以英文字母开头。

(3) 下画线的前后都必须有英文字母或数字。

(4) EDA 工具综合、仿真时，短标识符不区分大小写。

通常情况下，VHDL 中的保留字用大写或黑体，自定义标识符用小写。

【例 3.11】 非法标识符的示例。

```
_Temp1      --不能以下画线为起始字符
Add1_       --标识符的最后不能是下画线
5DATA       --不能以数字为起始字符
WAIT__1     --标识符中不能有双下画线
SIGNAL      --关键字不能作为标识符
```

2. 扩展标识符

VHDL-1993 中的扩展标识符遵循以下的命名规则：

(1) 用反斜杠来界定，如 \abc\ 等。

(2) 允许包含图形符号、空格符、多个下画线相连，可以用数字打头，也可以用保留字，如 \AB#CD\、\x*y\、\2M_N_P\、\END\ 等。

(3) 扩展标识符区分大小写，如 \abc\ 与 \ABC\ 不同。

(4) 同名的扩展标识符与短标识符不表示同一名称，如 \adder\ 与 adder 不同。

(5) 扩展标识符的字符有反斜杠，则用双反斜杠代替，如 \txt\\doc\(实际字符为 txt\doc)。

扩展标识符命名规则使得 VHDL 的标识符的定义更加灵活。

3.3.4　下标名与下标段名

下标名用于指示信号变量或者数组型变量中的某一位元素，下标段名则用于指示数组型变量或者信号的某一段元素。

下标名的语句格式如下：

```
标识符 (表达式 )
```

其中，标识符必须是信号或者数组型的变量名，下标名必须是数组下标范围中的一个值，通过该值能对应到标识符所代表的信号或者变量的一个元素。如果表达式是一个可计算的值，则此操作数就很容易综合，如果表达式是不可计算的，则只能在特定的情况下综合，且耗费资源较大。

【例 3.12】 下标名及下标段名的使用示例。

```
SIGNAL a,b,c : BIT_VECTOR(0 TO 7);
SIGNAL m : INTEGER RANGE 0 TO 3;
SIGNAL x,y : BIT;
    x <= a(m);                  --m是不可计算型下标表示
    y <= b(3);                  --3是可计算型下标表示
    c(0 TO 3) <= a(4 TO 7);     --以段的方式进行赋值
    c(4 TO 7) <= a(0 TO 3);     --以段的方式进行赋值
```

3.3.5 保留字

保留字 (又称关键字) 是一类具有特定语义和预定义功能的词汇。这些词汇被 VHDL 语言标准赋予明确且唯一的用途，禁止作为普通标识符使用，以确保语言语法结构的规范性和代码逻辑的一致性。依据 VHDL 语言标准，保留字体系由 97 个核心保留字和 33 个增补保留字构成。

3.4 VHDL 数据对象

在 VHDL 中，数据对象 (Data Objects) 是一类能够承载数据值的语言要素，其功能类似数据存储容器，可接受不同数据类型的赋值操作。VHDL 中常用的数据对象主要包括常量 (CONSTANT)、变量 (VARIABLE) 和信号 (SIGNAL) 三种类型。其中，常量与变量的概念和功能与其他高级计算机语言具有一定的相似性，而信号作为 VHDL 特有的语言要素，具有鲜明的硬件特征，体现了 VHDL 作为硬件描述语言的独特性。从物理意义的角度来看，VHDL 中的数据对象均对应实际硬件设计中的特定概念。具体而言，信号作为最具硬件特性的数据对象，通常代表物理电路中的实际连接单元 (如芯片端口、内部连线资源等)，是实现模块间数据传输和控制交互的关键载体；常量则对应数字电路中恒定不变的物理电平，常用于表示电源 (VCC)、地 (GND) 等固定电平值；变量虽然在硬件层面没有直接的物理映射，但是在设计中可作为临时数据存储单元，用于算法计算或逻辑处理过程中的中间值暂存。在作用域和行为特性方面，信号与变量存在显著差异。信号具有全局作用域，可在多个进程、结构体甚至不同设计实体间传递数据，其值的更新遵循硬件电路的时序特性；而变量的作用域仅限于定义它的进程或子程序内部，作为局部数据的临时存储载体。此外，在仿真过程中，信号能够模拟实际电路中的传输延时，反映信号在物理路径上的传播特性；而变量不具备延时属性，其值是即时更新的，符合软件编程中的数据处理逻辑。后续章将对各类数据对象的定义、声明、使用规则及细节特性进行详细阐述。

3.4.1 常量

常量是指在设计实体生命周期内保持固定不变的数值对象，其值在程序编译或仿真初始化阶段确定后便不再改变。常量定义通常置于程序头部或特定声明区域，通过将频繁使用的固定数值进行集中声明，可显著提升代码的可读性与可维护性。例如，在时序逻辑设计中，可定义时间类型常量精确表示时钟周期、信号延迟或超时阈值等关键参数。同时，使用常量进行参数化设计也符合硬件描述语言的模块化设计理念，增强设计实体的可复用性与灵活性。常量定义的一般格式如下：

```
CONSTANT 常量名：数据类型：=表达式；
```

其中：常量名是由设计者人员命名的合法标识符；数据类型必须与表达式的数据类型一致，可以是标量类型或者复合类型，但不能是文件类型或者存取类型。

【例 3.13】 常量的定义举例。

```
CONSTANT DELAY : TIME := 50ns;      --定义 DELAY为常量，时间型，值为 50 ns
CONSTANT VCC : REAL :=5.0;          --定义 VCC为常量，实型，值为 5.0
```

常量可以在程序包、实体、结构体、块、子程序或进行的说明区域进行定义，常量的有效范围与它被定义位置有关。当常量被定义在结构体的某一单元时，如果定义在一个进程中，那么这个常量就只能在该进程中使用；当常量被定义在实体的某一结构体中时，则此常量在这个结构体中均能使用；如果常量被定义在设计的实体中，则在该常量的有效范围是该实体包含的所有结构体；如果常量被定义在程序包集中，则在所有调用整个程序包的实体中，该常量都有效。

3.4.2 变量

变量是用于临时存储数据的单元，主要在过程内部发挥作用，用于开展临时计算以及存储中间结果，其在实现特定算法的赋值语句中较为常用。与其他计算机语言类似，VHDL 中变量的有效范围取决于其定义的位置。变量只能在进程和子程序内部进行定义，这就决定了变量的作用范围具有局限性，它无法将所存储的信息带出所定义的当前结构。若要把变量中的信息传递到外部，就必须将变量的值赋给某一信号，借助此信号来实现信息的跨结构传输。变量的赋值操作可看作是一种理想化的数据传输过程。一旦赋值语句被执行，变量的值会立即更新，不存在任何延时行为。变量的语法定义格式如下：

```
VARIABLE 变量名：数据类型：=初始值；
```

【例 3.14】 定义变量举例。

```
VARIABLE Number：INTEGER RANGE 0 TO 8；
VARIABLE DATA1：STD_LOGIC_VECTOR(7 DOWNTO 0):= "00000000"；
```

例 3.14 分别定义了 Number 取值范围为 0～8 的整数型变量，DATA1 是初始值为“00000000”的标准逻辑矢量类型变量。其中，变量名是由设计人员命名的合法标识符，允许同时有多个变量名，在变量名之间用逗号隔开；初始值可以是一个与变量具有相同数据类型的常数值，也可以是一个全局静态表达式，这个表达式的数据类型必须与所赋值的变量一致。此初始值不是必需的，由于硬件电路上电后的随机性，因此综合器并不支持设置的初始值。

变量的赋值语句格式如下：

```
目标变量名：=表达式；
```

由上面的表达式可知，变量的赋值符号是“：=”，赋值语句右边的“表达式”必须与目标变量的数据类型相同。这个表达式可以是一个运算表达式，也可以是一个数值。变量赋值语句左边的目标变量可以是单值变量，也可以是一个变量的集合。

【例 3.15】 变量的赋值。

```
VARIABLE x,y:REAL;
VARIBALE a,b:STD_LOGIC_VECTOR(7 DOWNTO 0)
x: = 50.0;                          --实数赋值，x是实数变量
y: = 5.5 + x;                       --运算表达式赋值，y也是实数变量
a: = "10111011";                    --位矢量赋值
a(0 TO 5):= b(2 TO 7);              --段赋值
```

3.4.3 信号

信号是描述硬件系统的基本数据对象，也是VHDL语言中特有的数据对象，它类似电子电路内部的连接线。信号可视为一种具备存储和传递功能的数值容器。它不仅能够保存当前的信号值，还可根据语句的表达形式保留历史状态信息，这一特性与数字电路中触发器的记忆功能高度契合。与传统电路连接不同的是，信号在VHDL中无需显式指定数据流向，其传播方向由设计逻辑和赋值语句自动确定。在VHDL中，信号及其相关的信号赋值语句、决断函数、延时语句等很好地描述了硬件系统的许多基本特征，如硬件系统运行的并行性、信号传输过程中的惯性延时特性、多驱动源的总线行为等。信号的定义格式如下：

```
SIGNAL信号名：数据类型：= 初始值；
```

【例 3.16】 信号定义举例。

```
SIGNAL s1：STD_LOGIC: = '0'                    --定义信号 s1，类型位标准逻辑，初始值为 '0'
SIGNAL a,b：STD_LOGIC_VECTOR(0 to 3);          --定义两个信号 a，b，为标准逻辑矢量
```

信号初始值的设置不是必需的，而且初始值仅在VHDL的行为仿真中才有效。与变量相比，信号的硬件特征更加明显，它具有全局性特征。例如，在程序包中定义的信号，对于所有调用此程序包的设计实体都是可见的；在实体中定义的信号，在其对应的结构体中都是可见的。另外，只能将信号列入敏感表，而变量是不能列入敏感表的。由此可见进程只对信号敏感，而对变量不敏感，这是因为只有信号才能将信息在进程之间传递。事实上，除了信号的方向没有说明外，信号与实体的端口概念是一致的。对于端口来说，其区别只是输出端口不能输入数据，输入端口不能被赋值。信号可以看成实体内部的端口。反之，实体的端口只是一种隐形的信号，并附加了数据流动的方向。信号本身的定义是一种显式的定义，因此在实体中定义的端口，在其结构体中都可以看成一个信号，并加以使用而不必另做定义。

当信号定义了数据类型和表达式之后，在VHDL中就能对信号进行赋值了。信号的赋值语句表达式如下：

```
目标信号名 <=表达式；
```

其中：“表达式”可以是一个运算表达式，也可以是数据对象(变量、信号或常量)。数据信息的传入可以设置延时量，因此目标信号获得传入的数据并不是即时的。即使是零延时，

也是经历了一个特定的延时。因此，符号“<=”两边的数值并不总是一致的，这与实际器件的传播延时特性是吻合的。

【例 3.17】 信号的赋值语句。

```
v1 <= '1';
s1 <= s2 AFTER 20ns;
```

其中：v1、s1 和 s2 都是信号；AFTER 后面是延迟时间，即 s2 经过 20 ns 后，才把值赋给 s1。这种赋值方式与变量是完全不同的。

信号赋值操作既可以在进程中出现，也能在结构体的并行语句结构中进行，不过这两种赋值方式的运行含义存在显著差异。当信号赋值出现在进程中时，它属于顺序信号赋值。在这种情况下，信号赋值操作能否执行取决于进程是否已经启动。进程是 VHDL 中具有顺序执行特性的代码块，只有当进程因敏感信号发生变化或者等待时间结束等条件触发而启动后，其中的信号赋值语句才会按照语句的先后顺序依次执行。而当信号赋值出现在结构体的并行语句结构中时，它属于并行信号赋值。并行语句结构中的赋值操作是相互独立且并行发生的，其不依赖于其他语句的执行顺序。也就是说，这些赋值语句会同时进行评估和更新，只要满足赋值条件，信号的值就会立即更新。在进程中，允许同一个信号存在多个驱动源，即同一进程中可能存在多个对同一信号进行赋值的语句。然而，在这种情况下，最终只有最后一条赋值语句会被执行并完成赋值操作。这是因为在进程的顺序执行过程中，后续的赋值会覆盖前面的赋值，使信号最终呈现是最后一次的赋值。

3.4.4 数据对象的比较

常量、变量和信号作为 VHDL 中常用的三种数据对象，在使用上有不同的规范要求，下面将对这三者进行比较：

(1) 在应用场合上，常量是全局量，对应用场合没有特殊的限制；变量是局部量，可用于进程、函数和子程序中；信号也是全局量，可用于实体、结构体和程序包。

(2) 从硬件电路系统来看，常量相当于电路中的恒定电平，如 GND 或 VCC，而变量和信号则相当于组合电路系统中门与门之间的连接及其连线上的信号值。

(3) 从行为仿真和 VHDL 语句功能来看，三者的区别主要表现在接受和保持信号的方式、信息保持与传递的区域。例如，信号可以设置延时量，而变量则不能；变量只能作为局部的信息载体，而信号则可以作为模块间的信息载体。变量的设置有时只是一种过渡，最后的信息传输和界面间的通信都要靠信号来完成。

(4) 从综合后所对应的硬件电路结构来看，信号一般对应硬件结构，但在许多情况下，信号和变量并没有什么区别。例如，在满足一定条件的进程中，综合后的信号和变量都能引入寄存器，这时它们都具有能够接受赋值这一重要的共性，而 VHDL 综合器并不会理会它们在接受赋值时存在的延时特性。

(5) 虽然 VHDL 仿真器允许变量和信号设置初始值，但是在实际应用中，VHDL 综合器并不会把这些信息综合进去。这是因为实际的 FPGA/CPLD 芯片上电后，并不能确保其初始状态的取向。因此，对于时序仿真来说，设置的初始值在综合时是没有实际意义的。

3.5 VHDL 数据类型

VHDL 语言具备丰富且强大的数据类型体系，在进行运算和赋值时，对各操作数的数据类型有着严格的规定。用 VHDL 进行实体设计时，涉及的每一个常数、变量、信号、函数以及所设定的各种参量，都必须明确指定其数据类型。并且，只有数据类型相同的对象之间才能够相互传递数据和进行运算操作。这种严格的数据类型要求有显著的优势，它能够让 VHDL 编译工具或综合工具迅速且准确地找出设计中存在的错误，有效消除代码中的歧义性。通过明确数据类型，确保设计所对应的硬件实现具有唯一性，避免因数据类型不明确而导致硬件行为不确定的问题。VHDL 的数据类型可分为标量类型、复合类型、存取类型和文件类型四大类。

(1) 标量类型：最基本的数据类型，通常用于描述一个单值数据对象或枚举状况下的枚举值，可以代表某个值。它包括实数类型、整数类型、枚举类型、时间类型。

(2) 复合类型：可以由一个或多个基本数据类型组成。例如，复合类型可以由标量类型复合而成，其主要有数组型和记录型。

(3) 存取类型：即指针类型，在 VHDL 中用于创建间接寻址的数据，为给定的数据类型的数据对象提供存取方式。

(4) 文件类型：用于提供多值存取类型。

这些数据类型按照是否可以直接使用分为两大类：在已有程序包中可以随时获得的预定义数据类型和用户自定义数据类型。预定义的 VHDL 的数据类型是 VHDL 最常用、最基本的数据类型。这些数据类型都已在 VHDL 的标准程序包 STANDARD、STD_LOGIC_1164，以及其他的标准程序包中做了定义，并可在设计中随时调用。用户自定义的数据类型及其子类型的基本元素一般仍属于 VHDL 的预定义数据类型，但在使用前必须进行声明。

3.5.1 VHDL 预定义数据类型

VHDL 的预定义数据类型都是在 VHDL 标准程序包 STANDARD 中定义的，在实际使用中，它自动包含在 VHDL 的源文件中，因此不必再用 USE 语句显式调用。

1. 实数数据类型

实数数据类型 (REAL) 又称为浮点类型，取值范围为 -1.0E38～1.0E38。通常情况下，实数数据类型只能在 VHDL 仿真器中使用，而 VHDL 综合器不支持实数，因为实数类型的实现相当复杂，电路规模是难以承受的。

【例 3.18】 实数数据类型举例。

```
SIGNAL VCC：REAL-3.3 TO 3.3            --定义信号 VCC，类型为实数，取值范围为 -3.3～3.3
CONSTANT ADD: REAL := 8.25             --定义实数常量 ADD，值为 8.25
```

2. 整数数据类型

整数数据类型 (INTEGER) 与数学中的定义相同，包括正整数、负整数和零，可以使用预定义的运算操作符，如加、减、乘、除等算术运算，但是它的描述是有范围的。在 VHDL 中，整数的取值范围是 −2 147 483 647～2 147 483 647，可用 32 位有符号的二进制数表示为 $-(2^{31}-1)$～$(2^{31}-1)$。在实际应用中，VHDL 仿真器通常将 INTEGER 类型作为有符号数据处理，而 VHDL 综合器将 INTEGER 类型作为无符号数据处理。在使用整数时，VHDL 综合器要求用 RANGE 语句为所定义的数据限定范围，然后根据所限定的范围来决定表示此信号或变量的二进制的位数，因此 VHDL 综合器无法综合未限定的整数类型的信号或变量。

【例 3.19】 整数数据类型应用举例。

```
CONSTANT LENGTH：INTEGER：= 4;              --定义整数常量 LENGTH，值为 4
SINGNAL V1：INTEGER RANGE 0 TO 5;          --定义信号 V1，整型，取值范围是 0～5
VARIABLE SUM：INTEGER：= 10;               --定义变量 SUM，整型，初值为 10
```

3. 自然数和正整数数据类型

自然数 (NATURAL) 是整数的一个子类型，包括零和正整数。正整数 (POSITIVE) 也是整数的一个子类型，是大于零的整数。

自然数和正整数在 STANDARD 程序包中定义的源代码如下：

```
SUBTYPE NATURAL IS INTEGER RANGE 0 TO INTEGER' HIGH;
SUBTYPE POSITIVE IS INTEGER RANGE 1 TO INTEGER' HIGH;
```

4. 布尔数据类型

布尔数据类型 (BOOLEAN) 实际上是一个二值枚举型数据类型，取值只有 TRUE 和 FALSE 两种。它不能用于计算，只能通过比较等关系运算获得，表示一些逻辑结构或逻辑状态。综合器用一位二进制位表示 BOOLEAN 型变量或信号。

程序包 STANDARD 中定义布尔数据类型的源代码如下：

```
TYPE BOOLEAN IS(FALSE，TRUE);
```

当 A 大于 B 时，在 IF 语句中的关系运算表达式 (A>B) 的结果是布尔值 TRUE，反之为 FALSE。综合器将其变成 1 或 0 的信号值，对应于硬件系统中的一根线。

5. 位数据类型

位数据类型 (BIT) 也属于枚举型，取值只能是 1 或 0，用来表示逻辑电平 1 和逻辑电平 0。位数据类型的对象为变量、信号等，可以参与逻辑运算，运算结果仍然是位的数据类型。综合器是 1 位二进制数来表示位类型的变量或信号。

位数据类型程序包 STANDARD 中定义如下：

```
TYPE BIT IS('0','1');
```

6. 位矢量数据类型

位矢量数据类型 (BIT_VECTOR) 只是基于 BIT 数据类型的数组。

位矢量数据类型在程序包 STANDARD 中定义如下：

```
TYPE BIT_VECTOR IS ARRAY(NATURAL RANGE<>)OF BIT ;
```

使用位矢量必须注明位宽，即数组的长度和方向，如例 3.20 所示。

【例 3.20】 位矢量的应用举例。

```
SIGNAL V1，V2：BIT_VECTOR(7 DOWNTO 0); --定义信号 v1，v2，数据类型为 BIT_VECTOR，
                                        位宽为 8
V1(7 DOWNTO 4) <= "1100"               --将 V1的高 4位赋值为 "1100"
V2(3 DOWNTO 0) <= V1(7 DOWNTO 4);      --将 V1的高 4位赋给 V2的低 4位
```

信号 V1、V2 被定义为具有 8 位宽的位矢量，高位在左，低位在右。

7. 字符数据类型

字符数据类型 (CHARACTER) 通常用单引号引起来，如 'B'。字符类型严格区分大小写，如 'A' 是不同于 'a' 的。字符数据类型在 STANDARD 程序包中已有定义，如例 3.21 所示。

【例 3.21】 字符型数据应用举例。

```
VARIABLE TEMP：CHARACTER：='Y'          --定义变量 TEMP，为字符类型，初始值为字符 Y
```

8. 字符串数据类型

字符串数据类型 (STRING) 是字符数据类型的一个非约束型数组，或者称为字符串数组。字符串必须用双引号标明，如例 3.22 所示。

【例 3.22】 字符串类型应用。

```
VARIABLE STR1:STRING(0 TO 3):= "A1C2"   --定义 STR1为字符串数据变量，初值为 A1C2
VARIBALE STR2:STRING(1 TO 4);           --定义 STR2为字符串数据变量
STR2 := "D B C A"                       --将 DBCA赋给变量 STR2
```

9. 时间类型

VHDL 中唯一的预定义物理类型是时间。完整的时间类型 (TIME) 包括整数和物理量单位两部分，整数和单位之间至少留 1 个空格，如 15 ms，60 s。

在系统仿真时，用时间类型数据表示信号延时，能够使模型更接近系统的运行环境。

10. 错误等级

在 VHDL 的仿真中，错误等级 (SEVERITY_LEVEL) 用来表征设计系统的工作状态，其共有四种状态：NOTE(注意)、WARNING(警告)、ERROR(出错) 和 FAILURE(失败)。在仿真过程中，可输出这四种值来提示被仿真系统当前的工作情况。这样操作人员就可以随时了解系统的工作情况，并根据系统的不同状态采取相应的应对措施。如下列所示。

```
TYPE SEVERITY_LEVEL IS(NOTE,WARNING,ERROR,FAILURE);
```

11. 综合器不支持的数据类型

虽然在 VHDL 的标准程序包中定义了非常多的数据类型，但是有些数据类型是不可以综合的，其中一些只能用于仿真，或者根本不存在相应的硬件结构。下面列举综合器不支持的数据类型。

(1) 物理类型。综合器不支持物理类型数据，如具有量纲型的数据类型，包括时间类型，都只能用于仿真。

(2) 浮点型。如 REAL 型。

(3) 存取型 (Access)。综合器不支持存取型数据，因为不存在对应的硬件结构。

(4) 磁盘文件型 (File)。综合器不支持磁盘文件型数据，硬件对应的文件仅为 RAM 和 ROM。

3.5.2 IEEE 预定义标准逻辑位与矢量

在 IEEE 库的程序包 STD_LOGIC_1164 中，定义了两种常用且非常重要的数据类型，即标准逻辑位 STD_LOGIC 和标准逻辑矢量 STD_LOGIC_VECTOR。

1. 标准逻辑位数据类型

标准逻辑位数据类型 (STD_LOGIC) 的定义如下：

```
TYPE STD_LOGIC IS('U','X','0','1','Z','W','L','H','_');
```

这里定义的 9 个值的含义如下：

```
U          --未初始化的
X          --强未知的
0          --强 0
1          --强 1
Z          --高阻态
W          --弱未知的
L          --弱 0
H          --弱 1
_          --忽略
```

STD_LOGIC 是对标准位数据类型 (BIT) 的扩展，共定义了以上 9 个值。同时，对于定义为数据类型是 STD_LOGIC 的数据对象，其取值已并非传统的 0 或 1，而是像上面的有 9 个取值。因此，在现在的设计中一般只使用 STD_LOGIC，BIT 则很少使用。正是由于 STD_LOGIC 的多值性，设计人员在编程时应当特别注意，在条件语句中，如果未考虑到 STD_LOGIC 所有可能的取值，那么综合器可能会插入不希望的锁存器。

STD_LOGIC 是在 IEEE 的 STD_LOGIC_1164 程序包中定义的，在使用时，必须在程序的开头声明此程序包。该程序包还定义了 STD_LOGIC 型逻辑运算符 AND、NAND、OR、NOR、XOR 和 NOT 的重载函数，以及多个转换函数，用于不同数据类型之间的转换。在程序中使用此数据类型前，需要声明的语句如下：

```
LIBRARY IEEE;
USE IEEE.STD_LOGIC_1164.ALL;
```

在仿真和综合中，STD_LOGIC 的值非常重要，它可以使设计人员精确模拟一些未知的和高阻态的线路情况。对于综合器而言，STD_LOGIC 能够在数字器件中实现的只有 4 种值，即“Z”“0”“1”和“_”。需要注意的是，其余 5 种值也是存在的。

【例 3.23】 标准逻辑位数据类型的使用。

```
VARIABLE v1 : STD_LOGIC;          --定义了一个变量 v1，数据类型为 STD_LOGIC
SIGNAL v2 : STD_LOGIC;            --定义了一个信号 v2，数据类型为 STD_LOGIC
```

2. 标准逻辑矢量数据类型

标准逻辑矢量 (STD_LOGIC_VECTOR) 是基于标准逻辑位类型的数据类型，是定义在

STD_LOGIC_1164 程序包中的标准一维数组，数组中每个元素的数据类型都是标准逻辑位 STD_LOGIC。在使用 (STD_LOGIC_VECTOR) 时需要注明位宽，也就是数组的长度和方向，同位宽、同数据类型的矢量间才能进行赋值。同时，在程序中使用该数据类型时，必须在程序的开头声明 STD_LOGIC_1164 这个程序包。

STD_LOGIC_VECTOR 类型的定义语句如下：

```
TYPE STD_LOGIC_VECTOR IS ARRAY(NATURAL RANGE <> ) OF STD_LOGIC;
```

【例 3.24】 标准逻辑位矢量应用举例。

```
SIGNAL v1，v2 : STD_LOGIC_VECTOR(7 DOWNTO 0);
v1(7 DOWNTO 4) <= "1100";                  --将 v1的高 4位赋值为 "1100"
v2(3 DOWNTO 0) <= v1(7 DOWNTO 4);          --将 v1的高 4位赋值给 v2的低 4位
```

3.5.3 其他预定义标准数据类型

在 VHDL 综合工具配带的扩展程序包中，还定义了一些数据类型。例如，Synopsys 公司在 IEEE 库中加入的程序包 STD_LOGIC_ARITH 中还定义了无符号型 (UNSIGNED)、有符号型 (SIGNED)、小整型 (SMALL_INT) 等。在程序包中定义语句如下：

```
TYPE UNSIGNED IS ARRAY (NATURAL RANGE <> ) OF STD_LOGIC;
TYPE SIGNED IS ARRAY (NATURAL RANGE <> ) OF STD_LOGIC;
SUBTYPE SMALL_INT IS INTEGER RANGE 0 TO 1;
```

如果将信号或变量定义为这几种数据类型，就可以使用此程序包中定义的运算符。需要注意的是，在使用前，必须加入的语句如下：

```
LIBRARY IEEE;
USE IEEE.STD_LOGIC_ARITH.ALL;
```

UNSIGNED 和 SIGNED 类型是用来设计可综合的数学运算程序的重要类型，其中 UNSIGNED 可用于无符号数的运算，SIGNED 可用于有符号数的运算。它们在实际应用中很常见。

在 IEEE 程序包中，NUMERIC_STD 和 NUMERIC_BIT 程序包中也定义了 UNSIGNED 和 SIGNED。NUMERIC_STD 是针对 STD_LOGIC 定义的，而 NUMERIC_BIT 是针对 BIT 定义的，在程序包中还定义了相应的运算符重载函数。有些综合器没有附带 STD_LOGIC_ARITH 的程序包，此时只能使用 NUMBER_STD 和 NUMERIC_BIT 程序包。

由于在 STANDARD 程序包中没有定义 STD_LOGIC_VECTOR 的运算符，而整数类型一般只在仿真时用来描述算法，或作数组下标运算，因此 UNSIGNED 和 SIGNED 的使用率非常高。下面对这两种类型进行详细介绍。

1. 无符号数据类型

无符号数据类型 (UNSIGNED DATA TYPE) 代表一个无符号的数值。在综合器中，这个数值被解释为一个二进制数，这个二进制数的最左位是其最高位。例如，十进制的 9 可以表示为 UNSIGNED("1001")。

如果要定义一个变量或信号的数据类型为 UNSIGNED，则其位矢长度越长，所代表的数值就越大。例如，一个 4 位变量的最大值为 15，一个 8 位变量的最大值则为 255，0

是其最小值。需要注意的是，不能用 UNSIGNED 来定义负数。

【例 3.25】 无符号数据类型的使用。

```
VARIABLE v1 : UNSIGNED(0 TO 3);          --定义变量 v1为无符号数据类型，位宽为 4
SIGNAL v2 : UNSIGNED(7 DOWNTO 0);        --定义信号 v2为无符号数据类型，位宽为 8
```

2. 有符号数据类型

有符号数据类型 (SIGNED DATA TYPE) 表示的是一个有符号的数值，综合器将其表示为二进制补码，数的最高位是符号位，0 表示正数，1 表示负数。如 SIGNED("0110") 表示 +6，SIGNED("1011") 表示 -5。需要注意的是，补码是将原码的符号位保持不变，其他位取反后再加上 1。正数的原码、反码、补码相同。

【例 3.26】 有符号数据类型的使用。

```
VARIABLE v3 : SIGNED(4 DOWNTO 1);        --定义变量 v3为有符号数据类型，位宽为 4
SIGNAL v4 : SIGNED(0 TO 7);              --定义信号 v4为有符号数据类型，位宽为 8
```

3.5.4　用户自定义数据类型

在 VHDL 语言中，除了标准的预定义数据类型之外，还为设计者提供了自定义新数据类型的能力。设计者可以根据具体的设计需求，创建多种不同的数据类型，以便更精准地描述硬件系统的行为和结构。这些自定义数据类型丰富多样，常见的有枚举类型 (ENUMERATION TYPE)、整数类型 (INTEGER TYPE)、实数类型 (REAL TYPE)、时间类型 (TIME TYPE)、记录类型 (RECORD TYPE)、数组类型 (ARRAY TYPE) 等。用户进行自定义新数据类型，主要通过类型定义语句 TYPE 和子类型定义语句 SUBTYPE 实现。类型定义语句 TYPE 可用于创建全新的数据类型，而子类型定义语句 SUBTYPE 则能在已有数据类型的基础上，进一步定义具有特定约束条件的子类型，为设计提供更高的灵活性和精确性。下文将详细介绍这两种自定义数据类型语法的使用方法和几种常用的用户定义的数据类型。

1. 类型定义语句

类型定义语句 (TYPE) 的格式如下：

```
TYPE 数据类型名 IS 数据类型定义 OF 基本数据类型;
```

其中，数据类型名由设计人员设定，该名作为数据类型的定义，与以上提到的预定义数据类型的用法一样。数据类型定义部分用来描述所定义的数据类型的表达方式和表达内容。关键词 OF 后的基本数据类型是指已定义的基本数据类型，一般都是取已有的预定义数据类型，如 BIT、INTEGER 等。

【例 3.27】 TYPE 的使用。

```
TYPE ARR1 IS ARRAY(0 TO 7) OF STD_LOGIC;
TYPE MONTH IS(JAN,FEB,MAR,APR,MAY,JUN,JUL,AUG,SEPT,OCT,NOV,DEC);
```

第一句定义的数据类型 ARR1 是一个具有 8 个元素的数组型数据类型，数组中的每个元素的数据类型都是 STD_LOGIC 型；第二句定义的数据类型 MONTH 是由一组文字表示的，而其中每个文字都代表一个具体的编码值，例如，可令 JUN = "1100"。

VHDL 中规定，任何一个数据对象都必须归属某一种数据类型，只有相同数据类型的数据对象才能进行相互作用。而 TYPE 语句就刚好可以完成各种形式的自定义数据类型以供不同类型的数据对象间的相互作用和计算。

2. 子类型定义语句

子类型 (SUBTYPE) 是 TYPE 定义的原数据类型的一个子集，它满足原数据类型的所有约束条件。原数据类型称为基本数据类型，子类型的定义只在基本数据类型的基础上作一些约束，并没有定义新的数据类型。但是子类型定义中的基本数据类型必须是在前面已通过 TYPE 定义的类型，包括已在 VHDL 中预定义程序包中用 TYPE 定义过的类型。子类型定义语句格式如下：

```
SUBTYPE 子类型名 IS 基本数据类型 RANGE 约束范围;
```

【例 3.28】 SUBTYPE 的使用。

```
SUBTYPE DIGITS INTEGER RANGE 0 TO 99;    --定义整数子类型 DIGITS，取值 0～99
```

在例 3.28 中，INTEGER 是标准程序包中已定义过的数据类型，子类型 DIGITS 只是把 INTEGER 约束到只含有 100 个值的数据类型。由于子类型与其基本数据类型属于同一数据类型，因此属于子类型的与属于基本数据类型的数据对象间的赋值和被赋值可以直接进行，不必进行数据类型的转换。利用子类型定义数据对象的好处是，除了提高程序的可读性和易处理之外，根本性的好处在于有利于提高综合的优化效率，这是因为综合器可以根据子类型所设的约束范围，有效地推知参与综合的寄存器的最合适的数目。

3. 枚举类型

VHDL 中的枚举类型是一种特殊的数据类型，它们是用文字符号表示一组实际的二进制数。例如，状态机的每个状态在实际电路中是以一组触发器存储的二进制数来表示的，但是设计人员在状态机的设计中，为了更加便利地阅读、编译和优化，往往将表征每个状态的二进制数用文字符号来表示，也就是所谓的状态符号化。

枚举类型的定义语句如下：

```
TYPE 数据类型名 IS(枚举值 );
```

在综合过程中，枚举类型文字元素的编码通常是自动设置的，综合器根据优化情况、优化控制的设置或设计人员的具体设定来确定各元素编码的二进制位数、数值，以及元素间的编码顺序。一般情况下，编码顺序是默认的，即将第一个枚举值编码为 0，以后的编码值逐次加 1。综合器在编码过程中自动将每个枚举元素转变成位矢量，位矢量的长度根据实际情况决定。

【例 3.29】 枚举类型定义举例。

```
TYPE COLOR IS(red、blue、black、green、yellow);
```

例 3.29 定义了一个命名为 COLOR 的枚举类型，其取值为 red、blue、black、green、yellow。

枚举类型可以用于 VHDL 中的变量、信号、端口等定义。

【例 3.30】 枚举类型应用举例。

```
TYPE STATE IS(idle , start , run , stop);
SIGNAL CURRENT_STATE:STATE;
```

例 3.30 定义了一个名为 STATE 的枚举类型，表示状态机的状态。另外，定义了一个名为 CURRENT_STATE 的信号，其类型为 STATE，用于表示当前的状态。

【例 3.31】 枚举类型用于选择语句 (CASE) 中。

```
CASE CURRENT_STATE IS
WHEN idle =>
...do something
WHEN start =>
...do something
WHEN run =>
...do something
WHEN stop =>
...do something
END CASE;
```

例 3.31 中使用了选择语句，根据 CURRENT_STATE 的取值来执行不同的动作。

4. 整数与实数类型

在 VHDL 标准程序包中，整数和实数是预定义的数据类型。然而，在实际应用尤其是综合过程中，这两种非枚举型数据类型的取值范围过大，综合器难以对其进行有效的综合处理。为使综合器能够接受这些数据对象，并提高芯片资源的利用率，用户必须根据实际需求重新定义整数或实数类型的数据对象，并明确限定其取值范围。在实际应用场景下，VHDL 仿真器通常将整数或实数类型视为有符号数进行处理。而 VHDL 综合器在对整数或实数进行编码时，遵循计算机记数的通用规则：对于设计者已定义的数据或数据子类型中的负数，采用二进制补码进行编码；对于正数，则使用二进制原码进行编码。编码所需的位数，也就是综合后信号线的数量，仅取决于用户定义数值的最大值。在综合过程中，以浮点数形式表示的实数会被转换为具有相应数值大小的整数。因此，当使用整数类型时，VHDL 综合器要求使用数值限定关键词“RANGE”以明确规定整数的使用范围，以确保综合过程的顺利进行和设计的正确性。

整数或实数用户定义数据类型的语句如下：

```
TYPE 数据类型名 IS 数据类型定义 约束范围
```

【例 3.32】 用户定义数据类型的格式。

```
TYPE NUM1 IS INTEGER RANGE 5 TO 100          --7位二进制原码
TYPE NUM2 IS INTEGER RANGE -100 TO 100       --8位二进制补码
```

5. 数组类型

数组类型属于复合类型，是将一组具有相同数据类型的元素集合在一起，作为一个数据对象来处理的数据类型。数组可以是一维数组 (每个元素只有一个下标) 或多维数组 (每个元素有多个下标)。VHDL 仿真器支持多维数组，但 VHDL 综合器只支持一维数组。

数组的元素可以是任何一种数据类型，用以定义数组元素的下标范围子句决定了数组中元素的个数，以及元素的排序方向，即下标数由高到低或由低到高。例如，语句“0 TO 7”是由低到高排序的 8 个元素；“15 DOWNTO 0”是由高到低排序的 16 个元素。VHDL 允许定义两种不同类型的数组，即限定性数组和非限定性数组。它们的区别是，限定性数组下标的取值范围在数组定义时就被确认了，而非限定性数组下标的取值范围需要根据具体的数据对象再确定。

限定性数组定义的语句如下：

```
TYPE 数组名 IS ARRAY (数组范围 ) OF 数据类型;
```

其中，数组名是新定义的限制性数组类型的名称，可以是任何标识符，其类型与数组元素相同；数组范围明确指出了数组元素的定义数量和排序方式，以整数来表示其数组的下标；数据类型即指数组各元素的数据类型。

非限定性数组定义的语句如下：

```
TYPE 数组名 IS ARRAY (数组下标名 RANGE<>) OF 数据类型;
```

其中，数组下标名是以整数类型设定的一个数组下标名称的，符号 <> 是下标范围待定符号，用到该数组类型时再填入具体的数据范围。

【例 3.33】 限定性数组和非限定性数组的使用。

```
TYPE DIN IS ARRAY (7 DOWNTO 0) OF STD_LOGIC;
TYPE PEN IS ARRAY (INTEGER RANG < >) OF BIT
VARIABLE va :PEN (1 TO 6);
```

例 3.33 第一句中定义的数组类型名称是 DIN，它有 8 个元素；第二句是非限定性的举例，定义了一个非限定长度数组数据类型；第三句定义了一个度量数组，它的数据类型为 BIT_VECTOR(1 TO 6)。

6. 记录类型

记录类型也是一种复合数据类型，记录类型和数组类型都属于数组，由相同数据类型的元素构成的数组称为数组类型，由不同数据类型的元素构成的数组称为记录类型。由已定义的、数据类型不同的对象元素构成的数组称为记录类型的对象。定义记录类型的语句的格式如下：

```
TYPE 记录类型名 IS RECORD
  元素名：数据类型名;
  元素名：数据类型名;
  ...
END RECORD[记录类型名 ];
```

其中，记录类型名是由设计人员定义的数据类型名称。声明语句中的基本类型为 VHDL 定义的类型或设计人员已经定义好的其他类型。

【例 3.34】 记录类型的定义。

```
TYPE RC_DATA IS RECORD
 A : STD_LOGIC;
 B:INTEGER RANGE(0 TO 7);
 C:STD_LOGIC_VECTOR(7 DOWNTO 0);
END RECORD;
```

例 3.34 中声明了一个包含 3 个元素的记录类型 RC_DATA。这 3 个元素的类型分别是标准逻辑位型、有约束范围的整数类型和标准逻辑矢量类型。定义这一复合数据类型后，可以使用它来定义信号、变量等。

对于记录类型的数据对象赋值的方式，可以是整体赋值或对基本的单个元素进行赋值。当采用整体赋值方式时，可运用位置关联或名字关联两种策略。若选择位置关联方式，那么默认元素的赋值顺序与记录类型声明时的元素顺序保持一致。在使用赋值选项时，如果使用了“OTHERS”选项，那么至少需要对一个元素进行显式赋值。若有两个或多个元素由“OTHERS”选项来赋值，这些元素必须具有相同的数据类型，以确保赋值操作的合法性和一致性。此外，若记录类型中有两个或多个元素具有相同的子类型，那么可以将它们以记录类型的形式组合在一起进行定义。这种方式有助于提高代码的可读性和可维护性，同时也使记录类型的定义更加紧凑和清晰。

若记录类型中的每个元素仅由标量型数据类型构成，则称为线性记录类型；否则，称为非线性记录类型。线性记录类型的数据对象都是可综合的。

7. 时间类型

时间类型数据用于表示时间，在仿真时使用。其语句如下：

```
TYPE 数据类型名 IS 范围
UNITS 基本单位;
  单位
END UNITS;
```

【例 3.35】 时间类型在 STANDARD 程序包中定义的时间种类。

```
TYPE TIME IS RANGE -2147483647 TO +2147483647
UNITS
  fs;                 --飞秒，VHDL最小的时间单位
  ps = 1000 fs;       --皮秒
  ns = 1000 ps;       --纳秒
  μs = 1000 ns;       --微秒
  ms = 1000 μs;       --毫秒
  sec = 1000 ms;      --秒
  min = 60 sec;       --分
  hr = 60 min;        --时
END UNITS;
```

8. 数据类型转换

在 VHDL 中，数据类型的定义是相当严格的，不同类型的数据是不能进行运算或直接赋值的。为了实现正确的运算操作，必须将要操作的数据进行类型转换。数据类型的转换有三种方法：函数转换法、类型标记转换法和常数转换法。

1) 函数转换法

变换函数通常由 VHDL 的程序包提供。例如，在 STD_LOGIC、STD_LOGIC_ARITH

和 STD_LOGIC_UNSIGNED 的程序包中提供了如表 3.2 所示的数据类型变换函数。当引用变换函数时，需要先打开库和相应的程序包。将 STD_LOGIC_VECTOR 变换成 INTEGER，如例 3.36 所示。

【例 3.36】 用函数进行数据类型转换举例。

```
LIBRARY IEEE;
USE IEEE.STD_LOGIC_1164.ALL;
USE IEEE.STD_LOGIC_UNSIGNED.ALL;
ENTITY convert IS
  PORT(
    num : IN STD_LOGIC_VECTOR(2 DOWNTO 0);
    out_num: OUT INTEGER RANGE 0 TO 7
      );
END convert;
ARCHITECTURE behave OF convert IS
BEGIN
  out_num<= CONV_INTEGER(num);              --转换函数赋值
END behave;
```

表 3.2 数据类型变换函数

程 序 包	函 数 名	功 能
STD_LOGIC_1164	TO_STD_LOGIC_VECTOR(A)	由 BIT_VECTOR 转换成 STD_LOGIC_VECTOR
	TO_BIT_VECTOR(A)	由 STD_LOGIC_VECTOR 转换成 BIT_VECTOR
	TO_STD_LOGIC(A)	由 BIT 转换成 STD_LOGIC
	TO_BIT(A)	由 STD_LOGIC 转换成 BIT
STD_LOGIC_ARITH	CONV_STD_LOGIC_VECTOR(A，位长)	由 INTEGER、UNSIGNED、SIGNED 转换成 STD_LOGIC_VECTOR
	CONV_INTEGER(A)	由 UNSIGNED、SIGNED 转换成 INTEGER
STD_LOGIC_UNSIGNED	CONV_INTEGER(A)	由 STD_LOGIC_VECTOR 转换成 INTEGER

2) 类型标记转换法

VHDL 中的类型标记转换法是直接使用类型名进行数据类型的转换，这与高级语言中的强制类型转换类似。

类型标记就是类型的名称。类型标记转换法是那些关系密切的标量类型之间的类型转换，即整数和实数类型的转换。其语句如下：

```
数据类型标识符(表达式);
```

【例 3.37】 类型标记进行数据类型转换举例。

```
VARIABLE v1 : INTEGER;
```

```
VARIABLE v2 : REAL;
v1 := INTEGER(v2);
v2 := REAL(v1);
```

例 3.37 的语句中，当把浮点数转换为整数时会发生舍入现象。如果某浮点数的值恰好处于两个整数的正中间，那么转换的结果可能向任意方向靠拢。

类型标记转换法必须遵循以下原则：

(1) 所有的抽象数据类型是可以相互转换的类型 (如整型、浮点型)，如果某浮点数转换为整数，则转换结果是最接近的一个整型数。

(2) 如果两个数组有相同的维数，且两个数组的元素是同一种类型的，并且在各自的下标范围内索引是同一种类型或者是非常接近的类型，那么这两个数组是可以进行类型转换的。

(3) 枚举类型不能被转换。

3) 常数转换法

常数转换法是指在程序中用常数将一种数据类型转换成另一种数据类型。该方法的转换效率是比较高的，但是不经常使用。

3.6　VHDL 操作符

与传统的程序设计语言类似，在 VHDL 语言里，表达式是由不同类型的运算符将操作数连接而成的。其中，运算符是用于执行特定操作的符号，它规定了操作的具体方式；而操作数则是运算符所作用的对象，是表达式中参与运算的基本元素。通过合理组合操作数与运算符，能够构建出描述算术运算或逻辑运算的表达式。这些表达式是 VHDL 进行数据处理和逻辑判断的基础，在描述硬件系统的行为和功能时发挥着重要作用。

3.6.1　操作符种类

VHDL 的操作符有赋值操作符、逻辑操作符、关系操作符、算术操作符和重载操作符。重载操作符是用户自定义的操作符。前 4 类操作符是完成算术运算和逻辑运算的基本单元，重载操作符是对基本操作符做了重新定义的函数型操作符。

通常情况下，当一个表达式中包含两个以上的操作符时，为避免出现逻辑错误，需要使用括号对操作符进行分组，以明确运算的优先级和顺序。不过，存在一种特殊情况：若一串连续运算中使用的操作符相同，并且这些操作符是 AND、OR 或 XOR 中的一种，那么可以不使用括号。这是因为这 3 种操作符具有相同的优先级和结合性，不会因为缺少括号而产生歧义。然而，若运算中包含这 3 种操作符之外的其他操作符，或者操作符不统一，则必须使用括号来明确运算顺序。这一规则体现了 VHDL 语言严格的规范性和严谨性，确保程序的逻辑清晰和运算准确。

对于 VHDL 中的操作符与操作数之间的运算需要注意以下几点。

1. 类型匹配

操作数有不同的类型，如整数、实数、布尔值等。在进行运算时，要确保操作数的类型匹配。如果操作数的类型不匹配，可能会导致运行时出现错误或意外的结果。

2. 类型转换

当操作数的类型不匹配时，可能需要进行类型转换。在 VHDL 中，可以使用类型转换函数将一种类型转换为另一种类型。

3. 位数匹配

在进行位级别的运算中，操作数的位数应该匹配。如果操作数的位数不匹配，可能会导致结果的丢失或截断。

4. 短路规则

在 VHDL 中，逻辑与 (AND) 和逻辑或 (OR) 操作符具有短路规则。当逻辑与操作符的第一个操作数为假时，将不会计算第二个操作数；当逻辑或操作符的第一个操作数为真时，将不会计算第二个操作数。利用好短路规则，可以避免不必要的计算。

通过以上几点可得，在设计过程中，不仅要了解所用操作符的操作功能，还需要了解所用操作符所要求的操作数的数据类型。VHDL 各种操作符所要求的操作数的数据类型如表 3.3 所示。

表 3.3 VHDL 各种操作符所要求的操作数的数据类型

类 型	操作符	功 能	操作数数据类型或对象
赋值操作符	<=	赋值	SIGNAL
	:=	赋值	VARIABLE，CONSTANT，GENERIC
	=>	赋值	矢量中的某些位或某些位之外的其他位
符号操作符	+	正	整数
	-	负	整数
逻辑操作符	AND	与	BIT，BOOLEAN，STD_LOGIC
	OR	或	BIT，BOOLEAN，STD_LOGIC
	NAND	与非	BIT，BOOLEAN，STD_LOGIC
	NOR	或非	BIT，BOOLEAN，STD_LOGIC
	XOR	异或	BIT，BOOLEAN，STD_LOGIC
	XNOR	同或	BIT，BOOLEAN，STD_LOGIC
	NOT	非	BIT，BOOLEAN，STD_LOGIC
关系操作符	=	等于	任何数据类型
	/=	不等于	任何数据类型
	<	小于	枚举与整数类型及对应的一维数组
	>	大于	枚举与整数类型及对应的一维数组
	<=	小于等于	枚举与整数类型及对应的一维数组
	>=	大于等于	枚举与整数类型及对应的一维数组

续表

类　型	操作符	功　能	操作数数据类型或对象
算术操作符	+	加	整数
	-	减	整数
	&	并置	一维数组
	*	乘	整数和实数 (包括浮点数)
	/	除	整数和实数 (包括浮点数)
	MOD	取模	整数
	REM	取余	整数
	SLL	逻辑左移	BIT 或 BOOLEAN 型一维数组
	SRL	逻辑右移	BIT 或 BOOLEAN 型一维数组
	SLA	算术左移	BIT 或 BOOLEAN 型一维数组
	SRA	算术右移	BIT 或 BOOLEAN 型一维数组
	ROL	逻辑循环左移	BIT 或 BOOLEAN 型一维数组
	ROR	逻辑循环右移	BIT 或 BOOLEAN 型一维数组
	**	乘方	整数
	ABS	取绝对值	整数

VHDL 语言操作符优先级如表 3.4 所示，从表中可以看到，在逻辑操作符中，除了 NOT 以外，其他操作数的优先级别最低，因此在编写程序时，合理使用括号尤其重要。下面详细介绍各类操作符的使用及功能。

表 3.4　VHDL 语言操作符优先级

运　算　符	优 先 级
NOT，ABS，**	最高优先级 ↑ 最低优先级
*，/，MOD，REM	
+(正号)，-(负号)	
+，-，&	
SLL，SLA，SRL，SRA，ROL，ROR	
=，/=，<，<=，>，>=	
AND，OR，NAND，NOR，XOR，XNOR	

3.6.2　赋值操作符

在 VHDL 中，赋值操作符用于将值赋给信号或变量。根据赋值对象的不同，赋值操作符分为两类：信号赋值操作符和变量赋值操作符。

1. 信号赋值操作符

信号赋值操作符用于将一个值赋给一个信号，表示信号在下一次仿真周期或事件触发时更新其值。信号赋值操作符是“<=”。

【例 3.38】 信号赋值操作符的应用举例。

```
LIBRARY IEEE;
USE IEEE.STD_LOGIC_1164.ALL;
ENTITY signal_assignment_example IS
  PORT(
    a, b : IN STD_LOGIC;
    c : OUT STD_LOGIC
  );
END ENTITY signal_assignment_example;
ARCHITECTURE behavior OF signal_assignment_example IS
  SIGNAL temp : STD_LOGIC;
BEGIN
  PROCESS(a, b)
  BEGIN
    temp <= a AND b;            -- 信号赋值
    c <= temp;                  -- 信号赋值
  END PROCESS;
END ARCHITECTURE behavior;
```

在上述示例中，“temp”和“c”都是信号，使用信号赋值操作符“<=”进行赋值。

2. 变量赋值操作符

变量赋值操作符用于将一个值赋给一个变量，表示变量的值立即更新。变量赋值操作符是“:=”。

【例 3.39】 变量赋值操作符的使用。

```
LIBRARY IEEE;
USE IEEE.STD_LOGIC_1164.ALL;
ENTITY variable_assignment_example IS
  PORT(
    a, b : IN INTEGER;
    c : OUT INTEGER
  );
END ENTITY variable_assignment_example;
ARCHITECTURE behavior OF variable_assignment_example IS
BEGIN
  PROCESS(a, b)
    VARIABLE temp : INTEGER;
  BEGIN
    temp := a + b;              -- 变量赋值
    c <= temp;                  -- 信号赋值
```

```
    END PROCESS;
END ARCHITECTURE behavior;
```

在上述示例中，“temp”是一个变量，使用变量赋值操作符“:=”进行赋值。“c”是一个信号，使用信号赋值操作符“<=”进行赋值。

另外，还有一种特殊的赋值运算符“=>”，用于给矢量中某些位赋值，或对某些位之外的其他位赋值。如例 3.40 所示。

【例 3.40】 位赋值操作符的应用举例。

```
SIGNAL w: STD_LOGIC_VECTOR(0 to 7);
w<="10000000";
w<=(0=>'1',others=>'0');            -- 最低为是 1，其他位是 0
```

3.6.3　逻辑操作符

VHDL 共有 7 种基本逻辑操作符，即 AND(与)、OR(或)、NAND(与非)、NOR(或非)、XOR(异或)、XNOR(同或)、NOT(非)。信号或变量在这些操作符的作用下，可以构成组合逻辑电路。逻辑操作符所要求的操作数的基本数据类型有 BIT、BOOLEAN 和 STD_LOGIC。操作数的数据类型也可以是一维数组，但数据类型必须是 BIT_VECTOR 或 STD_LOGIC_VECTOR。

NOT 是取反运算符，是一种单目运算符，即作用于一个操作数，对这个数进行按位取反，这相当于数字逻辑电路中的“非门”，如例 3.41 所示。

【例 3.41】 逻辑 NOT 应用举例。

```
signal a :std_logic := '1';
signal b :std_logic_vector (3 downto 0) := "1000";
a <= not a;                         -- a = '0'
b <= not b;                         -- b = "0111"
```

AND 是与运算符，是一种双目运算符，即必须有两个操作数，对这两个数进行按位与运算，相当于数字逻辑电路中的“与门”，如例 3.42 所示。

【例 3.42】 逻辑 and 应用举例。

```
signal a0 :std_logic := '1';
signal b0 :std_logic := '1';
signal c0 :std_logic;
signal a1 :std_logic_vector (3 downto 0) := "1101";
signal b1 :std_logic_vector (3 downto 0) := "1011";
signal c1 :std_logic_vector (3 downto 0);
c0 <= a0 and b0;                    -- c0 = '1'
c1 <= a1 and b1;                    -- c1 = "1001"
```

OR 是或运算符，是一种双目运算符，即必须有两个操作数，对它们进行按位或运算，相当于数字逻辑电路中的“或门”，如例 3.43 所示。

【例 3.43】 逻辑 or 应用举例。

```
signal a0 :std_logic := '1';
```

```
signal b0 :std_logic := '0';
signal c0 :std_logic;
signal a1 :std_logic_vector (3 downto 0) := "1101";
signal b1 :std_logic_vector (3 downto 0) := "1011";
signal c1 :std_logic_vector (3 downto 0);
c0 <= a0 or b0;                    -- c0 = '1'
c1 <= a1 or b1;                    -- c1 = "1111"
```

XOR 是异或运算符，是一种双目运算符，即必须有两个操作数，对这两个数进行按位异或运算，相当于数字逻辑电路中的“异或门”，如例 3.44 所示。

【例 3.44】 逻辑 xor 应用。

```
signal a0 :std_logic := '1';
signal b0 :std_logic := '0';
signal c0 :std_logic;
signal a1 :std_logic_vector (3 downto 0) := "1100";
signal b1 :std_logic_vector (3 downto 0) := "1010";
signal c1 :std_logic_vector (3 downto 0);
c0 <= a0 xor b0;                   -- c0 = '1'
c1 <= a1 xor b1;                   -- c1 = "0110"
```

XNOR 是同或运算符，是一种双目运算符，即必须有两个操作数，对这两个数进行按位同或运算，相当于数字逻辑电路中的“同或门”，如例 3.45 所示。

【例 3.45】 逻辑 xnor 应用。

```
signal a0 :std_logic := '1';
signal b0 :std_logic := '0';
signal c0 :std_logic;
signal a1 :std_logic_vector (3 downto 0) := "1100";
signal b1 :std_logic_vector (3 downto 0) := "1010";
signal c1 :std_logic_vector (3 downto 0);
c0 <= a0 xnor b0;                  -- c0 = '0'
c1 <= a1 xnor b1;                  -- c1 = "1001"
```

3.6.4 关系操作符

关系操作符的作用是将相同数据类型的数据对象进行数值比较或关系排序判断，并将结果以布尔类型的数据形式表示出来，即 TRUE 和 FALSE。VHDL 中提供了 6 种关系操作符：“=(等于)”“/=(不等于)”“<(小于)”“>(大于)”“<=(小于等于)”和“>=(大于等于)”。

VHDL 规定，关系操作符“=”和“/=”的操作数可以是 VHDL 中任何数据类型构成的操作数。例如，对于标量型数据 a 和 b，如果它们的数据类型相同，且数值也相同，则 a=b 的运算结果为 TRUE，a/=b 的运算结果为 FALSE。对于数组或记录类型的操作数，VHDL 编译器将会逐位比较对应位置各位数值的大小。只有当等号两边数据中每一位的对应位元素相等时才返回 TRUE，否则返回 FALSE。

剩下的 4 种关系操作符也称为排序操作符。它们对操作对象的数据类型有一定的限制。允许操作的数据类型包括枚举数据类型、整数数据类型，以及由枚举或整数数据类型元素构成的一维数组，并且不同长度的数组也能进行排序。VHDL 的排序判断规则是：整数值的大小排序坐标是从正无穷到负无穷，枚举型数据的大小排序方式和它们的定义方式一致，所示如下：

```
'1'> '0'，TRUE > FALSE，a > b(若 a=1，b=0)
```

两个数组的排序是从左至右逐一对元素进行比较决定的。在比较的过程中，与原数组的下标定义顺序无关，即无论是 DOWNTO 还是 TO，如果发现有一对元素不相等，就确定了这对数组的排序情况，即最后测得有较大值的那个数值确定为大值数组。例如，位矢量“1101”判别为大于“110011”。这是因为，排序判断是从左至右的。“110011”的第四位为 0，而“1101”的第四位为 1，因此判别为大于。在下列的关系操作符中，VHDL 都判别为 TRUE。

```
'1'='1'；"1011"="1011"；"1">"011"；"101"<"110"。
```

在上面比较中 "1">"011" 是正确的，但是 1>3 这个判断是错误的，这是因为在 VHDL 中对数组的判断是从左至右逐一进行的，因此会认为 "1">"011" 成立，为了避免这种误会，可以利用 STD_LOGIC_ARITH 程序包中定义的 UNSIGNED 数据类型来解决。将这些用于比较的数据的数据类型定义为 UNSIGNED 即可。

总的来说，简单的比较运算在实现硬件结构时比排序操作符构成的电路资源利用率要高。

3.6.5　算术操作符

在 VHDL 中，有 17 种算术操作符，具体可以分为以下几类，即求和操作符、求积操作符、混合操作符和移位操作符。下面具体介绍以下几种算术操作符的具体功能和使用规则。

1. 求和操作符

VHDL 中的求和操作符包括加减操作符和并置操作符。加减操作符的运算规则与常规的加减法一致。VHDL 明确规定，其操作数的数据类型必须为整数。对于位宽大于 4 的加法器和减法器，多数 VHDL 综合器能够调用库元件来完成综合过程。经过综合后，由加减操作符 (+、-) 所产生的组合逻辑门会消耗较多的硬件资源。不过，当加减操作符中的一个操作数或者两个操作数均为整型常数时，所需的电路资源则会大幅减少。

并置操作符 (&) 的操作数的数据类型要求为一维数组。借助并置操作符，可以将普通操作数或者数组进行组合，从而形成新的数组。例如，将“101”和“0111”进行并置操作，其结果为“1010111”。并置操作符支持多种方式构建新数组。例如，可以将一个单元数添加到一个数组的左端或右端，以此形成更长的数组；也可以把两个数组进行并置，从而得到一个新的数组。在实际运用并置操作符时，必须确保并置前后数组的长度符合设计要求，以保证操作的正确性。

【例 3.46】　并置操作符应用。

```
LIBRARY IEEE;
```

```
USE IEEE.STD_LOGIC_1164.ALL;
ENTITY Concat IS
  PORT (
    a : IN  STD_LOGIC_VECTOR(3 downto 0);
    b : IN  STD_LOGIC_VECTOR(3 downto 0);
    result : OUT  STD_LOGIC_VECTOR(7 downto 0)
  );
END Concat;
ARCHITECTURE Behavioral OF Concat IS
BEGIN
  PROCESS(a, b)
  BEGIN
    result <= a & b;
  END PROCESS;
END ARCHITECTURE Behavioral;
```

在例 3.46 中，定义了一个实体 Concat，它有两个输入端口 a 和 b，每个端口都是 4 位宽的 STD_LOGIC_VECTOR 类型。输出端口 result 是 8 位宽的 STD_LOGIC_VECTOR 类型。在结构体 Behavioral 中，使用并置操作符 (&) 将信号 a 和 b 连接起来，并将结果赋值给 result。这样，信号 a 的四位将作为结果中的高四位，信号 b 的四位将作为结果中的低四位。

2. 求积操作符

求积操作符包括 *(乘)、/(除)、MOD(取模) 和 REM(取余)4 种。根据 VHDL 语言规范，乘和除操作符可作用于整数与实数 (含浮点数) 类型的数据对象；在满足特定条件时，也可对物理类型的数据对象执行运算操作。

从运算原理分析，乘除法本质上依赖加法操作实现，因此在综合过程中通常会消耗大量硬件资源。尽管在一定条件下乘除法操作能够被综合器处理，但从优化设计、节省硬件资源的工程实践角度出发，应谨慎使用乘除法操作。实际应用中，可采用多种替代方案实现乘除运算，如基于移位相加的算法、查找表 (Lookup Table，LT) 技术、调用 LPM(Library of Parameterized Modules) 宏功能模块，或利用专用硬件乘法器等，以降低资源消耗。从设计优化层面考量，加法操作符是最经济且高效的选择，其他算术操作符大多可通过加法操作实现。以减法为例，可通过将减数转换为补码形式 (即逐位取反后在最低位加 1)，将减法运算转化为加法运算，此时仅额外增加对减数取反的逻辑电路，相较于独立的减法器结构可显著减少了资源占用。

操作符 MOD 和 REM 的本质与除法操作符是相同的，因此编译器综合取模和取余操作数也必须是以 2 为底数的幂。MOD 和 REM 的操作数据类型只能是整数，运算结果也是整数。

3. 混合操作符

混合操作符包括取绝对值操作符“ABS”和乘方操作符“* *”。VHDL 规定，它们的操作数据类型一般为整数类型。乘方操作符“* *”的左边可以是整数或浮点数，但是右边必须为整数，而且只有在左边为浮点数时，其右边才可以为负数。

4. 移位操作符

在 VHDL-1993 版中新增了 6 种新的逻辑运算符，也就是 6 种移位操作符，分别是 SLL(逻辑左移)、SRL(逻辑右移)、SLA(算术左移)、SRA(算术右移)、ROL(逻辑循环左移) 和 ROR(逻辑循环右移)。VHDL-1993 标准规定移位操作符作用的操作数的数据类型应该是一维数组，并要求数组中的元素必须是 BIT 或 BOOLEAN 的数据类型，移位的位数则是整数。

SLL 是将位矢量向左移，右边跟进的位补零。SRL 的功能恰好与 SLL 相反。ROL 和 ROR 的移位方式稍有不同，它们移出的位将用于依此填补移空的位，执行的是自循环式移位的方式。SLA 和 SRA 是算术移位操作符，其移空位用最初的首位来填补。在使用以上 6 种移位操作符时，要注意它们的不同之处。

移位操作符的语句如下：

```
标识符 移位操作符 移位位数
```

【例 3.47】 移位操作符的应用。

```
"1011" SLL 1 = "0110"        "1011" SRL 1 = "0101"
"1011" SLA 1 = "0111"        "1011" SRA 1 = "1101"
"1011" ROL 1 = "0111"        "1011" ROR 1 = "1101"
```

3.6.6 重载操作符

基本操作符存在一定局限性，它要求操作符对应的操作数必须是相同的数据类型，并且对数据类型施加了诸多限制。为实现不同数据类型之间进行运算，VHDL 允许用户对原有的基本操作符进行重新定义，为其赋予新的含义和功能，从而创建出一种新的操作符，即重载操作符。在程序包 STD_LOGIC_UNSIGNED 中，已经预先定义了多种算符重载函数，这些函数可用于不同数据类型之间的操作。另外，Synopsys 公司提供的程序包 STD_LOGIC_ARITH、STD_LOGIC_UNSIGNED 和 STD_LOGIC_SIGNED 为重载多种类型的算术运算符和关系运算符提供了支持。所以，只要在代码中引用这些程序包，就能够实现 SIGNED、UNSIGNED、STD_LOGIC 和 INTEGER 间的混合运算，同时也可以实现 INTEGER、STD_LOGIC 和 STD_LOGIC_VECTOR 间的混合运算。

操作符在 VHDL 设计中具有重要作用，可用于生成实际的电路。合理运用操作符，能够显著提升 VHDL 代码的表达能力，以及灵活性和可读性。这不仅有助于加快设计速度，还能增强代码的可重用性。正因如此，操作符成为了 VHDL 语言不可或缺的工具，为开发者提供一种强大且高效的方式来描述和实现各种运算操作。

3.7 VHDL 预定义属性

在 VHDL 中，属性是指关于设计实体、结构体、类型和信号等项目的制定特征，利用属性可以使 VHDL 代码更加简明扼要、易于理解。VHDL 提供了下面 5 类预定义属性：

值类属性、函数类属性、信号类属性、数据类型类属性和数据范围类属性。

3.7.1 值类属性

值类属性返回有关数组类型、块和常用数据类型的特定值，值类属性还用于返回数组的长度或者类型的最低边界，值类属性分成 3 个子类。

1. 返回类型的边界

值类型属性用来返回类型的边界，有 4 种预定义属性：

(1) T'LEFT 用于返回类型或者子类型的左边界；

(2) T'RIGHT 用于返回类型或者子类型的右边界；

(3) T'HIGH 用于返回类型或者子类型的上限值；

(4) T'LOW 用于返回类型或者子类型的下限值。

用字符“'”指定属性并其后跟属性名，“'”前的对象是所附属性的对象，前缀大写 T 指所附属性的对象是类 (TYPE)。

2. 返回数组长度

值类数组属性只有一个，即 LENGTH，该属性返回指定数组范围的总长度，它用于带某种标量类型的数组范围和带标量类型范围的多维数组。

3. 返回块的信息

属性 STRUCTURE 和 BEHAVIOR 返回有关在块和结构体中块是如何建模的信息。在块和结构体中，若不含元件的具体装配语句，则属性 BEHAVIOR 返回真值；若块或者结构体中只含元件具体装配语句或被动进程，则属性 STRUCTURE 返回真值。

3.7.2 函数类预定义属性

函数类属性是一种强大的工具，它能为设计者提供有关客体或对象的类型、数组以及信号等方面的详细信息。当使用函数类属性时，其实质是进行函数调用操作，该函数会依据输入变元的值返回一个特定值。这个返回值可以是可枚举值的位置号码，用于精确指示可枚举类型中某个值的具体位置；也可以是在一段时间内信号是否发生改变的指示信息，帮助设计者监测信号的动态变化；还可以是一个数组的边界信息，明确数组的有效范围。函数类属性可进一步细分为三种常见类别，每种类别都有其特定的用途和功能，能够满足设计者在不同场景下对信息获取的需求。

1. 返回类型值

函数类属性返回类型内部值的位置号码以及特定类型输入值左右的值，函数类型属性分为以下 6 种：

(1) 'POS(value) 返回传入值的位置号码；

(2) 'VAL(value) 返回从该位置号码传入的值；

(3) 'SUCC(value) 返回输入值后类型中的下一个值；

(4) 'PRED(value) 返回输入值前类型中原先的值；

(5) 'LEFTOF(value) 立即返回一个值到输入值的左边；

(6) 'RIGHTOF(value) 立即返回一个值到输入值的右边。

函数类属性主要用于从可枚举数或物理类型的数转换到整数。

2. 返回数组的边界

函数数组类属性返回数组类型的边界，分为以下 4 种：

(1) 数组 'LEFT(n) 返回指数范围 n 的左边界；

(2) 数组 'RIGHT(n) 返回指数范围 n 的右边界；

(3) 数组 'HIGH(n) 返回指数范围 n 的上限值；

(4) 数组 'LOW(n) 返回指数范围 n 的下限值。

值类数组属性只有一个，即 LENGTH，该属性返回指定数组范围的总长度，它用于带某种标量类型的数组范围和带标量类型范围的多维数组。

3. 返回信号历史信息

函数信号属性用来返回有关信号行为功能的信息。例如，报告一个信号是否正好有值的变化，报告从上次事件中跳变过了多少时间，以及该信号原来的值是什么。函数信号属性分为以下 5 种：

(1) S'EVENT：如果当前的一段时间发生了事件则返回真，否则返回假 (信号是否有值的变化)；

(2) S'ACTIVE：如果在当前的一段时间内做了事项处理则返回真，否则返回假；

(3) S'LAST_EVENT：返回从信号原先事件的跳变至今所经历的时间；

(4) S'LAST_VALUE：返回在上一次事件之前 S 的值；

(5) S'LAST_ACTIVE：返回自信号原先一次的事项处理至今所经历的时间。

3.7.3　信号类预定义属性

信号类属性具备独特的功能，它能够基于一个信号创建一些专用信号。这些专用信号可向设计者提供与之关联信号的相关信息，具体涵盖在一段指定时间范围内，该信号是否保持稳定，信号是否跳变，以及所建立信号的延迟形式。需要特别注意的是，这类由信号类属性创建的专用信号不能在子程序内部使用。从功能角度来看，这些专用信号返回的信息与某些函数属性所提供的功能颇为相似。然而，二者之间存在显著区别：这类专用信号可以在任何正常信号能够使用的场合中使用，包括在敏感表中，这为设计者在信号处理和逻辑设计方面提供了更大的灵活性。信号类属性有如下四种：

(1) S'DELAYED[(time)]：建立和参考信号同类型的信号，该信号后跟参考信号和延时可选时间表示式的时间。'DELAYED 属性为信号建立延迟的版本并附在该信号上，它和传输延时信号赋值的功能相同，但其更简单。

(2) S'STABLE[(time)]：在选择时间表达式指定的时间内，参考信号无事件发生时，属性建立一个为真值的布尔信号。

(3) S'QUIET[(time)]：参考信号或所选时间表达式指定时间内没有事项处理时，属性建立一个为真值的布尔信号。

(4) S'TRANSACTION：用于追踪信号的变化次数，每当信号发生任何类型的事件 (即任何赋值或更新操作，不论是否改变信号的实际值），S'TRANSACTION 的值就会递增。

3.7.4 数据类型类预定义属性

数据类型类属性中仅包含一个名为 T'BASE 的类型属性，该属性必须由其他值或函数类型属性引用。T'BASE 属性返回相应类型或其子类型的基本类型，并且只能用作其他属性的前缀。

3.7.5 数据范围类预定义属性

数据范围类属性返回数组类型的范围值，并由所选的输入参数返回指定的指数范围，这种属性标记语句如下：

```
a 'RANGE[(n)];
```

RANGE 返回由参数 n 值指明的第 n 个范围和按指定排序顺序的范围，'REVERSE_RANGE 返回按逆序排序的范围，属性 'RANGE 和 'REVERSE_RANGE 也用于控制循环语句的循环次数。

```
a'REVERSE_RANGE[(n)]
```

REVERSE_RANGE 属性的用法和 RANGE 属性类似，只是它按逆序返回一个范围而已。例如，假设 'RANGE 属性返回 0 到 15，那么 'REVERSE_RANGE 属性返回 15 下降到 0。

拓展思考题

3-1 VHDL 程序一般包含几个组成部分？各部分的作用是什么？

3-2 端口模式有哪几种？ buffer 类型与 inout 类型的端口有什么区别？

3-3 信号与变量的区别有哪些？信号可以用来描述哪些硬件特性？

3-4 名词解释：VHDL、实体说明、结构体、类属表、数据对象、并行语句、程序包。

3-5 VHDL 所包含库的种类有哪些？

3-6 IEEE 库中所包含的基本类型转换函数有哪些？

3-7 VHDL 语言预定义的标准数据类型有哪些？

3-8 VHDL 有几类基本的操作符，分别是什么？

第 4 章　VHDL 描述语句

4.1　VHDL 描述语句概述

VHDL 是用于硬件描述和设计的编程语言，可以用结构化的方式描述电子系统的行为和结构。

VHDL 通过实体声明定义电路的输入 / 输出接口和引脚。实体声明包括端口列表和数据类型，用于描述电路的外部接口。例如，可以声明一个实体来描述一个简单的门电路，该门电路有两个输入端口和一个输出端口。通过实体声明，可以明确指定这两个输入和一个输出的数据类型和方向。因此，设计人员可以从系统级别考虑电路的接口和功能。

VHDL 使用架构声明来描述电路的内部行为和逻辑。架构声明包含了组件声明、信号声明和过程声明等。组件声明用于引入其他模块或子电路，以实现模块化设计。例如，通过在架构声明中引入一个与门的组件，来实现与门的功能。信号声明用于定义内部信号和变量，以存储和处理电路的中间结果。例如，声明一个信号来存储两个输入端口的逻辑与结果。过程声明用于描述电路的行为和逻辑，其包括组合逻辑和时序逻辑。例如，在架构声明中描述一个组合逻辑过程，将两个输入进行逻辑与操作并将结果赋值给输出端口。架构声明使得设计人员能够从电路的内部实现和逻辑结构的角度进行描述和设计。

VHDL 可以使用进程声明来描述时序逻辑和数据交换的行为。进程声明是一种并发执行的代码块，可以通过敏感列表来触发执行。在进程声明中，设计人员可以使用并行语句 (赋值语句、条件赋值语句、选择信号赋值语句、进程语句、元件例化语句、生成语句、子程序调用语句等) 和顺序语句 (if 语句、case 语句、loop 语句等) 来描述电路的具体行为。例如，使用进程声明来实现一个时序逻辑，并根据输入端口的值来更新输出端口的状态。进程声明使得设计人员能够按照时钟和时序要求来实现电路的功能和行为。

综上所述，VHDL 采用结构化和层次化方法，通过实体声明、架构声明和进程声明清晰地描述了电路的接口、内部结构和行为。VHDL 语言具备严格的语法规范和丰富的数据类型，是实现复杂电子系统的重要工具，有助于设计人员有效地实现和验证电路的功能和性能。

4.2 顺序语句

顺序语句是指在电路执行上具有一定顺序性(或者说在逻辑上有先后之分)的语句，但这并不意味着顺序语句对应的硬件结构也有相同的顺序性。顺序语句是建模进程、过程和函数功能的基本语句单元，只能在进程、过程和函数中使用。系统按语句出现的先后顺序执行，其所描述的系统行为经常涉及时序流、控制、条件、迭代等，对应的操作常为算术运算、逻辑运算和子程序调用等。

顺序语句的特点是语句的执行和书写顺序相同，顺序语句只能应用在进程和子程序中。VHDL 中常用的顺序描述语句有变量赋值语句 (Variable Assignment)、信号赋值语句 (Signal Assignment)、wait 语句、if 语句、case 语句、loop 语句、next 语句、exit 语句、null 语句、return 语句、断言 (Assert) 语句、report 语句和过程调用语句。

4.2.1 变量赋值语句

变量赋值语句 (Variable Assignment Statement) 只能在进程、过程和函数中使用。变量赋值语句如下：

```
[<语句标号>:]<目的变量>:=<表达式>
```

符号“:=”为赋值号，在给信号、变量、常量和文件赋初值时也使用该符号。<表达式>中可以包括信号量。

和其他高级编程语言一样，VHDL 对变量的赋值是立即生效的，但是 VHDL 要求代入目的变量的新值必须与目的变量的类型相同。如例 4.1 所示。

【例 4.1】 变量赋值语句举例。

```
a:=7;
b:=b+1;
```

变量只在进程、过程或函数中有效，超出上述范围的变量是不可见的。变量在使用前需要先说明，对变量的说明也只能在进程、过程和函数中进行。

4.2.2 信号赋值语句

只有简单形式的信号赋值语句 (Signal Assignment Statement) 能够在进程、过程和函数中使用。信号赋值语句如下：

```
[<语句标号>:]<信号名><=[<延迟机制>]<波形>
<波形>::={<表达式>[after <时间表达式>]}{,…}
```

信号赋值符号为“<=”，赋值时“<=”符号两边必须具有相同的数据类型和位长。在顺序语句区，允许使用变量对信号赋值。

VHDL 允许为信号赋值选择 [<延迟机制>]，即传输延迟 (Transport Delay) 或惯性延迟 (Inertial Delay)。其中，传输延迟表示无论输入脉冲宽度多窄都能在输出端被完全不失真地复现的延迟模型，惯性延迟表示输入脉冲传播时间受电路“惯性”影响的延迟模型。VHDL 默认的延迟模型是惯性延迟模型。

与变量赋值机制不同，VHDL 中对信号的赋值操作不是立即生效的。任何对信号的赋值都暂存于该信号的驱动器 (Driver) 中，什么时候把新值代入信号，取决于同步事件发生或延时达到由保留字 after 指定的时间。如例 4.2 所示。

【例 4.2】 信号赋值语句。

```
a <= not b after 10 ns;
y <=0 after 5 ns,1 after 15 ns;
```

注意，在缺省 [< 延迟机制 >] 的情况下，由 after 指定的时间延迟为惯性延迟，并且每一个 after 指定的延迟时间均应从执行信号赋值语句的模拟时刻计算，而不是从前一个波形元代入的时刻算起。以例 4.2 中对信号 y 的赋值为例，假如在 150 ns 时执行该语句，那么把 0 值代入 y 的时刻应为 155 ns，而把 1 值代入 y 的时刻应为 165 ns。此时，信号赋值语句本身的执行是不耗用时间的。

【例 4.3】 由进程语句敏感信号列表中的信号来控制信号代入过程。

```
MUX: PROCESS (A, B, SEL) IS                 --a、b和 sel为进程语句的敏感信号 BEGIN
  CASE SEL IS
    WHEN '0' =>
      Y <= A AFTER 5 NS;                     -- If SEL = '0', then assign A to Y
    WHEN '1' =>
      Y <= B AFTER 5 NS;                     -- If SEL = '1', then assign B to Y
  END CASE;
END PROCESS
```

例 4.3 中，敏感信号列表由保留字 PROCESS 后圆括号内的信号组成。VHDL 同步机制保证敏感信号的任何变化，都会激活进程运行，并完成把信号 Y 的驱动器内的前次保留值代入 Y 的操作，然后挂起进程等待下一次激活的到来。

4.2.3 wait 语句

进程语句的敏感信号列表能够控制进程的挂起和执行状态，并为进程提供同步。VHDL 也允许使用等待语句 (Wait Statement) 来取代进程语句敏感信号列表的功能。等待语句有四种形式，分别如下：

```
[ <语句标号 >:]wait                          --无限等待
[ <语句标号 >:]wait on<信号名 > {,…};         --直到信号活动或变化时结束等待
[ <语句标号 >:]wait until<布尔表达式 >;       --直到条件为真时结束等待
[ <语句标号 >:]wait for<时间表达式 >;         --直到延迟时间到时结束等待
```

< 布尔表达式 > 至少要含有一个信号量，因为进程一旦挂起，进程内的变量将不再改变，若要退出等待状态，则必须通过改变信号量使布尔表达式的值为真。上述等待语句分别被称为无限等待、敏感信号表等待、条件等待和超时等待语句。

【例 4.4】 wait on 语句使用。

```
HALF_ADD:PROCESS IS
```

```
BEGIN
SUM <= A xor B;
CARRY <= A and B;
WAIT ON A,B;                          -- A 和 B 为敏感信号，任一发生变化都将激活进程
END PROCESS HALF_ADD;
```

由于敏感信号表等待语句在实际设计中使用得非常普遍，因此 VHDL 提供了一种完全等价的简化代码书写形式，如例 4.5 所示。

【例 4.5】 敏感信号表等待语句使用。

```
HALF_ADD:PROCESS (A,B) IS             --敏感信号为 A 和 B, WAIT ON 语句被激活
BEGIN                                 --省略
SUM <= A xor B;
CARRY <= A and B;
END PROCESS HALF_ADD;
```

根据 VHDL 的规定，简化代码形式的进程语句不再允许在其内部使用任何形式的等待语句。

条件等待语句允许指定一个重新启动进程执行的条件，即建立一个隐式的敏感信号表达式，并在其中任何一个信号量发生变化时立即评估条件是否为真，条件一旦为真系统便结束等待状态，继续执行下一条语句。如例 4.6 所示。

【例 4.6】 WAIT UNTIL 语句的使用。

```
WAIT UNTIL((X +Y)<100);
```

其中，如果信号 X 或 Y 任何一个发生变化，表达式都会立即评估条件是否被满足，条件一旦满足系统就中止等待状态。

超时等待语句允许指定一个等待时间，一旦等待时间到系统便结束进程的等待状态，继续执行下一条语句。如例 4.7 所示。

【例 4.7】 WAIT FOR 语句的使用。

```
WAIT FOR 10 NS;
WAIT FOR (X +Y);
```

等待语句允许在进程中组合起来使用，其书写语句如下：

```
[<语句标号 >:]wait[on<信号名 >{,…}][until<布尔表达式 >][for<时间表达式 >]
```

有一点需要指出，当使用组合等待语句时，不论哪一个条件被满足，都将解除进程等待，执行下一条语句。

4.2.4 if 语句

在 VHDL 中，许多模型的行为都可以使用一组条件指定的操作来描述。if 语句就是根据所指定的条件来确定哪些操作可以执行的语句，因此 if 语句可以表示 VHDL 模型的行为。if 语句有以下三种形式。

1. if 门栓语句

```
if 条件语句 then
```

```
  顺序语句 ;
 end if;
```

如果条件满足，执行顺序语句，否则不执行任何动作。

2. if 二选一分支语句

```
 if 条件语句 then
  顺序语句 ;
 else
  顺序语句 ;
 end if;
```

如果条件满足，执行第一个顺序语句，否则执行第二顺利语句。

3. if 多分支语句

```
 if 条件语句 then
  顺序语句 ;
 elsif 条件语句 then顺序语句 ;
  .......
 elsif 条件语句 then顺序语句 ;
 else
  顺序语句 ;
 end if;
```

如果第一个条件满足，执行第一个顺序语句，否则判断第二条件是否满足，如满足执行第二个顺序语句，不满足则判断第三个条件 ...，依次类推。

```
if 条件语句 then 顺序语句 ;
end if;
```

if 语句不允许对信号的边沿做二选一处理。

if 语句与其他高级编程语言的功能和语义很相似。

【例 4.8】 带控制端的加法器。

```
LIBRARY IEEE;
USE IEEE.STD_LOGIC_1164.ALL;
ENTITY example IS
PORT(A , B : IN INTEGER;
       CNT : IN BIT;
       COUT : OUT INTEGER
    );
END example;
ARCHITECTURE behave OF example IS
    BEGIN
  PROCESS(CNT)
    BEGIN
```

```
        IF CNT='1' THEN
          COUT<=A+B;
        END IF;
    END PROCESS;
END behave;
```

通过输入信号 A 和 B 进行加法运算，并根据输入信号 CNT 的值判断是否执行计算。代码由实体声明和结构体实现两部分组成。实体部分声明了三个输入端口 A、B 和 CNT，其中 A 和 B 的类型为 INTEGER，CNT 的类型为 BIT。还声明了一个输出端口 COUT，类型为 INTEGER。架构部分定义了一个进程，该进程以输入信号 CNT 作为敏感列表。进程中使用条件语句判断，如果 CNT 为 "1"(逻辑高)，则执行加法运算，并将结果赋值给输出信号 COUT。因此，当输入信号 CNT 为逻辑高时，加法器将执行 A 和 B 的加法运算，并将结果赋值给输出信号 COUT。否则，输出信号 COUT 将保持不变。

【例 4.9】 4 选 1 数据选择器。其真值表如表 4.1 所示。

表 4.1　4 选 1 数据选择器的真值表

S	Y
00	A
01	B
10	C
11	D

程序实现如下：

```
LIBRARY IEEE;
USE IEEE.STD_LOGIC_1164.ALL;
ENTITY example IS
 PORT ( A,B,C,D : IN STD_LOGIC_VECTOR(3 DOWNTO 0);
        S : IN STD_LOGIC_VECTOR(2 DOWNTO 0);
        Y : OUT STD_LOGIC_VECTOR(3 DOWNTO 0)
    );
END example;
ARCHITECTURE behave OF example IS
BEGIN
 P1:PROCESS(D)
   BEGIN
     --IF 案例
   IF S="00" THEN Y<=A;
     ELSIF S="01" THEN Y<=B;
     ELSIF S="10" THEN Y<=C;
     ELSE  Y<=D;
   END IF;
```

```
 END PROCESS P1;
END behave;
```

首先，根据输入信号 S 的不同值选择对应的输入信号作为输出。代码包括实体声明和架构实现两部分。实体部分声明了四个输入端口 A、B、C、D，它们的类型是 STD_LOGIC_VECTOR，长度为 4 位 (3 DOWNTO 0)。同时，还声明了一个输入端口 S，类型为 STD_LOGIC_VECTOR，长度为 3 位 (2 DOWNTO 0)。还有一个输出端口 Y，类型为 STD_LOGIC_VECTOR，长度也为 4 位 (3 DOWNTO 0)；结构体部分定义了一个进程 P1，该进程以输入信号 D 作为敏感列表。在进程中，使用条件语句根据输入信号 S 的不同值选择对应的输入信号，并将其赋值给输出信号 Y。当输入信号 S 为“00”时，将输入信号 A 赋值给输出信号 Y。当输入信号 S 为“01”时，将输入信号 B 赋值给输出信号 Y。当输入信号 S 为“10”时，将输入信号 C 赋值给输出信号 Y。当输入信号 S 为其他值时，将输入信号 D 赋值给输出信号 Y。因此，输出信号 Y 的长度与输入信号 A、B、C、D 的长度相同，且根据输入信号 S 的不同取值确定具体输出。

4.2.5　case 语句

当需要描述多选一逻辑模型或描述总线、编译码器等功能时，使用 case 语句比 if 语句有更好的程序可读性。case 语句如下：

```
CASE 表达式 IS
  When 选择值 =>顺序语句；
  When 选择值 =>顺序语句；
     …
END CASE；
```

有一点需要指出，case 语句要求选择值使用所有可能列举出的取值，并且不允许重复使用它们，因为分支条件判断是并行处理的，否则将产生语法错误。此外，case 语句要求顺序语句选择表达式与选择值的数据类型必须相同。

case 语句有多个分支，每次只执行一个分支，当选择表达式值与某个选择值相等时，执行该选择值对应的顺序语句。在 case 语句中，when 子句间的放置顺序先后不影响执行结果。

【例 4.10】 CASE 语句的使用。

```
LIBRARY IEEE;
USE IEEE.STD_LOGIC_1164.ALL;
ENTITY Binary_Adder IS
 PORT (
  A, B : IN  STD_LOGIC_VECTOR(3 DOWNTO 0);
  CIN  : IN  STD_LOGIC;
  SUM  : OUT STD_LOGIC_VECTOR(3 DOWNTO 0);
  COUT : OUT STD_LOGIC
 );
```

```
END Binary_Adder;
ARCHITECTURE behavioral OF Binary_Adder IS
BEGIN
 PROCESS (A, B, CIN)
 BEGIN
  CASE CIN IS
   WHEN '0' =>
   SUM <= A + B;
   COUT <= '0' WHEN SUM >"1001" ELSE '1';
   WHEN '1' =>
    SUM <= A + B + 1;
    COUT <= '0' WHEN SUM >"1001" ELSE '1';
  END CASE;
 END PROCESS;
END behavioral;
```

在例 4.10 中，使用 case 语句实现了一个 4 位二进制加法器。其中，定义了一个 4 位二进制加法器的实体，并在结构体中实现了其行为。输入信号包括两个 4 位的二进制数 A、B，以及一个进位信号 CIN。输出信号是一个 4 位的和 SUM 和一个进位信号 COUT。

我们使用 case 语句来根据进位信号 CIN 的值选择不同的操作：

当 CIN 为“0”时，执行正常的二进制加法，将 A 和 B 相加并赋值给 SUM。进位信号 COUT 在 SUM 大于“1001”时为“1”，否则为“0”。

当 CIN 为“1”时，执行带进位的二进制加法，将 A、B 和进位信号 CIN 相加并赋值给 SUM。进位信号 COUT 在 SUM 大于“1001”时为“1”，否则为“0”。

通过 case 语句，我们可以根据不同的进位情况执行不同的加法操作，并得到正确的结果和进位信号。这是一个简化的例子，实际中可能需要更多的输入位和处理情况，但基本的原理相同。

4.2.6 loop 语句

在描述具有重复结构或迭代运算的设计实体时，使用循环语句 (Loop Statement) 可以简化程序代码。VHDL 中的循环语句有三种形式，即 loop 语句、for loop 语句和 while loop 语句。下面分别对它们进行介绍。

1. loop 语句

loop 语句如下：

```
[<语句标号 >:]loop
{<顺序语句 >;}
end loop[<语句标号 >];
```

实际上，loop 语句是无限循环语句。在大多数高级编程语言中，无限循环没有什么用处，但是在建模数字系统时，就可以找到一些有益的应用。

2. for loop 语句

for loop 语句如下：

```
[<语句标号 >:]for<循环变量 >IN<离散范围 >loop
{<顺序语句 >;}
end loop[<语句标号 >]
```

说明：

(1) for loop 语句以保留字“for”开始，以保留字“end loop”结束循环。

(2)“循环变量”在每次循环中都将发生变化。

(3)“离散范围”是循环变量的可能取值，循环变量的取值将从取值范围最左边的值开始，并且递增或递减至取值范围最右边的值 (即循环的次数)。

(4)“循环变量”每取一个值都要执行一次循环体中的顺序处理语句。

3. while loop 语句

while loop 语句如下：

```
[<语句标号 >:]while<布尔表达式 >loop
{<顺序语句 >;}
end loop[<语句标号 >];
```

while loop 语句在每次迭代前要测试 < 布尔表达式 > 是否为真，如果是真，执行迭代；否则，迭代结束。

【例 4.11】 for loop 语句使用。

```
LIBRARY IEEE;
USE IEEE.STD_LOGIC_1164.ALL;
ENTITY multiplier IS
 PORT (
        A, B : IN  STD_LOGIC_VECTOR(11 DOWNTO 0);
        P : OUT STD_LOGIC_VECTOR(23 DOWNTO 0)
        );
END multiplier;
ARCHITECTURE behavioral OF multiplier IS
BEGIN
 PROCESS (A, B)
  VARIABLE TEMP : STD_LOGIC_VECTOR(23 DOWNTO 0);
 BEGIN
  TEMP := (OTHERS => '0');
  FOR I IN 0 TO 11 LOOP
   FOR J IN 0 TO 11 LOOP
    IF (A(I) = '1' AND B(J) = '1') THEN
     TEMP(I+J) := TEMP(I+J) + '1';
    END IF;
   END LOOP;
```

```
    END LOOP;
    P <= TEMP;
  END PROCESS;
END behavioral;
```

例 4.11 中使用循环语句实现了一个 12 位精度的数字乘法器，其中定义了一个 12 位精度的数字乘法器的实体，并在结构体中实现了其行为。输入信号为两个 12 位的整数 A 和 B，输出信号是一个 24 位的乘积 P。

另外，例 4.11 中使用了两个嵌套的循环语句，分别遍历 A 和 B 的每一位元素，根据其值计算出对应乘积位上的值并加入到一个中间变量 TEMP 中。

具体地讲，在循环嵌套中，对于 A 的第 I 位和 B 的第 J 位元素，如果它们的值都为“1”，则将 TEMP(I+J) 加 1，否则不做任何操作。最后，将 TEMP 赋值给输出信号 P。

虽然这个例子的代码比较复杂，但其基本原理很简单。通过嵌套循环遍历输入信号的每一位元素，计算对应乘积位上的值，并将其加入到中间变量中，最终得到正确的乘积结果。

4.2.7 exit 语句

exit 语句是在循环语句中使用的循环控制语句。执行 exit 语句将结束循环状态，并强迫循环语句从正常执行中跳到由语句标号所指定的新位置继续执行程序。exit 语句如下：

```
exit[<语句标号 >][when <条件 >];
```

exit 语句的执行规则是：若 when 子句的 <条件> 为真，则结束循环语句，并跳到由 <语句标号> 指示的位置执行。若缺省 <语句标号>，则只能跳到循环语句 end loop 后面的位置开始执行。因此，若存在多重循环，则只能终止 exit 语句所在层的循环。

当缺省 when 子句时，exit 语句将无条件地中止循环语句的执行，其跳出位置的确定方法与程序中有 when 子句时相同。

【例 4.12】 exit 语句的使用。

```
LIBRARY IEEE;
USE IEEE.STD_LOGIC_1164.ALL;
ENTITY Karnaugh_map IS
 PORT (
  A, B, C, D : IN  STD_LOGIC_VECTOR(1 DOWNTO 0);
  F          : OUT STD_LOGIC
 );
END Karnaugh_map;
ARCHITECTURE behavioral OF karnaugh_map IS
BEGIN
 PROCESS (A, B, C, D)
 VARIABLE MIN_TERMS : STD_LOGIC_VECTOR(15 DOWNTO 0) := (OTHERS => '0');
 VARIABLE DONT_CARE : STD_LOGIC_VECTOR(15 DOWNTO 0) := (OTHERS => '0');
  VARIABLE NUM_TERMS : INTEGER := 16;
 BEGIN
```

```
    FOR I IN 0 TO 15 LOOP
     IF (A(I/4) = '0' AND B((I/2) MOD 2) = '0' AND C(I MOD 2) = '0') THEN
      IF (F(I) = '1') THEN
       MIN_TERMS(I) := '1';
       NUM_TERMS := NUM_TERMS - 1;
      ELSE
       DONT_CARE(I) := '1';
      END IF;
     END IF;
    END LOOP;
    LOOP
     EXIT WHEN NUM_TERMS = 0;
     FOR I IN 0 TO 15 LOOP
      IF (MIN_TERMS(I) = '1') THEN
       FOR J IN I+1 TO 15 LOOP
        IF (MIN_TERMS(J) = '1') THEN
         IF (I/4 = J/4) THEN
          IF (MIN_TERMS(I-2*(I/4)+J-I) /= '1') THEN
           MIN_TERMS(I-2*(I/4)+J-I) := '1';
           NUM_TERMS := NUM_TERMS - 1;
          END IF;
         ELSIF (I/2 = J/2) THEN
          IF (MIN_TERMS(I-I/2*2+2*(J/4)+J/2-I/2*2) /= '1') THEN
           MIN_TERMS(I-I/2*2+2*(J/4)+J/2-I/2*2) := '1';
           NUM_TERMS := NUM_TERMS - 1;
          END IF;
         ELSIF (I MOD 2 = J MOD 2) THEN
          IF (MIN_TERMS(I+2*(J-I)/4) /= '1') THEN
           MIN_TERMS(I+2*(J-I)/4) := '1';
           NUM_TERMS := NUM_TERMS - 1;
          END IF;
         END IF;
        END IF;
       END LOOP;
      END IF;
     END LOOP;
    END LOOP;
    F <= '1' WHEN MIN_TERMS /= (OTHERS => '0') ELSE '0';
  END PROCESS;
END behavioral;
```

例 4.12 中实现了一个 4 变量的卡诺图最小化算法，输入的是四个 2 位的变量 A、B、C 和 D，输出的是一个 1 位的最小表达式 F，其中 1 表示 TRUE，0 表示 FALSE。

例 4.12 中首先创建了两个变量 MIN_TERMS 和 DONT_CARE，分别用来存储最小项和无关项。然后使用一个循环语句遍历所有可能的最小项，并根据四个输入变量的值对其进行分类：如果某一最小项对应的函数值为 1，则将其标记为 1，并将计数器 NUM_TERMS 减 1；否则，将其标记为无关项。

接下来进入一个循环中，只要计数器 NUM_TERMS 不为 0，就一直执行。这个循环中使用了两个嵌套的循环语句，遍历所有已发现的最小项，对每一对最小项执行以下操作：

(1) 根据最小项的位置关系进行分类，如 I/4 = J/4 表示两个最小项在第一维上的位置相等，I/2 = J/2 和 I MOD 2 = J MOD 2 类似。

(2) 如果最小项符合位置关系，则在对应的位置上检查是否还有其他最小项可以合并，如果有，则将其加入到已发现的最小项集合中。

4.2.8 next 语句

next 语句是另外一种能控制循环语句的语句。当 next 语句被执行时，循环语句中剩余的语句执行操作被终止，语句将跳到由 < 语句标号 > 所指定的新位置继续执行，或回到本层循环语句的入口处重新开始新的循环。next 语句如下：

```
next[<语句标号 >][when<条件 >];
```

next 语句的执行规则与 exit 语句类似，但是 next 语句仅能用于其所在层的内部循环控制而不能终止多重循环的操作，即它的 < 语句标号 > 不能跨越本层循环。这与 exit 语句的功能是完全不同的。

【例 4.13】 next 语句的使用。

在 VHDL 中，next 语句可以用于控制循环中的迭代流程。以下是一个完整的 VHDL 示例，包括实体 (Entity)、结构体 (Architecture)，并实现一个简单的电路功能，计算从 0 到 9 的奇数和，并将结果赋给一个输出信号。这个示例演示了如何使用 next 语句来跳过某些循环。

```
library IEEE;
use IEEE.STD_LOGIC_1164.ALL;
use IEEE.NUMERIC_STD.ALL;
entity OddSumCalculator is
  Port (
    clk : in  STD_LOGIC;
    reset   : in  STD_LOGIC;
    sum_out : out STD_LOGIC_VECTOR(3 downto 0)
-- 假设和不会超过 15
  );
end OddSumCalculator;
architecture Behavioral of OddSumCalculator is
  signal sum : integer := 0;
```

```
begin
  process(clk, reset)
  begin
    if reset = '1' then
      sum <= 0;
    elsif rising_edge(clk) then
      sum <= 0;  -- 重新计算，每次时钟上升沿清零 (根据需要可
                 -- 以改为累加逻辑 )
      for i in 0 to 9 loop
        -- 如果 i 是偶数，跳过本次循环
        if i mod 2 = 0 then
          next;  -- 跳过后续代码，进入下一次循环
        end if;
   sum <= sum + i;-- 累加奇数
      end loop;
    end if;
  end process;
      -- 将整数结果转换为 STD_LOGIC_VECTOR 输出
  sum_out <= std_logic_vector(to_unsigned(sum, 4));
      -- 假设结果在 0 到 15 之间
end Behavioral;
```

例 4.13 代码具体功能分析如下，整个代码包括实体和结构体两个部分，其中 OddSum Calculator 是实体的名称。定义了三个端口为：时钟输入信号 clk、复位输入信号 reset 和计算结果输出信号 sum_out；Behavioral 是结构体的名称。定义了一个信号 sum，用于存储计算结果。在结构体里使用了一个进程 (Process)，进程对 clk 和 reset 敏感。当 reset 为高电平时，sum 被复位为 0。在时钟上升沿，sum 被重新计算 (这里每次时钟上升沿清零并重新计算，根据需要可以修改累加器 sum 的值)。使用 for 循环遍历 0 到 9 的数字，如果数字是偶数，则使用 next 语句跳过当前循环；否则累加奇数到 sum 中。最后输出转换，使 to_unsigned 函数和 std_logic_vector 函数将整数 sum 转换为 STD_LOGIC_VECTOR 类型输出。

4.2.9　return 语句

return 语句只能在过程和函数内使用，起到结束当前最内层过程体或函数体执行的作用。根据用于过程或函数的不同，return 语句的书写格式有两种：当用于过程时，为 [< 语句标号 >:]return；当用于函数时，为 [< 语句标号 >:]return< 表达式 >。return 语句在过程中的作用是，中止过程体内的后继语句执行并从过程中返回；在函数中的作用是，保证函数体不执行到结尾的 end 并带回函数的返回值，但返回值数据类型必须满足函数的要求。

【例 4.14】　函数中 return 语句使用。

```
FUNCTION calculate_average(A, B, C, D : INTEGER) RETURN REAL IS
```

```
    VARIABLE SUM : INTEGER := A + B + C + D;
    VARIABLE AVERAGE : REAL;
  BEGIN
    IF SUM = 0 THEN
      RETURN 0.0;                          -- 如果和为 0，直接返回 0作为平均值
    ELSE
      AVERAGE := REAL(SUM) / 4.0;          -- 计算并存储平均值
      IF AVERAGE > 100.0 THEN
        RETURN 100.0;                      -- 如果平均值大于 100，直接返回 100
      ELSE
        RETURN AVERAGE;                    -- 否则返回计算得到的平均值
      END IF;
    END IF;
  END FUNCTION;
```

例 4.14 是在复杂函数中使用了 return 语句。其中，定义了一个函数 calculate_average，该函数接受四个整数型参数 A、B、C 和 D，并返回一个实数型结果。函数内部首先计算这四个参数的和，并将结果存储在变量 SUM 中。然后通过条件进行判断，如果 SUM 等于 0，则直接使用 return 语句返回 0.0 作为平均值；否则，计算实际的平均值并存储在变量 AVERAGE 中。如果 AVERAGE 大于 100.0，则使用 return 语句返回 100.0 作为最终的平均值。否则，使用 RETURN 语句返回计算得到的平均值。

注意：*尽管这个例子模拟了一个具有返回值的函数，但在 VHDL 中，我们通常使用信号来代替返回值。*

4.2.10　null 语句

null 语句表示空操作。执行该语句无任何动作，只是把运行操作指向下一条语句。null 语句如下：

```
[<语句标号 >:] null;
```

4.2.11　assert 语句

为便于发现设计中的错误，VHDL 提供了断言语句 (Assert Statement) 来产生警告信息。该语句只用于设计模拟和调试，在综合时，VHDL 综合工具会自动忽略设计程序中的断言语句。assert 语句既可以在顺序语句区使用，也可以在并行语句区使用，其语句如下：

```
assert<条件表达式 >[report<报告信息 >][severity<错误级别 >];
```

断言语句在 < 条件表达式 > 为真时，执行下一条语句；否则，输出 < 报告信息 > 和报告 < 错误级别 >。

< 报告信息 > 是设计人员提供的文本说明信息，若为字符串则需要用双引号把它们括起来。当缺省 report 子句时，默认消息为“assertion violation”。

<错误级别>为错误的严重程度，VHDL 中把错误严重程度分为 4 个级别。若 severity 子句缺省，则默认错误级别为 ERROR。

【例 4.15】 assert 语句的使用。

```
LIBRARY IEEE;
USE IEEE.STD_LOGIC_1164.ALL;
ENTITY multiplier IS
  GENERIC(
    WIDTH : INTEGER := 8
  );
  PORT(
    A, B : IN STD_LOGIC_VECTOR(WIDTH-1 DOWNTO 0);
    RESULT : OUT STD_LOGIC_VECTOR(2*WIDTH-1 DOWNTO 0);
    CLK : IN STD_LOGIC;
    RESET : IN STD_LOGIC
  );
END multiplier;
ARCHITECTURE behavioral OF multiplier IS
BEGIN
  PROCESS(CLK, RESET)
  BEGIN
    IF RESET = '1' THEN
      RESULT <= (OTHERS => '0');
    ELSIF RISING_EDGE(CLK) THEN
      ASSERT A'LENGTH = B'LENGTH REPORT "INVALID INPUT LENGTHS" SEVERITY ERROR;
      ASSERT RESULT'LENGTH = A'LENGTH + B'LENGTH REPORT "INVALID OUTPUT LENGTH"
SEVERITY ERROR;
      FOR I IN 0 TO WIDTH-1 LOOP
        IF B(I) = '1' THEN
          RESULT<= STD_LOGIC_VECTOR(UNSIGNED(RESULT) + (UNSIGNED(A) << I));
        END IF;
      END LOOP;
    END IF;
  END PROCESS;
END behavioral;
```

例 4.15 中，使用 assert 语句验证一个简单的乘法器。其中定义了一个名为 multiplier 的实体，它有两个输入端口 (A 和 B)，一个输出端口 (RESULT)，一个时钟端口 (CLK) 和一个复位端口 (RESET)。实体设计为一个简单的乘法器，它将输入信号相乘，并将结果存储在 RESULT 中。

在 ARCHITECTURE 的 PROCESS 过程中，使用了两个 assert 语句来验证输入和输出的正确性。第一个 assert 语句 ASSERT A'LENGTH = B'LENGTH REPORT "INVALID INPUT LENGTHS" SEVERITY ERROR 用于检查输入 A 和 B 的长度是否相等。如果长度不相等，将生成一个错误报告。

第二个 assert 语句 ASSERT RESULT'LENGTH = A'LENGTH + B'LENGTH REPORT "INVALID OUTPUT LENGTH" SEVERITY ERROR 用于检查输出 RESULT 的长度是否等于输入信号的长度之和。如果长度不正确，将生成一个错误报告。

通过使用这些 assert 语句，我们可以在设计中添加一些自动化的验证，以确保输入和输出的正确性，并在检测到错误时生成相应的错误报告。这有助于提高设计的可靠性和稳定性。

4.2.12 report 语句

report 语句类似断言语句的功能，它不需要检测条件，一旦被执行总要给出信息报告。report 语句如下：

```
[<语句标号 >:] report<报告信息 >[severity<错误级别 >];
```

仅有 VHDL-1993 标准和 VHDL-2001 标准支持 report 语句。其缺省 severity 子句时，report 语句相当于 VHDL-1987 标准中一个条件为 false、错误级别为 note 的 assert 语句。

【例 4.16】 report 语句的使用。

```
LIBRARY IEEE;
USE IEEE.STD_LOGIC_1164.ALL;
ENTITY divider IS
  GENERIC( WIDTH : INTEGER := 8 );
  PORT(
    DIVIDEND, DIVISOR : IN STD_LOGIC_VECTOR(WIDTH-1 DOWNTO 0);
    QUOTIENT, REMAINDER : OUT STD_LOGIC_VECTOR(WIDTH-1 DOWNTO 0);
    ISVALID : OUT STD_LOGIC
      );
END divider;
ARCHITECTURE behavioral OF divider IS
  BEGIN
  PROCESS(DIVIDEND, DIVISOR)
    VARIABLE DIVIDEND_TEMP : STD_LOGIC_VECTOR(WIDTH DOWNTO 0);
    VARIABLE DIVISOR_TEMP : STD_LOGIC_VECTOR(WIDTH DOWNTO 0);
    VARIABLE QUOTIENT_TEMP : STD_LOGIC_VECTOR(WIDTH DOWNTO 0);
    VARIABLE REMAINDER_TEMP : STD_LOGIC_VECTOR(WIDTH-1 DOWNTO 0);
    BEGIN
      DIVIDEND_TEMP := DIVIDEND;
      DIVISOR_TEMP := DIVISOR;
      QUOTIENT_TEMP := (OTHERS => '0');
      REMAINDER_TEMP := (OTHERS => '0');
```

```
        FOR I IN WIDTH-1 DOWNTO 0 LOOP
         IF DIVIDEND_TEMP(WIDTH DOWNTO WIDTH-I) >= DIVISOR_TEMP
         THEN
         QUOTIENT_TEMP(I) := '1';
         DIVIDEND_TEMP := STD_LOGIC_VECTOR(UNSIGNED(DIVIDEND_TEMP)
                                    - UNSIGNED
  (DIVISOR_TEMP));
         END IF;
       END LOOP;
       ISVALID <= '1' WHEN DIVISOR_TEMP(WIDTH) = '0' ELSE '0';
       QUOTIENT <= QUOTIENT_TEMP(WIDTH-1 DOWNTO 0);
       REMAINDER <= DIVIDEND_TEMP(WIDTH-2 DOWNTO 0);
       IF ISVALID = '0' THEN
         REPORT "DIVISION BY ZERO ERROR" SEVERITY ERROR;
       END IF;
     END PROCESS;
  END behavioral;
```

在例 4.16 中，使用 report 语句来生成详细的调试信息。其中定义了一个名为 divider 的实体，它有两个输入端口 (DIVIDEND 和 DIVISOR)，两个输出端口 (QUOTIENT 和 REMAINDER)，以及一个 ISVALID 输出端口，用于指示是否进行了有效的除法操作。实体设计为一个简单的除法器，它将输入的两个向量相除并产生商和余数。

在 ARCHITECTURE 的 PROCESS 过程中，首先将输入向量 DIVIDEND 和 DIVISOR 保存到临时变量 DIVIDEND_TEMP 和 DIVISOR_TEMP 中。然后使用一个循环来执行除法操作，并将商和余数保存到临时变量 QUOTIENT_TEMP 和 REMAINDER_TEMP 中。接下来使用 report 语句 REPORT "DIVISION BY ZERO ERROR" SEVERITY ERROR 来检测是否存在除以零的情况。如果 ISVALID 信号为“0”，则表示除数为零，就生成一个错误报告。

通过使用 report 语句，我们可以在设计中添加一些调试信息，以便在运行时了解设计的状态。这对于调试和验证程序非常有帮助。

4.2.13　过程调用语句

VHDL 允许在 process 语句中调用过程。一个过程调用将启动对应过程体的执行，过程调用本身相当于一条顺序语句或并行语句，其语句如下：

```
[<语句标号 >:]<过程名 >[(实参数列表 )];
```

其中，(实参数列表) 实际上是向过程体内部传递信息的接口。根据过程的定义，实参数可为信号、变量或常量。

【例 4.17】 过程调用语句的应用。

```
LIBRARY IEEE;
USE IEEE.STD_LOGIC_1164.ALL;
```

```
ENTITY complexmodule IS
  GENERIC( WIDTH : INTEGER := 8 );
  PORT(
    INPUT : IN STD_LOGIC_VECTOR(WIDTH-1 DOWNTO 0);
    OUTPUT : OUT STD_LOGIC_VECTOR(WIDTH-1 DOWNTO 0);
    CLK : IN STD_LOGIC
  );
END complexmodule;
ARCHITECTURE behavioral OF complexmodule IS
  SIGNAL INTERMEDIATE1 : STD_LOGIC_VECTOR(WIDTH-1 DOWNTO 0);
  SIGNAL INTERMEDIATE2 : STD_LOGIC_VECTOR(WIDTH-1 DOWNTO 0);
  PROCEDURE STAGE1(IN_SIGNAL : IN STD_LOGIC_VECTOR(WIDTH-1 DOWNTO 0);
                   OUT_SIGNAL :
OUT STD_LOGIC_VECTOR(WIDTH-1 DOWNTO 0)) IS
  BEGIN
                                  -- STAGE 1 LOGIC GOES HERE
    OUT_SIGNAL <= IN_SIGNAL;      -- PLACEHOLDER LOGIC
  END STAGE1;
  PROCEDURE STAGE2(IN_SIGNAL : IN STD_LOGIC_VECTOR(WIDTH-1 DOWNTO 0);
                   OUT_SIGNAL :
OUT STD_LOGIC_VECTOR(WIDTH-1 DOWNTO 0)) IS
  BEGIN
    -- STAGE 2 LOGIC GOES HERE
    OUT_SIGNAL <= IN_SIGNAL;      -- PLACEHOLDER LOGIC
  END STAGE2;
  PROCEDURE STAGE3(IN_SIGNAL : IN STD_LOGIC_VECTOR(WIDTH-1 DOWNTO 0);
                   OUT_SIGNAL :
OUT STD_LOGIC_VECTOR(WIDTH-1 DOWNTO 0)) IS
  BEGIN
    -- STAGE 3 LOGIC GOES HERE
    OUT_SIGNAL <= IN_SIGNAL;      -- PLACEHOLDER LOGIC
  END STAGE3;
BEGIN
  PROCESS(CLK)
  BEGIN
    IF RISING_EDGE(CLK) THEN
      STAGE1(INPUT, INTERMEDIATE1);
      STAGE2(INTERMEDIATE1, INTERMEDIATE2);
      STAGE3(INTERMEDIATE2, OUTPUT);
```

```
        END IF;
      END PROCESS;
    END behavioral;
```

例 4.17 中使用过程调用语句来实现一个带有层次结构的模块化设计。其中，定义了一个名为 complexmodule 的实体，它有一个输入端口 (INPUT)、一个输出端口 (OUTPUT) 和一个时钟端口 (CLK)。实体设计为一个复杂的模块，由三个层次结构的阶段 (STAGE1、STAGE2 和 STAGE3) 组成。

每个阶段都是一个独立的过程。ARCHITECTURE 中定义了三个过程，每个过程都接收一个输入信号和一个输出信号，根据特定的逻辑对输入信号进行处理，并将结果存储在输出信号中。

主过程中使用过程调用语句来按顺序调用不同的阶段。在每个时钟上升沿触发时，依次将输入信号传递给每个阶段的过程，并将每个阶段的输出信号作为下一个阶段的输入信号。

通过使用过程调用语句，设计人员可以将模块分解为更小的可维护和可测试的部分，并通过按顺序调用这些过程来实现所需的功能。这提高了设计的可读性、可复用性和可扩展性。

4.3 并行语句

在 VHDL 中，并行语句是同时执行的语句，可以并行处理不同的操作。并行语句通过在一个过程中使用并行关键字 (Parallel Keywords) 来实现。常见的并行关键字包括并行信号赋值语句 (Concurrent Signal Assignment)、并行过程调用语句 (Concurrent Procedure Call) 和并行断言语句 (Concurrent Assertion)。这些语句可以同时执行，从而提高了系统的并行性和效率。其中，并行信号赋值语句允许同时修改多个信号的值，这在实现并行计算或并行通信中非常有用。并行过程调用语句可以用于同时调用多个过程，实现并行处理。并行断言语句可以用于检查并行执行语句中的条件是否满足，以确保系统的正确性。在 VHDL 中，进程是实现并行操作的主要方法，可以包含多个并行语句，从而实现并行处理。通过使用并行语句，可以提高系统的性能和效率，适用于各种硬件设计和嵌入式系统的开发。由此可得，并行语句是指能作为单独语句直接出现在结构体中的描述语句，所有的并行语句都是并发执行的，VHDL 结构体中的并行语句主要有八种：进程 (process)、块 (block)、并行信号赋值、并行过程调用、并行断言、类属 (generic)、元件例化和生成 (generate) 语句。

需要注意的是，所有并行语句在结构体中的执行都是同时进行的，即其执行顺序与语句书写顺序无关，并行语句之间通过信号交换信息，并行是指并行语句之间没有执行顺序的先后之分，但这并不意味着并行语句内部也一定是并行执行的。

4.3.1 进程语句

进程的工作原理是当进程的敏感信号参数表中的任一敏感信号发生变化时，进程被激活，开始从上向下按顺序执行进程中的顺序语句；当最后一个语句执行完毕时，进程挂起，等待下一次敏感信号的变化。从系统上电开始，这个过程就周而复始地进行。虽然进程内部是顺序执行的，但进程与进程之间却是并行关系。进程语句的一般表达格式如下：

```
[进程标号 : ] PROCESS [ (敏感信号参数表 ) ] [IS]
              [进程说明部分 ]
          BEGIN
              顺序描述语句
          END PROCESS [进程标号 ];
```

一个结构体中可以有多个进程语句，同时并行执行。进程之间的信息传递是通过信号来完成的。信号的上升沿和下降沿如下：

```
上升沿：
信号 'EVENT AND 信号 = '1'
RISING_EDGE(信号 )
下降沿：
信号 'EVENT AND 信号 = '0'
FALLING_EDGE(信号 )
```

进程语句本身是并行语句，也是无限循环语句，其只有两种状态：执行和等待。同一进程中的所有语句都是按照顺序来执行的，进程必须由敏感信号的变化来启动或具有一个显式的 wait 语句来激励 (使用了敏感表的进程不必再含有 wait 语句)。信号是多个进程间的通信线，是进程间进行联系的重要途径 (在任一进程的说明部分不能定义信号和共享变量)。进程的敏感信号列表应保持完整，否则可能导致综合前后的仿真结果不一致。一个进程中只允许描述对应于一个时钟信号的同步时序逻辑 (一个进程中可以放置多个条件语句，但只允许一个含有时钟边沿检测语句的条件语句)。

【例 4.18】 二输入与门。其真值表如表 4.2 所示。

表 4.2 二输入与门真值表

A	B	Y
0	0	0
1	0	0
0	1	0
1	1	1

程序实现如下：

```
LIBRARY IEEE;
USE IEEE.STD_LOGIC_1164.ALL;
ENTITY example IS
 PORT ( A : IN STD_LOGIC;
        B : IN STD_LOGIC;
        Y : OUT STD_LOGIC);
END example;
ARCHITECTURE behave OF example IS
BEGIN
```

```
P1:PROCESS(A,B)
 VARIABLE COMB : STD_LOGIC_VECTOR (1DOWNTO0);
  BEGIN
   COMB:= A&B;
   CASE COMB IS
    WHEN "00" =>Y<='0';
    WHEN "10" =>Y<='0';
    WHEN "01" =>Y<='0';
    WHEN "11" =>Y<='1';
    WHEN OTHERS =>Y<='X';
   END CASE;
 END PROCESS P1;
END behave;
```

实体部分声明了输入端口 A 和 B，以及输出端口 Y，它们都是 STD_LOGIC 类型的信号。架构部分定义了一个进程 P1，该进程有两个输入参数 A 和 B，并声明了一个名为 COMB 的局部变量，其类型为 STD_LOGIC_VECTOR，长度为 2 位 (1 DOWNTO 0)。在进程中，首先将输入 A 和 B 连接起来赋值给 COMB 变量，然后使用 case 语句对 COMB 进行判断，根据不同的情况给输出 Y 赋值。当 COMB 为 “00”“10” 或 “01” 时，将输出 Y 赋值为逻辑低 (“0”)；当 COMB 为 “11” 时，将输出 Y 赋值为逻辑高 (“1”)；其他情况下，将输出 Y 赋值为未知状态 (“X”)。

4.3.2　块语句

块语句就是将一个结构体分成若干个小的功能块，这种方式的划分只是形式上进行了改变，并不改变其功能，主要目的是改善程序的可读性。块语句的一般表达格式如下：

```
块标号 :BLOCK
    接口说明
    类属说明
  BEGIN
    并行语句
END BLOCK 块标号;
```

需要注意的是，块标号是必须的，接口说明和类属说明部分是对 BLOCK 的接口设置，以及对外界信号的连接状况的说明，块中定义的所有数据类型、数据对象，以及子程序等都是局部的，在多层嵌套中内层块的所有定义对外层块都是不可见的。

4.3.3　并行信号赋值语句

在编程中，一个并行信号赋值语句 (Parallel Signal Assignment Statement) 通常是指在一个电路描述语言中，使用并行赋值来描述电路的行为。并行信号赋值语句的格式：

```
赋值目标 <= 表达式 (结构体中的多条并发赋值语句是并行执行的 )
```

并行信号赋值语句通常可以分为条件信号赋值语句和选择信号赋值语句。

1. 条件信号赋值语句

条件信号赋值语句(有优先级之分)是一种编程语句，用于根据特定条件将信号赋值给变量。这种语句通常在嵌入式系统和实时系统中使用，以控制和调节信号处理和传输。条件信号赋值语句如下：

```
赋值目标 <= 表达式 1 WHEN 赋值条件 1 ELSE
            表达式 2 WHEN 赋值条件 2 ELSE
            ...
            表达式 n;
```

【例 4.19】 条件赋值语句举例。

```
Y<=A WHEN SEL = "00" ELSE
   B WHEN SEL = "01" ELSE
   C WHEN SEL = "10" ELSE
   D;
```

在例 4.19 中，实现的是一个四选一多路数据选择器，当控制信号 SEL = "00" 时，A 路信号赋给输出 Y；当 SEL = "01" 时，B 路信号赋给输出 Y；当 SEL = "10" 时，C 路信号赋给输出 Y；其他情况，D 路信号赋给输出 Y。

2. 选择信号赋值语句

选择信号赋值语句(没有优先级之分且选择值需要互斥且覆盖所有可能性)用于向信号或变量赋予一个特定的值。根据所使用的编程语言不同，信号赋值语句可能会有所不同。选择信号赋值语句如下：

```
WITH 选择表达式 SELECT
赋值目标信号 <= 表达式 1 WHEN 选择值 1,
                表达式 2 WHEN 选择值 2,
                ...
                表达式 n WHEN 选择值 n;
```

选择信号赋值语句中也有敏感量，即关键字 WITH 旁边的选择表达式。当选择表达式的值发生变化时，就启动了此语句对各子句的选择值同时进行测试对比，没有优先级之分。若有满足条件的子句时，则将此子句表达式中的值赋给赋值目标信号。若选择条件不覆盖全部可能时，则编译会出错。因此，最后需加“when others”。

【例 4.20】 4 选 1 数据选择器。其真值表如表 4.3 所示。

表 4.3　4 选 1 数据选择器真值表

S	Y
00	A
01	B
10	C
11	D

程序实现如下：

```
LIBRARY IEEE;
```

```
USE IEEE.STD_LOGIC_1164.ALL;
ENTITY example IS
 PORT ( A,B,C,D : IN STD_LOGIC_VECTOR(3 DOWNTO 0);
        S : IN STD_LOGIC_VECTOR(2 DOWNTO 0);
        Y : OUT STD_LOGIC_VECTOR(3 DOWNTO 0)
        );
END example;
ARCHITECTURE behave OF example IS
BEGIN
      WITH S SELECT
       Y<=A WHEN "00",
          B WHEN "01",
          C WHEN "10",
          D WHEN "11",
          "0000" WHEN OTHERS;
END behave;
```

首先根据输入信号 S 的不同值选择对应的输入信号作为输出。代码包括实体声明和结构体两个部分。实体部分声明了四个输入端口 A、B、C、D，它们的类型是 STD_LOGIC_VECTOR，长度为 4 位 (3 DOWNTO 0)。同时，还声明了一个输入端口 S，类型为 STD_LOGIC_VECTOR，长度为 3 位 (2 DOWNTO 0)。还有一个输出端口 Y，类型为 STD_LOGIC_VECTOR，长度也为 4 位 (3 DOWNTO 0)。结构体部分使用了 WITH-SELECT 描述语句，根据 S 的取值，分别执行对应的赋值操作。当 S 为“00”时，将输入信号 A 赋值给输出信号 Y；当 S 为“01”时，将输入信号 B 赋值给输出信号 Y；当 S 为“10”时，将输入信号 C 赋值给输出信号 Y；当 S 为“11”时，将输入信号 D 赋值给输出信号 Y；当 S 为其他值时，将输出信号 Y 赋值为“0000”。

4.3.4 并行过程调用语句

并行过程调用语句是 VHDL 中用于同时调用多个过程的一种并行语句。并行过程调用语句通过过程名和参数列表来指定要调用的过程，并且可以在同一行或者多行中同时调用多个过程。并行过程调用语句的格式如下：

```
PROCEDURE 过程名 (参数说明 )
 BEGIN
 功能描述语句
 END PROCEDURE 过程名 ;
过程名 (参数表 );
```

需要注意的是，并行过程调用语句是一个完整的语句，后面要加分号；并行过程调用的过程参数必须是常量或者信号，而不能是变量；并行过程调用语句应在过程名后的括号里带有 in、out 或者 inout 参数类型，如果过程中没有 return 语句或相应的机制，那么返回值必须通过输出参数带回。

【例 4.21】 过程的使用。

```
ARCHITECTURE behavioral OF example IS
  PROCEDURE PROC1(INPUT : IN STD_LOGIC; OUTPUT : OUT STD_LOGIC) IS
  BEGIN
    -- 过程的实现
    OUTPUT <= NOT INPUT;
  END PROCEDURE;
  PROCEDURE PROC2(INPUT : IN STD_LOGIC; OUTPUT : OUT STD_LOGIC) IS
  BEGIN
    -- 过程的实现
    OUTPUT <= INPUT;
  END PROCEDURE;
BEGIN
  -- 信号声明
  SIGNAL A, B, C : STD_LOGIC;
  -- 并行调用两个过程
  PROC1(A, B);
  PROC2(B, C);
END behavioral;
```

例 4.21 中实现了并行调用语句，其中有两个过程 PROC1 和 PROC2。首先声明了三个信号 A、B 和 C。然后通过并行过程调用语句，在同一行中同时调用了 PROC1 和 PROC2 过程。之后将输入信号 A 传递给 PROC1 过程进行处理，结果存储在信号 B 中。接着将信号 B 传递给 PROC2 过程进行处理，最终的结果存储在信号 C 中。

通过并行过程调用语句，设计人员可以同时调用多个过程，从而实现并行处理不同的信号，这样就提高了系统的并行性和效率。

4.3.5 并行断言语句

并行断言语句主要是对一些表达式的真假性进行判断，所有的并行断言语句都是并发执行的，主要用于程序仿真、测试中的人机对话，给出一系列的警告或者错误信息。并行断言语句的格式如下：

```
assert 条件 [report 输出信息 ][severity 级别 ]
```

如果条件为真，则继续执行另一个语句；反之，则给出错误信息和错误严重程度的级别。

VHDL 的错误严重级别分为 4 种，即 FAILURE、ERROR、WARNING、NOTE，如例 4.22 所示。

【例 4.22】 断言语句举例。

```
ARCHITECTURE behavioral OF example IS
BEGIN
  -- 信号声明
  SIGNAL A, B, C : STD_LOGIC;
  -- 并行检查多个断言
```

```
    ASSERT A = '0' REPORT "A SIGNAL SHOULD BE LOW" SEVERITY ERROR;
    ASSERT B = '1' REPORT "B SIGNAL SHOULD BE HIGH" SEVERITY ERROR;
    ASSERT C = 'X' REPORT "C SIGNAL SHOULD NOT BE UNDEFINED" SEVERITY ERROR;
END behavioral;
```

在例 4.22 中，首先声明了三个信号 A、B 和 C。然后通过并行断言语句，在同一行中同时检查了三个断言条件。

第一个断言检查 A 信号是否为低电平。如果 A 信号不满足条件，就产生一个错误报告，指出 "A SIGNAL SHOULD BE LOW"。

第二个断言检查 B 信号是否为高电平。如果 B 信号不满足条件，就产生一个错误报告，指出 "B SIGNAL SHOULD BE HIGH"。

第三个断言检查 C 信号是否不为未定义。如果 C 信号为未定义，就产生一个错误报告，指出 "C SIGNAL SHOULD NOT BE UNDEFINED"。

通过并行断言语句，设计人员可以同时检查多个条件，并在条件不满足时生成相应的错误报告。这有助于确保系统的正确性和可靠性。

4.3.6　类属语句

类属语句常用于不同层次之间的信息传递。例如，在数据类型说明上用于位矢量长度、数组的位长以及器件的延时时间等参数的传递。该语句主要用于行为描述方式，所涉及的数据除整数类型以外的数据类型不能进行逻辑综合。使用类属语句易于使器件模块化和通用化。例如，在描述二输入与门时，输入与门的上升沿和下降沿等参数不一致，为了简化设计，通常设计一个通用的二输入与门的模块化程序。该模块中的某些参数是待定的，在仿真或者逻辑综合时，只要用类属语句将待定参数初始化后，就可以实现各种二输入与门的仿真或者逻辑综合。

【例 4.23】 类属语句举例。

```
ARCHITECTURE behavioral OF example IS
  SIGNAL A : STD_LOGIC;
  SIGNAL B : INTEGER := 5;
BEGIN
  PROCESS(A, B)
  BEGIN
    IF A'EVENT AND A = '1' THEN
      REPORT "A SIGNAL HAS CHANGED TO '1'";
    ELSIF B'HIGH = 7 THEN
      REPORT "B SIGNAL IS AN 8-BIT SIGNAL";
    ELSE
      REPORT "NEITHER CONDITION IS SATISFIED";
    END IF;
  END PROCESS;
END behavioral;
```

在例 4.23 中，有两个信号 A 和 B，通过类属语句进行条件判断。

第一个条件检查 A 信号是否发生了事件并且值为高电平 (“1”)。如果满足这个条件，就生成一条报告："A SIGNAL HAS CHANGED TO '1' "。第二个条件检查 B 信号的最高索引 (HIGH) 是否等于 7。如果满足这个条件，就生成一条报告："B SIGNAL IS AN 8-BIT SIGNAL"。如果上述两个条件都不满足，就生成一条报告："NEITHER CONDITION IS SATISFIED"。

通过类属语句，设计人员可以根据数据类型或对象的性质进行条件判断，并在满足条件时执行相应的操作。这有助于对信号、变量和对象进行有效的控制和检查。

4.3.7 元件例化语句

元件例化语句 (Component Instantiation) 是在 VHDL 中用于实例化 (创建) 设计单元 (如一个实体或组件) 的语句。它允许在设计中复用已定义的模块，并将其连接到其他信号和端口。具体而言，元件例化就是将预先设计好的设计实体定义为一个元件，然后利用映射语句将此元件与另一个设计实体中指定的端口相连，从而进行层次化设计。元件例化是使用 VHDL 设计实体构成“自上而下”或“自下而上”层次化设计的一种重要途径。

元件例化语句分为元件声明与元件例化两部分。用元件例化方式设计电路的方法：首先完成各元件的设计；然后进行元件声明；最后通过元件例化语句调用这些元件，产生需要的设计电路。元件例化的基本语句格式如下：

```
    COMPONENT 元件名
    GENERIC (类属表 );
    PORT (端口名表 );
END COMPONENT 文件名;
例化名：元件名 [generic map (参数名 =>参数值，…]
                  port map([ 端口名 => ] 连接端口名，…);
```

【例 4.24】 元件声明及例化。

```
COMPONENT ADDER
  GENERIC (
    WIDTH : NATURAL := 8
  );
  PORT (
    A : IN std_logic_vector(WIDTH-1 DOWNTO 0);
    B : IN std_logic_vector(WIDTH-1 DOWNTO 0);
    SUM :OUT std_logic_vector(WIDTH DOWNTO 0)
  );
END COMPONENT;
ARCHITECTURE behavioral OF example IS
  SIGNAL A, B, SUM :std_logic_vector(7 DOWNTO 0);
BEGIN
  -- 元件例化语句
  U1 : ADDER
    GENERIC MAP (
```

```
    WIDTH => 8
  )
  PORT MAP (
    A => A,
    B => B,
    SUM => SUM
  );
END behavioral;
```

例 4.24 实现了具体的元件例化语句。其中定义了一个名为 ADDER 的组件，它有一个泛型参数 WIDTH 和三个端口：A、B 和 SUM。

在结构体 behavioral 中，实例化了一个名为 U1 的 ADDER 组件。其中，使用了 GENERIC MAP 子句将 WIDTH 泛型参数设置为 8，并使用 PORT MAP 子句将 A、B 和 SUM 端口与信号 A、B 和 SUM 进行连接。

通过元件例化语句，设计人员可以在 VHDL 设计中实例化已定义的组件或实体，并在其基础上构建更复杂的系统，使设计更加模块化并提高代码的重用性，以及使系统级设计变得更加灵活和可维护。

4.3.8 生成语句

生成语句 (Generate Statement) 是 VHDL 中用于根据条件或循环生成多个实例、连接或其他结构的语句。生成语句允许根据编译或运行时的条件创建和配置硬件模块，从而在设计中实现灵活性和重用性。

1. 生成语句的语句格式

生成语句的语法有多种形式，最常见的是使用 generate 和 end generate 关键字，结合条件或循环来控制实例化和连接。生成语句的语句格式有如下两种形式：for 生成语句和 if 生成语句。

1) for 生成语句

for 生成语句的格式如下：

```
[标号：] for 循环变量 in 取值范围 generate
                  并行语句
          end generate [标号 ]；
```

for 生成语句主要用来描述设计中的一些有规律的单元结构。生成参数 (循环变量) 是自动产生的，它是一个局部变量，根据取值范围自动递增或递减。取值范围的语句格式有如下两种形式，见表 4.4。

表 4.4 取值范围的语句格式

格　式	意　义
表达式 TO 表达式	递增方式，如 1 TO 5
表达式 DOWNTO 表达式	递减方式，如 5 DOWNTO 1

注意：其中的表达式必须是整数。

2) if 生成语句

if 生成语句的格式如下：

```
[标号：] if 条件 generate
      并行语句
   end generate [标号 ]；
```

if 生成语句主要用来描述设计中不规则的单元结构，如某些边界条件的特殊性。该语句中，若条件为真，则执行生成语句中的并行语句；若条件为假，则不执行该语句。

2. VHDL 中的生成语句

当提及 VHDL 中的生成语句时，通常指的是三种常见类型的生成语句：过程生成语句、实例化生成语句和信号生成语句。

1) 过程生成语句

过程生成语句 (Process Generate Statement) 允许在生成循环内创建多个过程。每个过程可以有不同的参数或条件，并且可以在生成语句内部定义过程内的逻辑。过程生成语句可以根据设计人员的需求生成多个具有相似逻辑的过程。

【例 4.25】 过程生成语句的实现。

```
LABEL_NAME: FOR GENERATE_PARAMETER IN GENERATE_RANGE GENERATE
  PROCESS (SENSITIVITY_LIST)
  BEGIN                                  -- 过程内的逻辑描述
  END PROCESS;
END GENERATE;
```

过程生成语句常用于在不同的时钟域或条件下生成多个过程，实现灵活的电路结构。它能提高代码的重用性和可维护性，并对设计的优化提供更大的灵活性。

2) 实例化生成语句

实例化生成语句 (Component Generate Statement) 允许在生成循环内实例化组件。每个实例可以具有不同的参数或条件，并且可以通过端口映射连接到其他组件或信号。实例化生成语句可以根据设计人员的需求生成多个具有相似功能的组件实例。

【例 4.26】 实例化生成语句的实现。

```
LABEL_NAME: FOR GENERATE_PARAMETER IN GENERATE_RANGE GENERATE
  INSTANCE_NAME: ENTITY WORK.ENTITY_NAME
    PORT MAP (                           -- 端口映射
    );
END GENERATE;
```

实例化生成的语句常用于在不同的参数或条件下实例化多个相似的组件，以简化设计并提高其复用性。实例化生成语句允许在设计中动态生成多个组件实例，并实现模块化的设计思想。

3) 信号生成语句

信号生成语句 (Signal Generate Statement) 允许在生成循环内生成多个信号。每个信号可以具有不同的参数或条件，并且可以在生成语句内部定义信号的类型和属性。信号生成语句可以根据设计人员的需求生成多个具有不同特性的信号。信号生成语句的格式如下：

```
LABEL_NAME: FOR GENERATE_PARAMETER IN GENERATE_RANGE GENERATE
  SIGNAL SIGNAL_NAME : SIGNAL_TYPE;
END GENERATE;
```

信号生成语句常用于生成多个需要在不同条件下使用的信号，以满足设计的灵活性和优化要求。信号生成语句可以与其他生成语句结合使用，实现更复杂的电路结构。

通过使用上述三种生成语句，可以根据参数或条件生成多个硬件结构，提高设计的灵活性、复用性和可维护性。这些生成语句在 VHDL 设计中非常有用，特别是在需要生成大量相似结构的情况下，它们能够简化程序代码并提高设计效率。

【例 4.27】 使用实例化生成语句来生成多个多路选择器。

```
ENTITY top IS
  GENERIC (
    N : POSITIVE := 2
  );
  PORT (
    SEL : IN STD_LOGIC_VECTOR(N-1 DOWNTO 0);
    IN : IN STD_LOGIC_VECTOR(2**N - 1 DOWNTO 0);
    OUT : OUT STD_LOGIC_VECTOR(N-1 DOWNTO 0)
  );
END ENTITY top;
ARCHITECTURE behavioral OF TOP IS
BEGIN
  GEN_INSTANCES: FOR I IN 0 TO 2**N - 1 GENERATE
    INST_MUX: ENTITY WORK.MUX GENERIC MAP (N => N)
      PORT MAP (
        SEL => SEL,
        IN => IN,
        OUT => OUT(I)
      );
  END GENERATE;
END  behavioral;
```

例 4.27 中使用实例化生成语句根据参数 N 的值实例化了多个多路选择器 (MUX)。每个实例共享同一个选择信号 (SEL) 和输入信号 (IN)，但输出信号 (OUT) 的索引值不同。

【例 4.28】 使用信号生成语句来生成多个输出信号，以便在顶层实体 (top) 中使用。

```
ENTITY top IS
  GENERIC (
    N : POSITIVE := 2
  );
  PORT (
    SEL : IN STD_LOGIC_VECTOR(N-1 DOWNTO 0);
```

```
        IN : IN STD_LOGIC_VECTOR(2**N - 1 DOWNTO 0);
        OUT : OUT STD_LOGIC_VECTOR(N-1 DOWNTO 0)
    );
END ENTITY top;
ARCHITECTURE behavioral OF TOP IS
BEGIN
    GEN_INSTANCES: FOR I IN 0 TO 2**N - 1 GENERATE
        INST_MUX: ENTITY WORK.MUX GENERIC MAP (N => N)
            PORT MAP (
                SEL => SEL,
                IN => IN,
                OUT => OUT(I)
            );
    END GENERATE;
    GEN_SIGNALS: FOR I IN 0 TO 2**N - 1 GENERATE
        SIGNAL OUT_I : STD_LOGIC;
    END GENERATE;
    GEN_ASSIGNMENTS: FOR I IN 0 TO 2**N - 1 GENERATE
        OUT(I) <= OUT_I(I);
    END GENERATE;
END behavioral;
```

例 4.28 中使用信号生成语句生成了多个输出信号 OUT_I。然后，使用生成语句中的索引值将 OUT_I 与对应的输出信号 OUT 相连。

通过结合三种生成语句，设计人员可以根据参数 N 的值自动生成不同宽度的多路选择器，并进行实例化，最终在顶层实体的输出端口上使用。这种方式提高了设计的灵活性和复用性，同时减少了重复代码的编写。

拓展思考题

4-1　编写 VHDL 代码实现一个 8 位带有使能和复位功能的计数器，可以通过使能信号启动计数，并通过复位信号将计数器重置为 0。

4-2　编写 VHDL 代码实现一个 16 位移位寄存器，具有可以通过输入选择信号选择左移、右移或循环移位的功能。

4-3　编写 VHDL 代码实现一个 8 位乘法器，输入为两个 8 位数，输出为 16 位乘积。

4-4　编写 VHDL 代码实现一个 8 位分频器，可以将输入时钟频率除以一个可编程的除数，输出分频后的时钟信号。

4-5　编写 VHDL 代码实现一个 8 位数据选择器，根据两个选择信号，从 8 个输入数据中选择其中一个输出。

4-6　编写 VHDL 代码实现一个 16 位浮点乘法器，输入为两个 16 位浮点数，输出为乘积的 16 位浮点数表示。

4-7　编写 VHDL 代码实现一个 32 位 AES 加密器，可以对输入的明文进行 AES 加密，并输出对应的密文。

4-8　编写 VHDL 代码实现一个 64 位浮点向量处理器，支持向量的加法、减法、乘法和除法等操作，并能够并行处理多个向量。

4-9　编写 VHDL 代码实现一个 16 位神经网络加速器，可以进行神经网络的前向计算，并输出预测结果。

4-10　编写 VHDL 代码实现一个 128 位高速乘法器，支持多种乘法算法，包括 Booth 算法、Wallace 树和 Baugh-Wooley 算法，优化乘法操作的速度和资源利用率。

第5章 有限状态机

5.1 有限状态机概述

有限状态机 (Finite State Machine，FSM) 是数字控制系统中用于行为建模与分析的基本工具。它通过离散状态间的转换机制，为复杂控制逻辑提供结构化的表达方式，是实现精确时序控制的关键技术。

有限状态机为数字电路设计和软件开发提供了一种形式化的描述方法，有助于设计人员更好地理解和设计复杂系统的控制逻辑。该模型在设计任务顺序非常明确的电路或数字系统中应用广泛。

5.1.1 有限状态机的基本结构

有限状态机主要包括四个要素：现态、次态、输入信号和输出信号。现态指有限状态机当前所处的状态。次态由现态、输入信号和状态转移函数共同决定，表示有限状态机将转移到的新状态。一旦转移发生，次态即成为新的现态。输入信号通常指外部输入，它会触发有限状态机进行状态转换。输出信号由现态或现态与输入信号共同决定。

有限状态机的基本组成包括状态寄存器、状态译码器和输出译码器，其结构如图 5.1 所示。

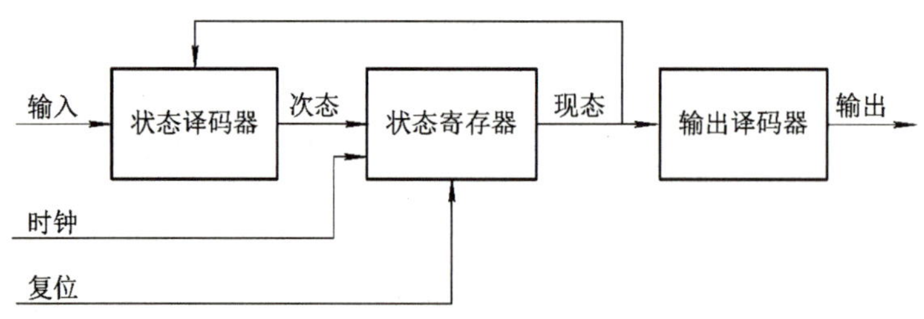

图 5.1 有限状态机的结构图

有限状态机通过组合逻辑与时序逻辑协同工作，实现状态转移与控制功能。其中，组合逻辑部分通常包括状态译码器和输出译码器，状态译码器根据输入信号和现态，通过组合逻辑电路推导出次态，而输出译码器则依据现态生成相应的输出信号。时序逻辑部分主要由状态寄存器构成，用于保存系统的内部状态，并在时钟信号的驱动下实现由现态向次态的更新。

有限状态机依据输出生成方式可分为两类：Moore 型与 Mealy 型。Moore 型的输出信号仅依赖于当前状态，不受输入信号变化的影响；Mealy 型的输出同时受当前状态和输入信号的影响，由二者共同决定。

5.1.2　有限状态机的表示方法

有限状态机有三种常用的表示方法：状态转换图、状态转换表和 VHDL 设计描述。本章主要介绍状态转换图和 VHDL 描述两种表示方法。

状态转换图是描述有限状态机最基本的方法之一，它利用有向图来表示状态之间的转移关系，节点代表有限状态机的各个状态，有方向的连线表示状态之间的转移方向，触发有限状态机状态转移的输入信号和当前输出信号表示在有方向的连线附近。有限状态机的状态转换图如图 5.2 所示。

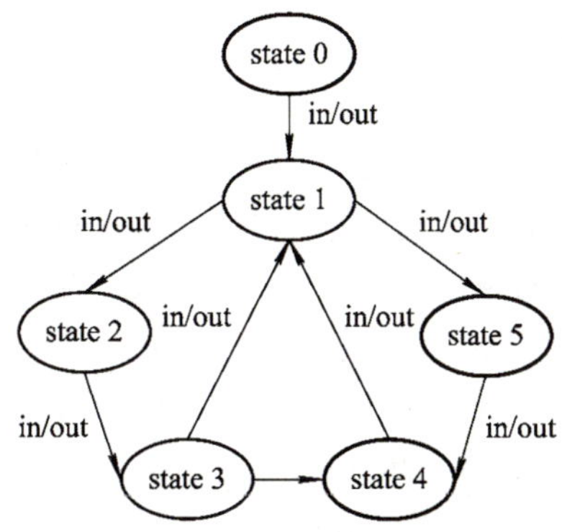

图 5.2　有限状态机的状态转换图

Moore 型有限状态机和 Mealy 型有限状态机在状态转换图的表示方式上存在差异。在 Moore 型有限状态机中，输出直接标注在状态节点上，输入标注在有向连线上；在 Mealy 型有限状态机中，输入和输出一起标注在有向连线的附近。

状态转换表是用列表的形式来描述有限状态机，主要用于对有限状态机进行状态化简，以简化电路的设计。

5.1.3　有限状态机的 VHDL 设计描述

有限状态机的 VHDL 设计描述通常包括四个主要组成部分：说明部分、时序逻辑部分、组合逻辑部分以及辅助进程。其中，时序逻辑部分和组合逻辑部分是最重要的两个部分。

1. 说明部分

说明部分通常通过 type 语句定义枚举类型，用以描述有限状态机中的所有状态。枚举类型通过命名标识符为每个状态赋予明确语义，提升代码的可读性与可维护性。虽状态名称可自定义，但建议选用具有描述性的命名，以反映各状态对应的系统行为。随后，用 signal 语句定义状态变量 (如现态与次态)，其数据类型设置为前述的枚举类型。该说明部分通常位于结构体 ARCHITECTURE 与 BEGIN 之间，用于完成状态相关数据的初始化与声明。

【例 5.1】 有限状态机的说明部分模板。

```
ARCHITECTURE <architecture_name> OF <entity_name> IS
  TYPE fsm_states IS (s0,s1,s2,s3,s4);            --定义一个枚举类型
  SIGNAL current_state, next_state: fsm_states;   --定义新状态变量
  ...
BEGIN
  ...
```

例 5.1 中首先定义了一个名为 fsm_states 的新数据类型，它包含了枚举数据类型的五个元素：s0、s1、s2、s3、s4，即 fsm_states 定义了包括这五个状态的集合。然后定义了两个状态变量，即 current_state 和 next_state，它们的数据类型是之前定义的 fsm_states，因此这两个状态变量只能取 fsm_states 中定义的值，即 s0～s4。

2. 时序逻辑部分

时序逻辑电路的具体描述主要在 PROCESS 内部进行。时序逻辑部分负责有限状态机的运行，并根据外部时钟信号进行状态更新。有限状态机的运行依赖外部时钟信号实现同步控制，因而需要构建一个对时钟信号敏感的进程作为核心驱动单元。该驱动进程以时钟信号的有效跳变作为状态迁移的触发条件，即仅在时钟沿到来时，状态机的状态才会更新。主控时序进程负责将次态信号 next_state 的值传递给现态信号 current_state，而 current_state 的具体值则由其他进程决定，不涉及下一状态的计算。此外，时序进程本质上由触发器组成，通常包含一些输入控制信号 (如 rst、set)，用于实现清零或置位操作。

【例 5.2】 有限状态机的时序逻辑部分模板。

```
PROCESS(rst,clk)                                   --主控时序进程
BEGIN
  IF rst= '1' THEN current state<= s0;
  ELSIF clk ='1' AND clk'EVENT THEN
    current_state<= next_state;                    --有效时钟跳变触发状态转移
  ENDIF;
END PROCESS;
```

3. 组合逻辑部分

组合逻辑部分负责实现次态和输出译码，其主要任务是根据有限状态机的外部控制信号 (含外部输入与内部信号) 以及当前状态，计算次态信号 (next_state) 的值，生成对应的输出信号或控制信号。其具体步骤如下：首先，根据现态信号 current_state 确定当前状态；接着，在该状态下生成控制信号 comb_outputs，并将其传递给外部系统；最后，计算并更新次态信号 next_state 的值。

【例 5.3】 有限状态机的组合逻辑部分模板。

```
PROCESS (current_state, state_inputs)
BEGIN
  CASE current_state IS
    WHEN s0 =>                                     --多个条件转移分支
     IF (state_inputs = ··· ) THEN
```

```
        comb_outputs<= <value>;
        next_state<= s1;
      ELSE …;
      END IF;
    WHEN s1 =>
     IF (state_inputs = … ) THEN
      comb_outputs<= <value>;
      next_state<= s2;
     ELSE …;
     END IF;
    WHEN s2 =>
     IF (state_inputs = … ) THEN
      comb_outputs<= <value>;
      next_state<= s3;
     ELSE …;
     END IF;
    WHEN s3 =>
     IF (state_inputs = … ) THEN
      comb_outputs<= <value>;
      next_state<= s4;
     ELSE …;
     END IF;
     …
   END CASE;
  END PROCESS;
```

4. 辅助进程部分

辅助进程作为有限状态机的重要补充，协同主控组合逻辑与时序逻辑共同工作，用于实现带锁存功能的输出控制，对系统性能提升具有关键意义。根据功能特性的不同，辅助进程可分为两类：辅助组合进程负责执行复杂算法和逻辑运算；辅助时序进程以数据锁存器形式存在，通过时钟信号的同步控制，确保输出信号持续稳定。

5.1.4　有限状态机的设计步骤

利用有限状态机实现时序逻辑电路设计通常包括以下四个基本步骤。

(1) 理解问题。将实际逻辑关系转化为时序逻辑关系，构建表征电路行为的状态转换图或状态转换表。其具体步骤为：界定输入 / 输出变量与电路状态总量，再定义并有序编号各状态，最后完成状态转换图绘制或转换表编排。

(2) 进行状态化简。若两个状态在相同输入激励下产生一致的状态迁移与输出响应，可视为功能等价。基于这一特性进行状态合并，有助于减少状态数量，简化状态转换逻辑，从而获得结构最简且易于实现的状态转换图。

(3) 状态编码。根据状态的数目对每个状态进行状态编码或分配，选择合适的编码方案以简化电路设计，同时考虑电路的复杂度和性能。

(4) 有限状态机描述。使用 VHDL 描述有限状态机，包括定义状态、输入和输出信号，以及详细描述状态转移条件和行为。

5.1.5　有限状态机的设计模板

根据 5.1.3 小节介绍的对有限状态机的 VHDL 设计描述，我们介绍两种设计模板：设计模板 1 和设计模板 2。设计模板 1 的具体示例如例 5.4 所示，设计模板 2 的具体示例如例 5.5 所示。这些设计模板帮助我们理解如何有效地设计和实现不同类型的有限状态机，以满足特定的功能要求。

【例 5.4】 有限状态机的设计模板 1。

```
LIBRARY IEEE;
USE IEEE.STD_LOGIC_1164.ALL;
------------------------------------------------------------
ENTITY <entity_name> IS
PORT(
  clk: IN STD_LOGIC;                              --时钟信号
  rst: IN STD_LOGIC;                              --复位信号
  state_inputs: IN <DATA_TYPE>;                   --输入信号
  comb_outputs: OUT <DATA_TYPE>;                  --输出信号
  );
END <entity_name>;
------------------------------------------------------------
ARCHITECTURE <architecture_name> OF <entity_name> IS
  TYPE <state_name> IS (s0, s1, s2, s3, s4, …) ;  --定义一个枚举类型
  SIGNAL current_state, next_state:<state_name>;
BEGIN
----------------------时序逻辑部分 ----------------------
PROCESS (rst, clk)
BEGIN
  IF rst = '1' THEN current_state<= s0;           --异步清零
  ELSIF clk= '1' AND clk'EVENT THEN
    current_state<= next_state;                   --有效时钟状态转移
  END IF;
END PROCESS;
----------------------组合逻辑部分 ----------------------
PROCESS (current_state, state_inputs)
BEGIN
  CASE current_state IS
   WHEN s0 =>
```

```
      comb_outputs<= <value>;
     IF (state_inputs = ··· ) THEN
      next_state<= s1;
     ELSE ···;
     END IF;
    WHEN s1 =>
     comb_outputs<= <value>;
    IF (state_inputs = ··· ) THEN
      next_state<= s2;
    ELSE ···;
    END IF;
    WHEN s2 =>
       comb_outputs<= <value>;
      IF (state_inputs = ··· ) THEN
         comb_outputs<= <value>;
         next_state<= s3;
      ELSE ···;
      END IF;
     WHEN s3 =>
       comb_outputs<= <value>;
      IF (state_inputs = ··· ) THEN
         next_state<= s4;
      ELSE ···;
      END IF;
      ···
   END CASE;
END PROCESS;
END <architecture_name>;
```

【例 5.5】 有限状态机的设计模板 2。

```
LIBRARY IEEE;
USE IEEE.STD_LOGIC_1164.ALL;
-------------------------------------------------------------
ENTITY <entity_name> IS
PORT(
   clk: IN STD_LOGIC;                           --时钟信号
   rst: IN STD_LOGIC;                           --复位信号
   state_inputs: IN <DATA_TYPE>;                --输入信号
   comb_outputs: OUT <DATA_TYPE>;               --输出信号
    );
END <entity_name>;
```

```
-------------------------------------------------------------
ARCHITECTURE <architecture_name> OF <entity_name> IS
  TYPE <state_name> IS (s0, s1, s2, s3, s4, …) ;      --定义一个枚举类型
  SIGNAL current_state, next_state:<state_name>;
  SIGNAL temp:<DATA_TYPE>;
BEGIN
----------------------时序逻辑部分 ----------------------
PROCESS (rst, clk)
BEGIN
  IF rst = '1' THEN current_state<= s0;               --异步清零
  ELSIF clk= '1' AND clk'EVENT THEN
    comb_outputs<= temp;
    current_state<= next_state;                       --有效时钟状态转移
  END IF;
END PROCESS;
----------------------组合逻辑部分 ----------------------
PROCESS (current_state)
BEGIN
  CASE current_state IS
   WHEN s0 =>
    IF (state_inputs = … ) THEN
      temp <= <value>;
      next_state<= s1;
    ELSE …;
    END IF;
   WHEN s1 =>
    IF (state_inputs = … ) THEN
      temp <= <value>;
      next_state<= s2;
    ELSE …;
    END IF;
   WHEN s2 =>
    IF (state_inputs = … ) THEN
      temp <= <value>;
      next_state<= s3;
    ELSE …;
    END IF;
   WHEN s3 =>
    IF (state_inputs = … ) THEN
      temp <= <value>;
```

```
        next_state<= s4;
      ELSE …;
      END IF;
      …
    END CASE;
END PROCESS;
END <architecture_name>;
```

设计模板 2 相较于设计模板 1 而言，引入了内部信号 temp，其作为数据暂存载体，用于在状态迁移过程中暂存输出数据。其赋值遵循时钟同步原则，仅在指定时钟边沿触发时更新至输出端口。具体而言，设计模板 1 使用单个寄存器存储状态编码，其输出仅由当前状态决定；而设计模板 2 则需要两个寄存器，一个用于存储状态编码，另一个负责缓存输出结果，且输出结果的更新遵循同步时序逻辑，仅在时钟边沿到来时，temp 的值才会被赋予输出端口。

5.2 Moore 型有限状态机设计

Moore 型有限状态机的输出仅由当前状态唯一确定，与输入条件无关，可以将其输出视为当前状态的函数。

【例 5.6】 一个简单的 Moore 型有限状态机示例。根据图 5.3 给出的 Moore 型有限状态机转换图，使用 VHDL 描述并设计该有限状态机。

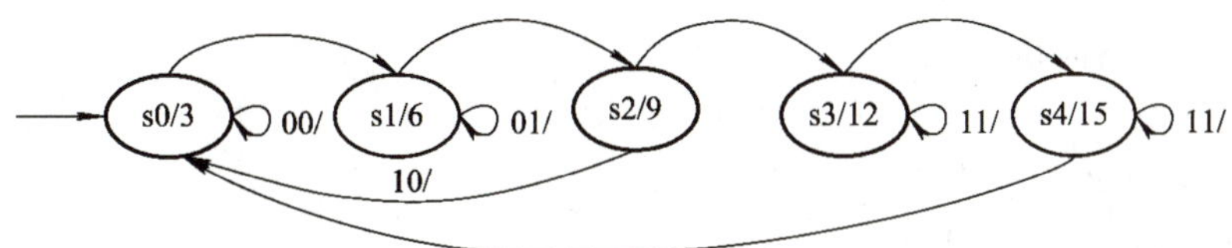

图 5.3 Moore 型有限状态机转换图

该有限状态机包括 5 个状态：s0、s1、s2、s3、s4。状态转移和输出规则如下：当有限状态机处于状态 s0 时，若输入“00”，则状态保持不变，若输入其他值，则当前状态会跳变到下一个状态 s1；当有限状态机处于状态 s1 时，若输入“01”，则状态保持不变，若输入其他值，则状态转移到 s2；当有限状态机处于状态 s2 时，若输入“10”，则状态转移到 s0，若输入其他值，则状态转移到 s3；当有限状态机处于状态 s3 时，若输入“11”，则状态保持不变，若输入其他值，则状态转移到 s4；当有限状态机处于状态 s4 时，若输入“11”，则状态保持不变，若输入其他值，则状态转移到 s0。每个状态的输出为固定值，状态 s0、s1、s2、s3、s4 对应的输出分别为 3、6、9、12、15。接下来采用设计模板 1 编写一个 Moore 型有限状态机。

```
LIBRARY IEEE;
USE IEEE.STD_LOGIC_1164.ALL;
```

```
ENTITY fsm IS
PORT(
  clk: IN STD_LOGIC;                                      --时钟信号
  rst: IN STD_LOGIC;                                      --复位信号
  state_inputs: IN STD_LOGIC_VECTOR(0 TO 1);              --输入信号
  comb_outputs: OUT INTEGER RANGE 0 TO 15                 --输出信号
    );
END fsm;

ARCHITECTURE behavior OF fsm IS
 TYPE fsm_states IS (s0, s1, s2, s3, s4) ;                --定义一个枚举类型
 SIGNAL current_state, next_state: fsm_states;            --定义新状态变量
BEGIN
----------------------时序逻辑部分 ----------------------
PROCESS (rst, clk)
BEGIN
 IF rst = '1' THEN current_state<= s0;                    --异步清零
 ELSIF clk= '1' AND clk'EVENT THEN
  current_state<= next_state;                             --有效时钟触发状态转移
 END IF;
END PROCESS;
----------------------组合逻辑部分 ----------------------
PROCESS (current_state, state_inputs)
BEGIN
 CASE current_state IS
  WHEN s0 =>
   comb_outputs<=3;
   IF state_inputs = "00" THEN
    next_state<=s0;
   ELSE next_state<=s1;
   END IF;
  WHEN s1 =>
   comb_outputs<=6;
   IF state_inputs = "01" THEN
    next_state<=s1;
   ELSE next_state<=s2;
   END IF;
  WHEN s2 =>
   comb_outputs<=9;
   IF state_inputs = "10" THEN
    next_state<=s0;
```

```
    ELSE next_state<=s3;
    END IF;
   WHEN s3 =>
     comb_outputs<=12;
    IF state_inputs = "11" THEN
      next_state<=s3;
    ELSE next_state<=s4;
        END IF;
    WHEN s4 =>
     comb_outputs<=15;
    IF state_inputs = "11" THEN
      next_state<=s4;
    ELSE next_state<=s0;
    END IF;
  END CASE;
 END PROCESS;
END behavior;
```

根据 VHDL 代码生成如图 5.4、图 5.5 所示的 RTL 视图，以及仿真时序图。仿真结果表明，该有限状态机准确地实现了图 5.3 所示状态转换图的功能。

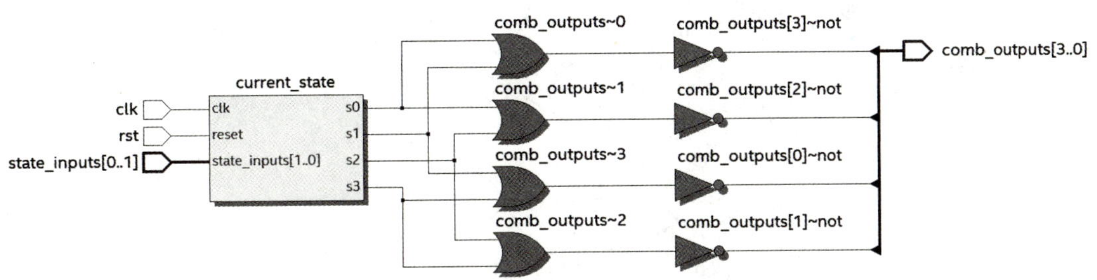

图 5.4　简单有限状态机的 RTL 视图

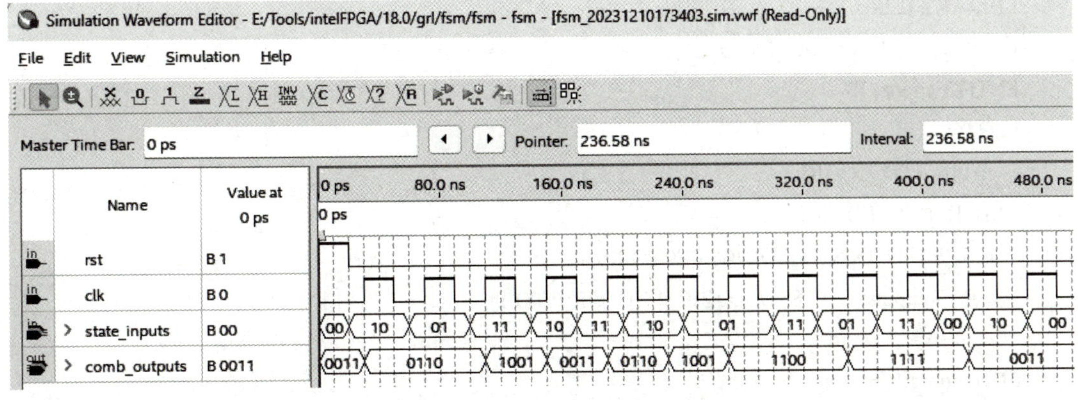

图 5.5　简单有限状态机的仿真时序图

【例 5.7】 运用 Moore 型有限状态机设计方法完成自动售货机 VHDL 设计。设计要求如下：该自动售货机支持两种硬币：1 元和 5 角。若投入 1 元 5 角硬币应输出货物且不找零，若投入 2 元硬币应输出货物并找 5 角零钱。

状态定义：s0 表示初态，即未投入硬币；s1 表示一共投入 5 角硬币；s2 表示一共投入 1 元硬币；s3 表示一共投入 1 元 5 角硬币；s4 表示一共投入 2 元硬币。

输入信号：state_input(0) 表示是否投入 1 元硬币 (1 为投入，0 为未投入)，state_input(1) 表示是否投入 5 角硬币 (1 为投入，0 为未投入)。输入信号的组合代表所投入的金额，如“10”表示投入 1 元。

输出信号：comb_outputs(0) 表示是否输出货物 (1 为输出，0 为不输出)，comb_outputs(1) 表示是否找 5 角零钱 (1 为找零钱，0 为不找零钱)。输出信号的组合表示输出货物和找零钱的情况，如“01”表示不输出货物且找 5 角零钱。

根据自动售货机的设计要求分析，得到其状态转换图，如图 5.6 所示。其中，状态包括 s0、s1、s2、s3 和 s4；输入为 state_input(0,1)；输出为 comb_outputs(0,1)；输出仅与状态有关，因此在状态圈内部标记输出信号。接下来将采用设计模板 1 进行 VHDL 代码编写，代码如下：

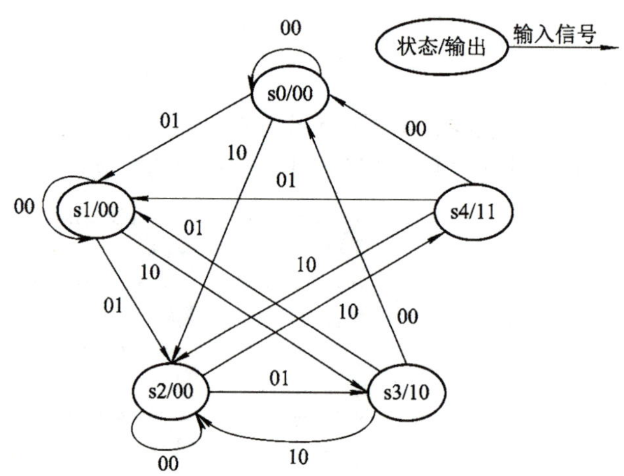

图 5.6 自动售货机的状态转换图

```
LIBRARY IEEE;
USE IEEE.STD_LOGIC_1164.ALL;
ENTITY moore IS
PORT(
   clk: IN STD_LOGIC;
   rst: IN STD_LOGIC;
   state_inputs: IN STD_LOGIC_VECTOR(0 TO 1);
   comb_outputs: OUT STD_LOGIC_VECTOR(0 TO 1)
    );
END moore;

ARCHITECTURE be OF moore IS
```

```
 TYPE states IS (s0, s1, s2, s3, s4) ;                    --定义一个枚举类型
 SIGNAL current_state, next_state:states;
BEGIN
----------------------时序逻辑部分 ----------------------
PROCESS (rst, clk)
 BEGIN
  IF rst = '1' THEN current_state<= s0;                  --发生 reset异步复位
  ELSIF clk= '1' AND clk'EVENT THEN                      --发生 clk时钟上升沿
   current_state<= next_state;                           --有效时钟状态转移
  END IF;
END PROCESS;
----------------------组合逻辑部分 ----------------------
PROCESS (current_state, state_inputs)
 BEGIN
   CASE current_state IS
    WHEN s0 =>
     comb_outputs<= "00";                                --现态 s0，输出 00
     IF                                                  --输入不同，次态不同
     state_inputs = "00" THEN next_state<= s0;
     ELSIF state_inputs = "01" THEN next_state<=s1;
     ELSIF state_inputs = "10" THEN next_state<=s2;
     END IF;
    WHEN s1 =>
     comb_outputs<= "00";
     IF  state_inputs = "00" THEN next_state<= s1;
     ELSIF state_inputs = "01" THEN next_state<=s2;
     ELSIF state_inputs = "10" THEN next_state<=s3;
     END IF;
    WHEN s2 =>
     comb_outputs<= "00";
     IF  state_inputs = "00" THEN next_state<= s2;
     ELSIF state_inputs = "01" THEN next_state<=s3;
     ELSIF state_inputs = "10" THEN next_state<=s4;
     END IF;
    WHEN s3 =>
     comb_outputs<= "10";
     IF  state_inputs = "00" THEN next_state<= s0;
     ELSIF state_inputs = "01" THEN next_state<=s1;
     ELSIF state_inputs = "10" THEN next_state<=s2;
     END IF;
    WHEN s4 =>
```

```
        comb_outputs<= "11";
        IF  state_inputs = "00" THEN next_state<= s0;
        ELSIF state_inputs = "01" THEN next_state<=s1;
        ELSIF state_inputs = "10" THEN next_state<=s2;
        END IF;
      END CASE;
    END PROCESS;
    END be;
```

自动售货机的仿真时序图如图 5.7 所示。对其进行状态定义可得，当初始状态为 s0，输入为“01”时，表示投入 5 角硬币。当输入为“10”时，表示投入一元硬币，状态由 s0 转换到 s2，表示检测到 5 角硬币的投入；如果在状态 s2 再次检测到当投入 5 角硬币时，状态由 s2 转换到 s3，当输出为 10 时，表示输出货物且不找零钱。若检测到投入两次一元硬币时，则状态变换为 s0→s2→s4，当状态变换到 s4 时，输出为“11”，表示输出货物且找零钱。同理，若检测到投入三次 5 角硬币时，则状态变换为 s0→s1→s2→s3，当状态变换到 s3 时，输出为“10”，表示输出货物且不找零钱。

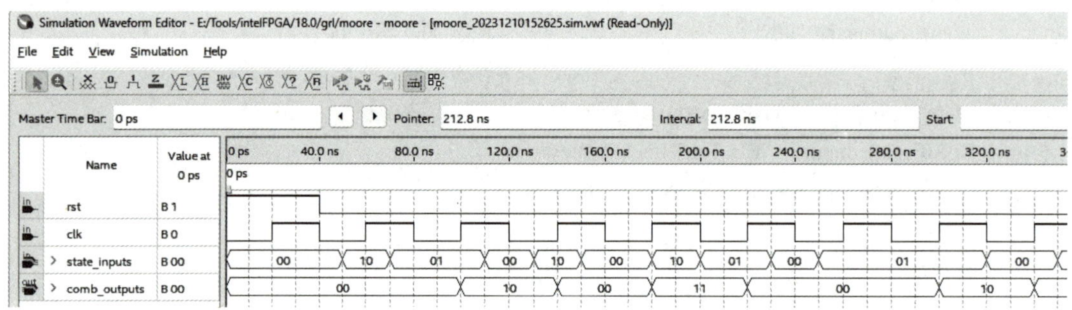

图 5.7 自动售货机的仿真时序图

5.3 Mealy 型有限状态机设计

相较于 Moore 型有限状态机，Mealy 型有限状态机的输出更为复杂。它不仅取决当前状态，还受输入条件的影响，可将其输出视为当前状态和输入条件的函数。

【例 5.8】 根据例 5.6 的需求，设计 Mealy 型有限状态机。

根据例 5.6 的需求，可以得到如图 5.8 所示的 Mealy 型有限状态机转换图。

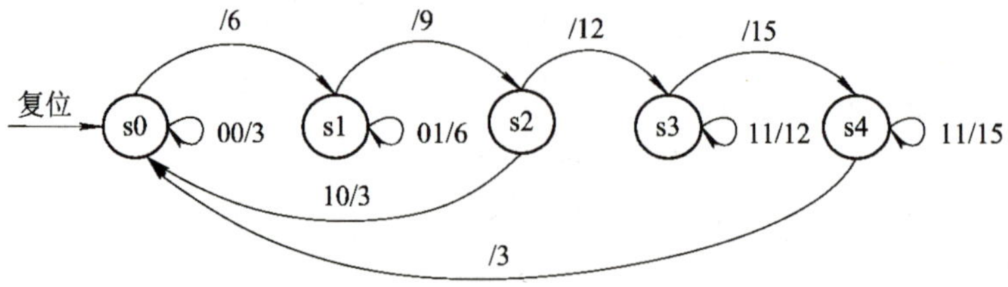

图 5.8 Mealy 型有限状态机转换图

设计 Mealy 型有限状态机，采用设计模板 2 进行 VHDL 代码编写，代码如下：

```
LIBRARY IEEE;
USE IEEE.STD_LOGIC_1164.ALL;
ENTITY fsm IS
PORT(
  clk: IN STD_LOGIC;                                    --时钟信号
  rst: IN STD_LOGIC;                                    --复位信号
  state_inputs: IN STD_LOGIC_VECTOR(0 TO 1);           --输入信号
  comb_outputs: OUT INTEGER RANGE 0 TO 15              --输出信号
    );
END fsm;

ARCHITECTURE behavior OF fsm IS
  TYPE fsm_states IS (s0, s1, s2, s3, s4) ;             --定义一个枚举类型
  SIGNAL current_state, next_state: fsm_states;         --定义新状态变量
  SIGNAL temp: INTEGER RANGE 0 TO 15;
BEGIN
----------------------时序逻辑部分 ----------------------
PROCESS (rst, clk)
BEGIN
  IF rst = '1' THEN current_state<= s0;                 --异步清零
  ELSIF clk= '1' AND clk'EVENT THEN
    comb_outputs<=temp;
    current_state<= next_state;                         --有效时钟触发状态转移
  END IF;
END PROCESS;
----------------------组合逻辑部分 ----------------------
PROCESS (current_state, state_inputs)
BEGIN
   CASE current_state IS
    WHEN s0 =>
     IF state_inputs = "00" THEN
       temp <=3;
       next_state<=s0;
     ELSE temp <=6;
       next_state<=s1;
```

```
        END IF;
      WHEN s1 =>
        IF state_inputs = "01" THEN
          temp <=6;
          next_state<=s1;
        ELSE temp <=9;
          next_state<=s2;
        END IF;
      WHEN s2 =>
        IF state_inputs = "10" THEN
          temp <=3;
          next_state<=s0;
        ELSE temp <=12;
          next_state<=s3;
        END IF;
      WHEN s3 =>
        IF state_inputs = "11" THEN
          temp <=12;
          next_state<=s3;
        ELSE temp <=15;
          next_state<=s4;
        END IF;
      WHEN s4 =>
        IF state_inputs = "11" THEN
          temp <=15;
          next_state<=s4;
        ELSE temp <=3;
          next_state<=s0;
        END IF;
    END CASE;
  END PROCESS;
  END behavior;
```

根据上面的 VHDL 代码可以生成如图 5.9、图 5.10 所示的 RTL 视图，以及仿真时序图。其仿真结果表明，该有限状态机实现了图 5.8 所示状态转换图的功能。将图 5.9 与图 5.4 进行对比可得，设计模板 2 比设计模板 1 多了一个新的寄存器。此外，图 5.8 与图 5.3 所示展示了 Moore 型有限状态机与 Mealy 型有限状态机在状态转换图上的差异。

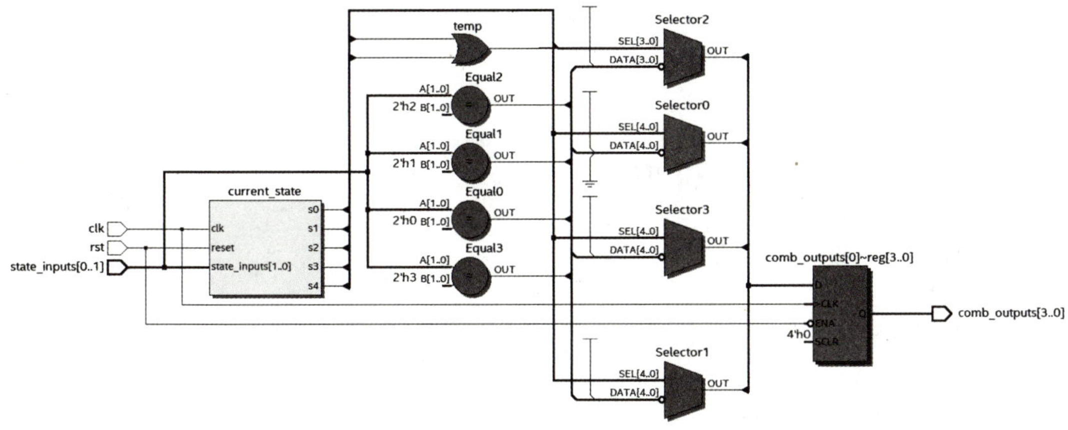

图 5.9　简单有限状态机的 RTL 视图

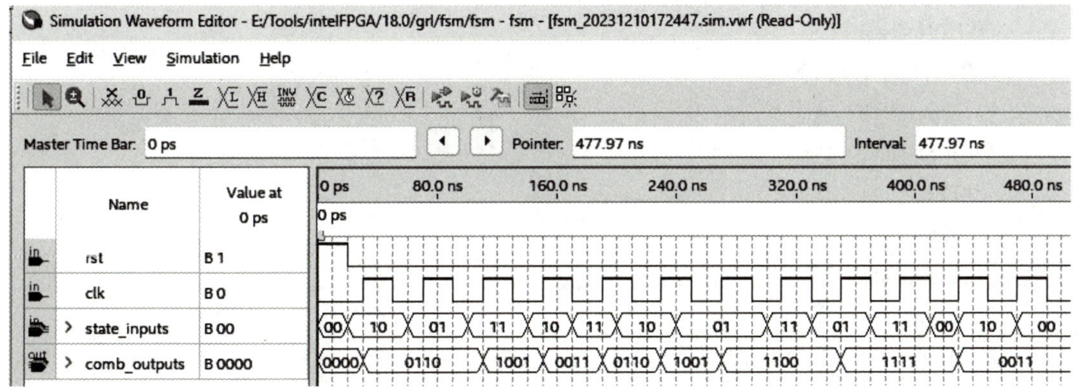

图 5.10　简单有限状态机的仿真时序图

【例 5.9】 Mealy 型有限状态机，“111”序列检测器的 VHDL 代码描述。

```
LIBRARY IEEE;
USE IEEE.STD_LOGIC_1164.ALL;
ENTITY mealy IS
  PORT (
    clk, rst : IN STD_LOGIC;
    input : IN STD_LOGIC;
    output : OUT STD_LOGIC
        );
END ENTITY mealy;

ARCHITECTURE behavior OF mealy IS
  TYPE states IS (s0, s1, s2);
  SIGNAL current_state, next_state : states;
  SIGNAL temp:STD_LOGIC;
BEGIN
```

```
PROCESS(clk, rst)
BEGIN
  IF rst = '1' THEN
   current_state<= s0;
  ELSIF clk= '1' AND clk'EVENT THEN
      output <= temp;
      current_state<= next_state;
   END IF;
END PROCESS;

PROCESS (input, current_state)
BEGIN
  CASE current_state IS
    WHEN s0 =>
      IF input = '1' THEN
        temp <= '0';
        next_state<= s1;
      ELSE
        temp <= '0';
        next_state<= s0;
      END IF;
    WHEN s1 =>
      IF input = '1' THEN
        temp <= '0';
        next_state<= s2;
      ELSE
        temp <= '0';
        next_state<= s0;
      END IF;
    WHEN s2 =>
      IF input = '1' THEN
        temp <= '1';
        next_state<= s2;
      ELSE
        temp <= '0';
        next_state<= s0;
      END IF;
  END CASE;
END PROCESS;
END ARCHITECTURE behavior;
```

根据 VHDL 代码可以生成如图 5.11、图 5.12 所示的 RTL 视图，以及仿真时序图。其仿真结果表明，当输入为 3 个 1 或 3 个以上的 1 时，输出为 1；否则，输出为 0。

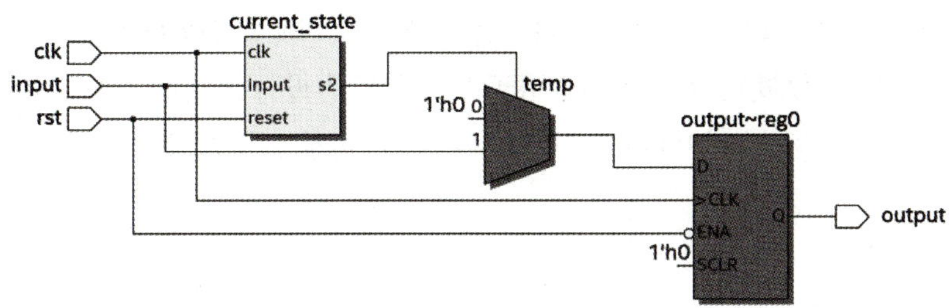

图 5.11　有限状态机的 RTL 视图

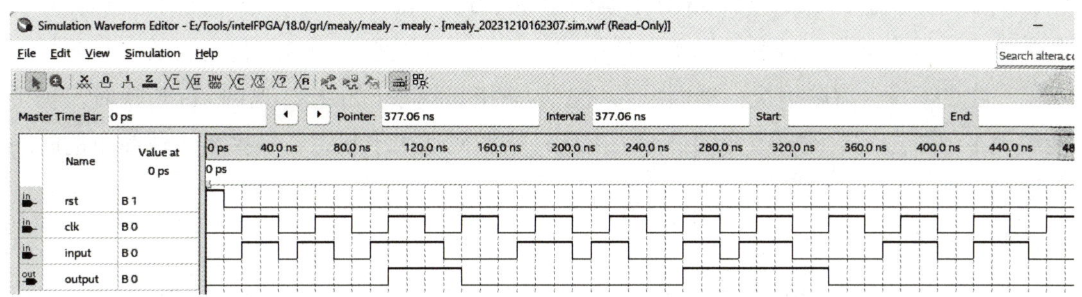

图 5.12　有限状态机的仿真时序图

5.4　FSM 状态编码

状态编码，又称状态分配或状态赋值，是对最小化状态表中的符号化状态 (字母或数字标识) 赋予二进制编码的过程。通过该操作将原始状态表转换为二进制状态表，实现逻辑状态与触发器组状态的一一映射。经状态编码处理后的最小化状态表，即为二进制状态表。常见的状态编码包括顺序二进制码、格雷码和独热码等，编码方式及属性定义方法如表 5.1 所示。这些编码方式用于将有限状态机的状态表示为二进制数值形式，以便在数字电路中进行处理。

表 5.1　编码方式及属性定义方法

编 码 方 式	属性定义方法
顺序二进制码	(*syn_encoding="sequential"*)
格雷码	(*syn_encoding="gray"*)
独热码	(*syn_encoding="one-hot"*)
约翰逊码	(*syn_encoding="johnson"*)
默认编码	(*syn_encoding="default"*)
最简码	(*syn_encoding="compact"*)
安全独热码	(*syn_encoding="safe,onehot"*)

1. 顺序二进制码

顺序二进制码采用二进制数自然递增序列进行状态编码。例如，若有 4 个状态 s0、s1、s2、s3，则它们的顺序编码分别为 00、01、10、11。顺序编码的优点在于简单易实现，且需要的状态寄存器数量较少，通常适用于组合逻辑的设计。然而，在状态转换过程中，若多位状态同时发生变化，如同时从 10 过渡到 01，可能会引发竞争 - 冒险，从而导致后续逻辑错误。

2. 格雷码

格雷码是特殊的二进制编码，其核心特性在于相邻编码间仅有一位二进制数值发生变化。例如，将状态 s0、s1、s2、s3 分别编码为 00、01、11、10 就是一个 4 位的格雷码序列。此类编码方式有助于降低逻辑资源消耗，减少状态切换过程中瞬时变化的次数，有效抑制可能产生的竞争 - 冒险情况。然而，当状态从非相邻状态 (如从 s3 返回 s1) 转换时，仍可能出现多位二进制数同时改变的情形。因此，格雷码适用于状态转换关系比较简单的时序电路。

3. 独热码

独热码的每个状态用一个唯一的二进制数表示，其只有一位为 1，其他位为 0。例如，对于 3 个状态，可以分别用 3 位的独热码 (001、010、100) 来表示。因此，实现具有 n 个状态的有限状态机需要使用 n 个触发器，每个触发器对应一个状态。独热码采用简单编码降低了状态译码的复杂度，从而提升状态转换的响应速度，在 FPGA 等硬件实现中应用广泛。

拓展思考题

5-1 有限状态机有几种类型？分别是什么？几种类型的区别是什么？

5-2 标准的 FSM 设计模板包括几个部分？

5-3 FSM 的设计模板 1 和设计模板 2 有何区别？

5-4 根据图 5.13 所示的状态转换图，使用 Moore 型有限状态机设计一个 BCD 计数器。

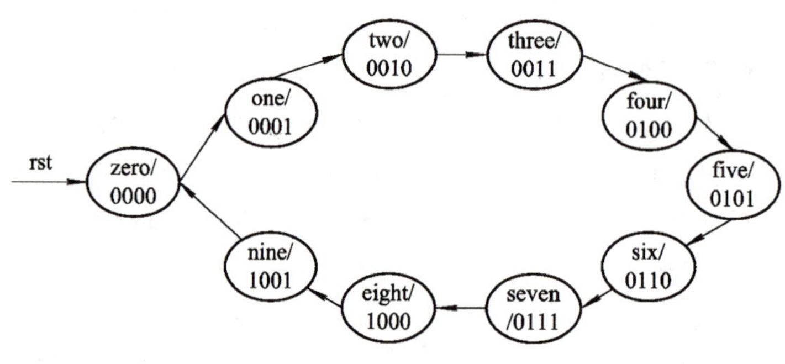

图 5.13 状态转换图

5-5　根据图 5.14 所示的状态转换图，编写 VHDL 代码。

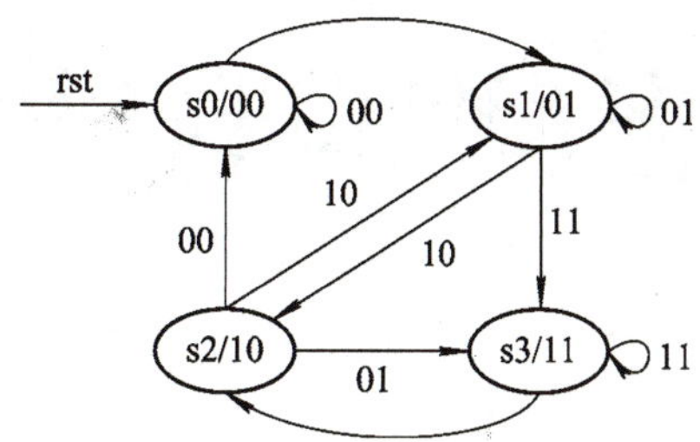

图 5.14　状态转换图

5-6　使用 Mealy 型有限状态机方法设计一个自动售矿泉水的逻辑电路。该矿泉水售卖 2.5 元。要求它的投币口每次只能投 5 角或 1 元。当投币刚好为 2.5 元时，输出矿泉水且不找零钱；若投币共 3 元，则输出矿泉水且找 5 角零钱。

5-7　用有限状态机的设计方法，设计一个二进制序列检测器，画出其状态转移图，并写出 VHD 代码。要求检测一个 4 位的二进制序列“1111”，即输入序列若有 4 个或 4 个以上连续的“1”出现，则输出为 1；否则，输出为 0。

5-8　用有限状态机的设计方法，设计一个序列信号检测器。序列信号为“1101001”，当检测到连续输入的信号序列为“1101001”时，检测器输出为 1，否则为 0。其状态转换图如图 5.15 所示。

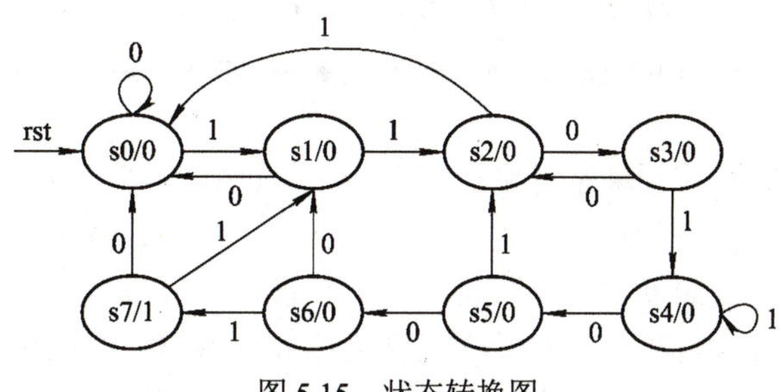

图 5.15　状态转换图

5-9　FSM 有哪些主要的编码方式？

第 6 章　常用接口的 FPGA 实现

6.1 概　　述

本章主要介绍计算机控制系统中常用接口电路的实现方法与过程，包括异步串行通信接口 (Universal Asynchronous Receiver Transmitter，UART)、串行接口电路、视频图形阵列 (Video Graphics Array，VGA) 等的基础知识，以及上述电路的基本描述方法、实现流程，以及常用的仿真测试、分析方法。

6.2 UART 接口实现

UART 在通信、控制等领域都得到了广泛应用。UART 是一种广泛使用的串行数据传输协议，它在收发分离的串行链路上进行全双工异步通信。UART 在发送过程接收来自数据总线上的并行数据，按照低位序方式进行并串转换，然后根据控制寄存器的设置生成串行数据流。相应地，接收过程把串行数据流转换成并行数据，产生中断及状态信息，并对数据传输过程中的异常情况进行处理。

6.2.1 UART 的工作原理

异步串口通信协议作为 UART 的一种，其工作原理是将传输数据的每个字符一位接一位地传输。UART 的工作时序如图 6.1 所示。

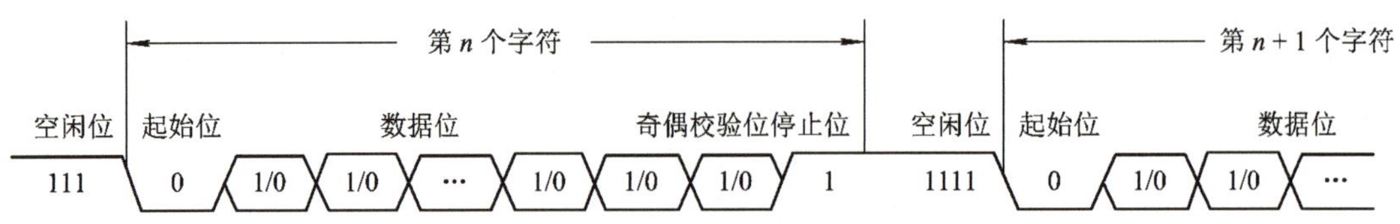

图 6.1　UART 接口工作时序图

(1) 起始位：逻辑“0”信号，标志数据传输开始，持续 1 位时间。

(2) 数据位：实际传输的数据内容。通常为 5～8 位 (取决与通信协议的设置，常见为 8 位)，按低位到高位顺序传输。

(3) 奇偶校验位：用于校验数据位传输是否正确。所有数据加上奇偶校验位，“1”的

位数应为偶数 (偶校验) 或奇数 (奇校验)，以此确保数据传输的可靠性。

(4) 停止位：逻辑“1”信号，标志数据帧传输结束，可以是 1 位、1.5 位或 2 位的高电平，一般为 1 位。

(5) 空闲位：处于逻辑“1”状态，表示当前线路上没有数据传输。每当数据传输结束，线路会回到空闲状态，等待下一次数据传输开始。

6.2.2　UART 顶层设计的 VHDL 描述

基本的 UART 只需要 RXD 和 TXD 两条信号线就可以实现全双工通信。TXD 是 UART 的发送端，为输出信号；RXD 是 UART 的接收端，为输入信号。

UART 主要由 UART 发送器、UART 接收器和波特率发生器组成。UART 发送器的作用是将准备输出的并行数据按照基本 UART 帧格式转化为 TXD 信号串行输出；UART 接收器的作用是接收 RXD 串行信号并将其转化为并行数据；波特率发生器的作用是根据设置生成对应的波特率信号，使接收器与发送器保持同步。UART 的结构如图 6.2 所示。

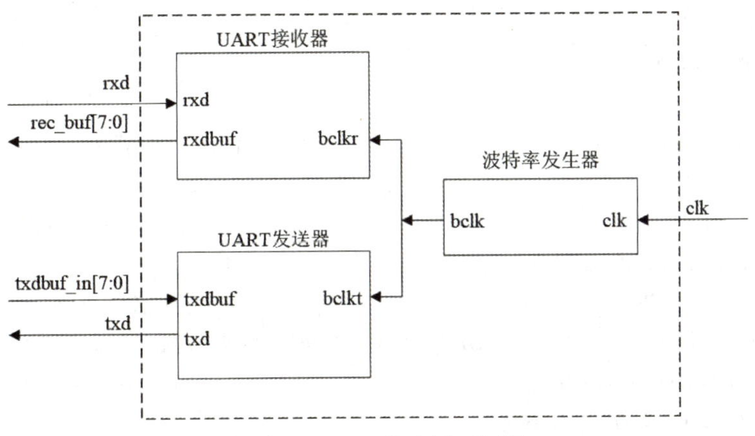

图 6.2　UART 基本原理框图

UART 的顶层 VHDL 代码如下：

```
LIBRARY IEEE;
USE IEEE.STD_LOGIC_1164.ALL;
USE IEEE.STD_LOGIC_ARITH.ALL;
USE IEEE.STD_LOGIC_UNSIGNED.ALL;
ENTITY uart IS
  PORT (
    clk: IN STD_LOGIC;                  --系统时钟输入端口
    reset: IN STD_LOGIC;                --硬件复位信号输入端口
    rxd: IN STD_LOGIC;                  --UART接收信号输入端口
    xmit_cmd_p_in: IN STD_LOGIC;        --控制信号端口
    baud_set_wr: IN STD_LOGIC;          --波特率设置写控制端口
    rec_ready: OUT STD_LOGIC;           --接收完成信号输入端口
    txd_out: OUT STD_LOGIC;             --UART发送端口
    txd_done_out: OUT STD_LOGIC;        --发送完成信号输出端口
```

```
      baud_set: IN STD_LOGIC_VECTOR(7 DOWNTO 0);      --波特率设置端口
      txdbuf_in: IN STD_LOGIC_VECTOR(7 DOWNTO 0);     --待发送数据输入端口
      rec_buf: OUT STD_LOGIC_VECTOR(7 DOWNTO 0)       --接收数据输出端口
  );
END uart;
ARCHITECTURE behavioral OF uart IS
  SIGNAL b: STD_LOGIC;
  COMPONENT uart_reciever                             --UART接收模块
    PORT (
      bclkr: IN STD_LOGIC;                            --波特率时钟输入端口
      resetr: IN STD_LOGIC;                           --硬件复位输入端口
      rxdr: IN STD_LOGIC;                             --UART接收端口
      s_ready: OUT STD_LOGIC;                         --接收完成信号输出端口
      rbuf: OUT STD_LOGIC_VECTOR(7 DOWNTO 0)          --接收数据输出端口
    );
  END COMPONENT;

  COMPONENT uart_transfer                             --UART发送模块
    PORT (
      bclkt: IN STD_LOGIC;                            --波特率时钟输入端口
      resett: IN STD_LOGIC;                           --硬件复位输入端口
      xmit_cmd_p: IN STD_LOGIC;                       --数据输入控制位
      txdbuf: IN STD_LOGIC_VECTOR(7 DOWNTO 0);        --待发送数据输入接口
      txd: OUT STD_LOGIC;                             --UART接收端口
      txd_done: OUT STD_LOGIC                         --发送完成信号输出端口
    );
  END COMPONENT;

  COMPONENT baud                                      --波特率控制模块
    PORT (
      clk: IN STD_LOGIC;                              --系统时钟输入端口
      resetb: IN STD_LOGIC;                           --硬件复位信号输入端口
      baud_set: IN STD_LOGIC_VECTOR(7 DOWNTO 0);      --波特率设置端口
      baud_set_wr: IN STD_LOGIC;                      --波特率设置写控制端口
      bclk: OUT STD_LOGIC                             --波特率时钟输入端口
    );
  END COMPONENT;

BEGIN                                                 --顶层映射
  u1: baud PORT MAP (
    clk=>clk,
```

```
        resetb=>reset,
        bclk=>b,
        baud_set=>baud_set,
        baud_set_wr=>baud_set_wr
    );
    u2: uart_reciever PORT MAP (
        bclkr=>b,
        resetr=>reset,
        rxdr=>rxd,
        s_ready=>rec_ready,
        rbuf=>rec_buf
    );
    u3: uart_transfer PORT MAP (
        bclkt=>b,
        resett=>reset,
        xmit_cmd_p=>xmit_cmd_p_in,
        txdbuf=>txdbuf_in,
        txd=>txd_out,
        txd_done=>txd_done_out
    );
END behavioral;
```

6.2.3　UART 发送器

UART 的发送器采用状态机方式设计，其工作状态包含空闲 (S_IDLE)、起始 (S_START)、等待 (S_WAIT)、移位 (S_SHIFT) 和结束 (S_STOP) 五种状态。UART 发送器的状态转换如图 6.3 所示。

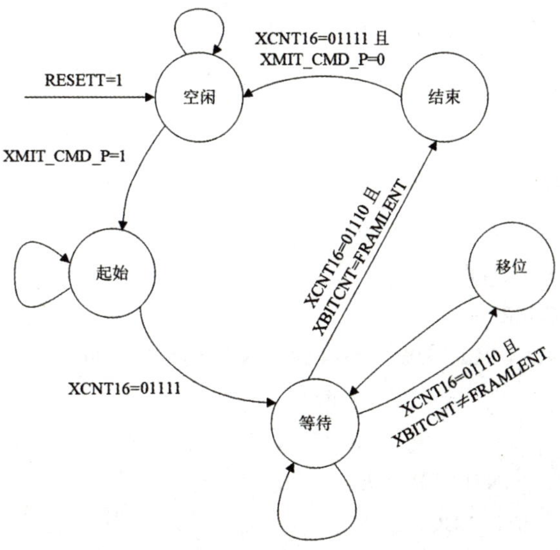

图 6.3　UART 发送器的状态转换图

1. UART 发送器的 VHDL 描述

电路空闲状态时，线路处于高电平。在收到发送数据指令后，电路发出一个逻辑 0 的信号，表示传输数据开始；接着数据从低位到高位依次发送，数据发送完毕后接着发送高电平停止位，完成一帧数据的发送。UART 发送器的 VHDL 描述如下：

```
LIBRARY IEEE;
USE IEEE.STD_LOGIC_1164.ALL;
USE IEEE.STD_LOGIC_ARITH.ALL;
USE IEEE.STD_LOGIC_UNSIGNED.ALL;

ENTITY uart_transfer IS
  GENERIC (
    framlent: INTEGER := 8
  );
  PORT (
    bclkt     : IN STD_LOGIC;                              --波特率时钟输入端口
    resett    : IN STD_LOGIC;                              --同步复位信号输入端口
    xmit_cmd_p : IN STD_LOGIC;                             --UART发送控制信号输入端口
    txdbuf   : IN STD_LOGIC_VECTOR(7 DOWNTO 0);            --UART发送数据输入端口
    txd  : OUT STD_LOGIC;
    txd_done  : OUT STD_LOGIC
  );
END uart_transfer;

ARCHITECTURE tra OF uart_transfer IS
  TYPE states IS (
    s_idle,
    s_start,
    s_wait,
    s_shift,
    s_stop
  );
  SIGNAL state: states := s_idle;
  SIGNAL tcnt: INTEGER := 0;
  SIGNAL xcnt16: STD_LOGIC_VECTOR(4 DOWNTO 0) := "00000";
BEGIN
  PROCESS (bclkt)
    VARIABLE xbitcnt : INTEGER := 0;
    VARIABLE txds  : STD_LOGIC;
  BEGIN
```

```
IF (bclkt'EVENT AND bclkt = '1') THEN
  IF (resett = '1') THEN
    state <= s_idle;
    txd_done<= '0';
    txds := '1';
  ELSE
    CASE state IS
      WHEN s_idle =>                         --空闲状态
        IF (xmit_cmd_p = '1') THEN           --发送控制信号
          state <= s_start;
          txd_done<= '0';
        ELSE
          state <= s_idle;
          txd_done<= '1';
          txds := '1';
        END IF;
      WHEN s_start =>                        --起始状态，发送起始位
        IF (xcnt16 >= "01111") THEN
          txds := '0';
          state <= s_wait;
          xcnt16 <= "00000";
        ELSE
          xcnt16 <= xcnt16 + '1';
          state <= s_start;
        END IF;
      WHEN s_wait =>                         --延时等待
        IF (xcnt16 >= "01110") THEN
          IF (xbitcnt = framlent) THEN
            state <= s_stop;
            xbitcnt := 0;
          ELSE
            state <= s_shift;
          END IF;
          xcnt16 <= "00000";
        ELSE
          xcnt16 <= xcnt16 + '1';
          state <= s_wait;
        END IF;
      WHEN s_shift =>                        --移位传送数据
```

```
                txds := txdbuf(xbitcnt);                --低位先传
                xbitcnt := xbitcnt + 1;
                state <= s_wait;
            WHEN s_stop =>                              --结束位发送
                IF (xcnt16 >= "01111") THEN
                    IF (xmit_cmd_p = '0') THEN
                        state <= s_idle;
                        xcnt16 <= "00000";
                    ELSE
                        xcnt16 <= xcnt16;
                        state <= s_stop;
                    END IF;
                    txd_done<= '1';
                ELSE
                    xcnt16 <= xcnt16 + 1;
                    txds := '1';
                    state <= s_stop;
                END IF;
            WHEN OTHERS => state <= s_idle;             --出现其他未定义的状态则返回空闲状态
        END CASE;
    END IF;
    txd<= txds;
  END IF;
 END PROCESS;
END tra;
```

2. 仿真波形

UART 发送器的仿真波形图如图 6.4 所示。

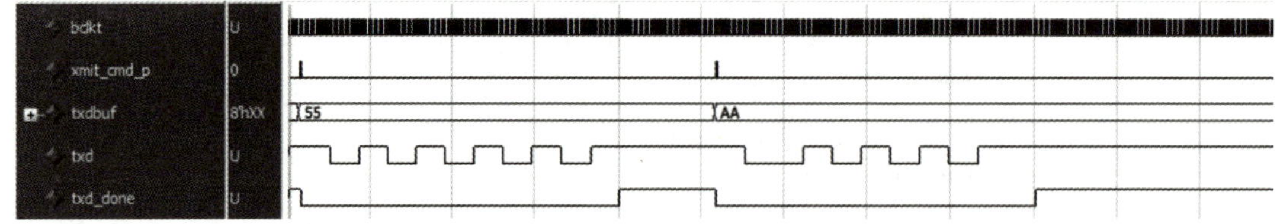

图 6.4 UART 发送器的仿真波形图

6.2.4 UART 接收器

UART 接收器同样采用有限状态机设计，其工作状态包含开始 (S_START)、找中 (S_CENTER)、等待 (S_WAIT)、采样 (S_SAMPLE) 和停止 (S_STOP) 五种状态。UART 接收器的状态转换如图 6.5 所示。

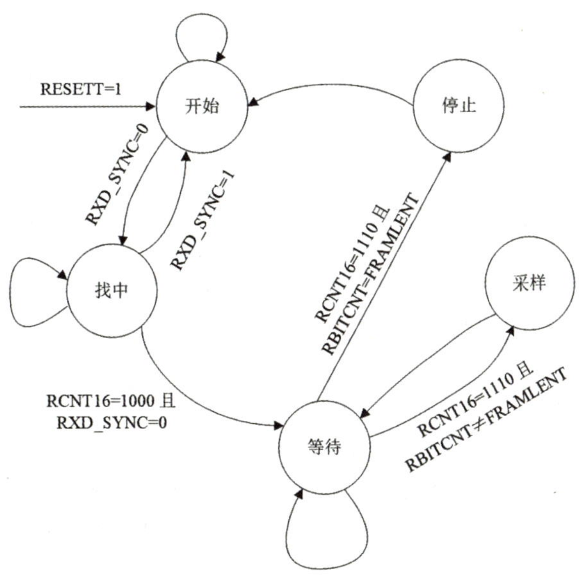

图 6.5　UART 接收器的状态转换图

1. UART 接收器的 VHDL 描述

线路空闲时处于高电平状态。若检测到起始位的下降沿，则表明有数据传输。这时接收器根据设定的波特率开始采样数据位，从低位到高位接收数据；接收到停止位后完成数据接收并输出。UART 接收器的 VHDL 描述如下。

```
LIBRARY IEEE;
USE IEEE.STD_LOGIC_1164.ALL;
USE IEEE.STD_LOGIC_ARITH.ALL;
USE IEEE.STD_LOGIC_UNSIGNED.ALL;

ENTITY uart_reciever IS
  GENERIC (framlenr: INTEGER:=8);
  PORT(
    bclkr: IN STD_LOGIC;
    resetr: IN STD_LOGIC;
    rxdr: IN STD_LOGIC;
    s_ready: OUT STD_LOGIC;
    rbuf: OUT STD_LOGIC_VECTOR(7 DOWNTO 0)
  );
END uart_reciever;

ARCHITECTURE rec OF uart_reciever IS
  TYPE states IS (s_start,s_center,s_wait,s_sample,s_stop);     --定义各子状态
  SIGNAL state: states:=s_start;
  SIGNAL rxd_sync: STD_LOGIC;
```

```
BEGIN
  pro1: PROCESS(rxdr)                                  --同步进程
  BEGIN
    IF (rxdr='0') THEN
      rxd_sync<='0';
    ELSE
      rxd_sync<='1';
    END IF;
  END PROCESS;

  pro2: PROCESS(bclkr)                                 --主控时序、组合进程
    VARIABLE rcnt16: STD_LOGIC_VECTOR(3 DOWNTO 0):="0000";
                                                       --中间变量
    VARIABLE rbitcnt: INTEGER:=0;
    VARIABLE rbufs: STD_LOGIC_VECTOR(7 DOWNTO 0);
  BEGIN
    IF (bclkr'event AND bclkr='1') THEN
      IF (resetr='1') THEN
        state<=s_start;
        rcnt16:="0000";                                --复位
      ELSE
        CASE state IS
          WHEN s_start=>
            IF (rxd_sync='0') THEN
              state<=s_center;
              s_ready<='0';
              rbitcnt:=0;
            ELSE
              state<=s_start;
              s_ready<='0';
            END IF;
          WHEN s_center=>
            IF (rxd_sync='0') THEN
              IF (rcnt16="1000") THEN
                state<=s_wait;
                rcnt16:="0000";
              ELSE
                rcnt16:=rcnt16+1;
                state<=s_center;
```

```
                END IF;
              ELSE
                state<=s_start;
              END IF;
            WHEN s_wait=>                                    --等待状态
              IF (rcnt16>="1110") THEN
                IF (rbitcnt=framlenr) THEN
                  state<=s_stop;
                ELSE
                  state<=s_sample;
                END IF;
                rcnt16:="0000";
              ELSE
                rcnt16:=rcnt16+1;
                state<=s_wait;
              END IF;
            WHEN s_sample=>                                  --数据位采样检测
              rbufs(rbitcnt):=rxd_sync;
              rbitcnt:=rbitcnt+1;
              state<=s_wait;
            WHEN s_stop=>                                    --输出帧接收完毕信号
              s_ready<='1';
              rbuf<=rbufs;
              state<=s_start;
            WHEN OTHERS=>
              state<=s_start;
          END CASE;
        END IF;
      END IF;
    END PROCESS;
END rec;
```

2. 仿真波形

UART 接收器的仿真波形图如图 6.6 所示。

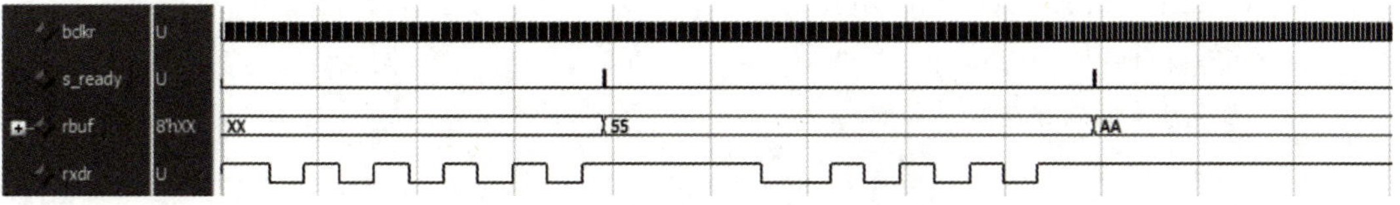

图 6.6　UART 接收器的仿真波形图

6.2.5 波特率发生器

波特率发生器是UART的重要组成部分，其作用是生成正确的时钟信号，确保发送和接收的比特位与所需的波特率相匹配。在UART中，采样时钟频率通常设置为波特率的16倍，即若UART的传输波特率为9600 Hz，则此时波特率发生模块将生成9600 Hz × 16 = 153 600 Hz的时钟信号。

1. UART波特率发生器的VHDL描述

波特率发生器根据用户设定的分频系数对输入的系统时钟信号进行分频处理，生成相应波特率的时钟信号输出。当波特率写控制信号为高电平时，可以通过波特率设置端口设置分频系数；之后，模块根据这个分频系数对系统时钟计数，当计数器的值达到分频系数时，波特率时钟输出端口产生一个高电平脉冲，同时重置计数器以开始下一个计数周期。

```
LIBRARY IEEE;
USE IEEE.STD_LOGIC_1164.ALL;
USE IEEE.STD_LOGIC_ARITH.ALL;
USE IEEE.STD_LOGIC_UNSIGNED.ALL;

ENTITY baud IS
  PORT(
    clk           : IN STD_LOGIC;                          --系统时钟输入端口
    resetb        : IN STD_LOGIC;                          --硬件复位信号输入端口
    baud_set      : IN STD_LOGIC_VECTOR(7 DOWNTO 0);       --波特率设置端口
    baud_set_wr : IN STD_LOGIC;                            --波特率设置写控制端口
    bclk          : OUT STD_LOGIC                          --波特率时钟输入端口
  );
END baud;

ARCHITECTURE bau OF baud IS
  SIGNAL baud_count: STD_LOGIC_VECTOR(7 DOWNTO 0);
  SIGNAL cnt: STD_LOGIC_VECTOR(7 DOWNTO 0);
BEGIN
  PROCESS(clk)
  BEGIN
    IF (clk'EVENT AND clk='1') THEN
      IF (resetb='1') THEN                                 --同步复位
        cnt<= "00000001";
        bclk<= '0';
      ELSIF (baud_set_wr='1') THEN                         --设置分频系数
```

```
          baud_count<= baud_set;
          cnt<= "00000001";
        ELSIF (cnt = baud_count) THEN                                    --加载分频系数
          cnt<= "00000001";
          bclk<= '1';
        ELSE
          cnt<= cnt + 1;
          bclk<= '0';
        END IF;
      END IF;
    END PROCESS;
  END bau;
```

2. 仿真波形

波特率发生器的仿真波形图如图 6.7 所示。

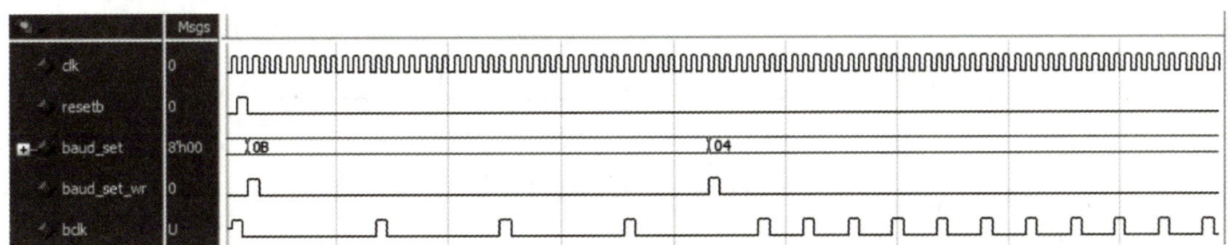

图 6.7 波特率发生器的仿真波形图

根据系统时钟的不同，设置不同的分频比即可获得合适的波特率时钟信号。

6.3 IIC 接口实现

IIC(Inter-Integrated Circuit) 是 Philips 公司开发的用于板级 IC(Integrated Circuit) 间通信的双线制串行总线，被广泛应用于微控制器、传感器、存储器等各种电子设备之间的通信。IIC 总线是多主从结构体，支持多个设备在同一总线上进行通信，这种方式简化了信号传输总线。

6.3.1 IIC 接口工作原理

IIC 使用两根线进行通信，即串行数据线 (Serial Data Line，SDA) 和串行时钟线 (Serial Clock Line，SCL)。所有接到 IIC 总线设备上的 SDA 都接到总线的 SDA 上，各设备的 SCL 接到总线的 SCL 上。

IIC 接口具有以下特征：

(1) 二线传输。IIC 只要求两条总线线路，即一条 SDA 和一条 SCL。

(2) 主从结构。主设备生成时钟信号 (SCL) 并启动 / 终止通信，从设备响应主设备指令。

(3) 支持多主机模式。若两个或更多主机同时初始化数据传输则可以通过冲突监测和仲裁防止数据被破坏。

(4) 支持不同的传输速率，串行的 8 位双向数据传输位速率在标准模式下可达 100 kb/s，快速模式下可达 400 kb/s，高速模式下可达 3.4 Mb/s。

(5) 半双工通信。数据线 SDA 双向传输，但同一时刻只能有一个方向的数据流动。

(6) 连接到相同总线的 IC 数量只受到总线的最大电容 400 pF 限制。

SDA 和 SCL 都是双向线路，都通过一个电流源或上拉电阻连接到电源电压。为了避免总线信号的混乱，要求各设备连接到总线的输出端时必须是漏极开路 (Open Drain，OD) 输出或集电极开路 (Open Collector，OC) 输出。

IIC 总线在传输数据过程中共有 3 种类型信号，分别为起始信号、停止信号和应答信号，如图 6.8 所示。

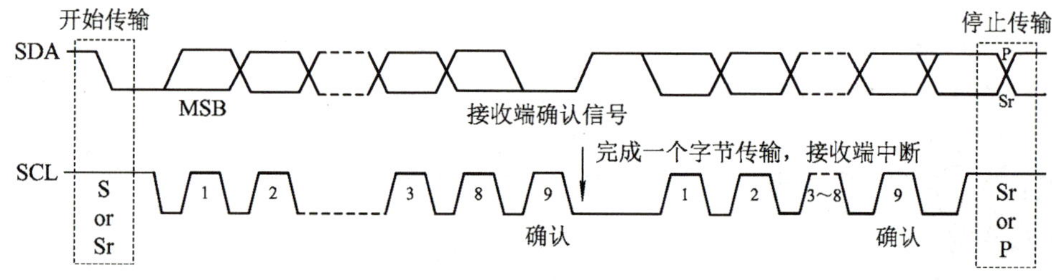

图 6.8　IIC 数据传输时序

1. 起始信号和停止信号

(1) 起始信号。由主机发起，当 SCL 为高电平时，SDA 的下降沿产生起始信号，通知所有从机即将开始传输数据，总线进入忙状态。

(2) 停止信号。由主机发起，当 SCL 为高电平时，SDA 的上升沿产生停止信号，通知所有从机通信结束，总线进入空闲状态。

当总线空闲时，主机可以通过发送起始信号初始化通信过程，如图 6.9 所示。如果产生重复起始信号而不产生停止信号，那么总线会一直处于忙状态。重复起始信号可以应用于在多主机系统中保持总线占用、进行读 / 写切换、切换从设备等场景。

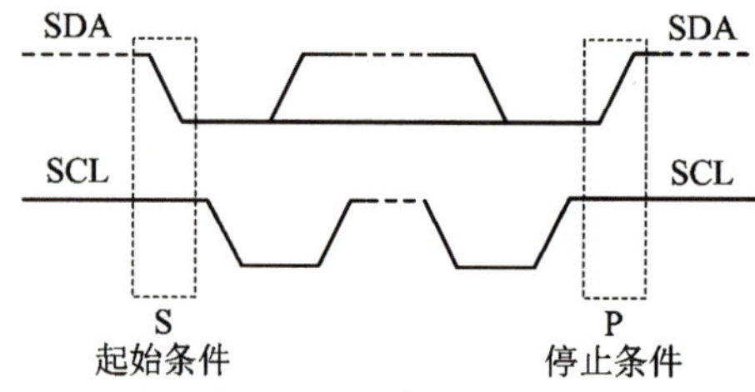

图 6.9　起始和停止的条件

2. 应答信号

应答信号是接收方在每传输一个字节后，向发送方发送的确认信号。接收方在接收到 8 位数据后，在第 9 个时钟向发送方将 SDA 电平拉低，并在这个时钟脉冲的高电平期间保持稳定的低电平，表示已接收到数据。

若主机接收数据，则它可以通过不发送应答信号来通知从机传输结束；若从机接收数据而没有返回应答 (Acknowledge Character，ACK) 信号，则主机会产生一个停止信号来终止传输或产生重复起始信号开始新的传输。

3. 同步

当从机需要完成一些其他功能才能接收或发送下一完整的数据字节时，可以使 SCL 保持低电平，迫使主机进入等待状态；在从机准备好接收下一数据字节并释放 SCL 后，数据继续传输。

4. 传输格式

发送到 SDA 线上的每个字节必须为 8 位，每次传输可以发送的字节数量不受限制，每个字节后必须跟一个应答信号，数据按照从最高位 (Most Significant Bit，MSB) 到最低位 (Least Significant Bit，LSB) 的顺序传输。第一个字节的高 7 位组成从机地址，第 8 位 (即最低位) 确定传输方向。若第一个字节的最低位是 0，则表示主机写数据到被选择的从机；若第一个字节的最低位是 1，则表示主机从被选中的从机读数据。

6.3.2　IIC 顶层设计的 VHDL 描述

IIC 接口由顶层模块 iic 和核心模块 iic_core 两个部分组成。顶层模块负责与用户交互，接收外部指令并转发至核心模块；核心模块完成指令译码与数据处理后，将结果反馈至顶层模块。

IIC 接口的顶层 VHDL 代码如下：

```
LIBRARY IEEE;
USE IEEE.STD_LOGIC_1164.ALL;
USE IEEE.STD_LOGIC_ARITH.ALL;

ENTITY iic IS
  PORT (
    clk       : IN STD_LOGIC;                          --系统时钟
    ena       : IN STD_LOGIC;                          --使能信号
    nreset    : IN STD_LOGIC;                          --复位信号
    clk_cnt   : IN UNSIGNED(7 DOWNTO 0);               --时钟控制信号
    start     : IN STD_LOGIC;                          --开始传输信号
    stop      : IN STD_LOGIC;                          --停止信号
    re        : IN STD_LOGIC;                          --读使能信号
    wr        : IN STD_LOGIC;                          --写使能信号
    ack_in    : IN STD_LOGIC;                          --应答输入信号
    din       : IN STD_LOGIC_VECTOR(7 DOWNTO 0);       --并行数据输入
    cmd_ack   : OUT STD_LOGIC;                         --主机命令确认
    ack_out   : OUT STD_LOGIC;                         --应答输出信号
```

```
        dout        : OUT STD_LOGIC_VECTOR(7 DOWNTO 0); --并行数据输出
        -- IIC信号
        scl         : INOUT STD_LOGIC;                  --串行时钟线
        sda         : INOUT STD_LOGIC                   --串行数据线
    );
END ENTITY iic;

ARCHITECTURE beha OF iic IS
    COMPONENT iic_core IS
        PORT (
            clk     : IN STD_LOGIC;                     --系统时钟
            nreset  : IN STD_LOGIC;                     --复位信号
            clk_cnt : IN UNSIGNED(7 DOWNTO 0);          --时钟控制信号
            cmd     : IN STD_LOGIC_VECTOR(2 DOWNTO 0);  --主机发送的命令信号
            cmd_ack : OUT STD_LOGIC;                    --主机命令确认
            busy    : OUT STD_LOGIC;                    --忙碌信号
            din     : IN STD_LOGIC;                     --并行数据输入
            dout    : OUT STD_LOGIC;                    --并行数据输出
            scl     : INOUT STD_LOGIC;                  --串行时钟线
            sda     : INOUT STD_LOGIC                   --串行数据线
        );
    END COMPONENT iic_core;
    -- i2c_core 的命令
    CONSTANT cmd_nop  : STD_LOGIC_VECTOR(2 DOWNTO 0) := "000";   --空闲状态
    CONSTANT cmd_start : STD_LOGIC_VECTOR(2 DOWNTO 0) := "010";  --开始条件
    CONSTANT cmd_stop : STD_LOGIC_VECTOR(2 DOWNTO 0) := "011";   --停止条件
    CONSTANT cmd_read : STD_LOGIC_VECTOR(2 DOWNTO 0) := "100";   --读数据命令
    CONSTANT cmd_write: STD_LOGIC_VECTOR(2 DOWNTO 0) := "101";   --写数据命令

    -- i2c_core信号
    SIGNAL core_cmd   : STD_LOGIC_VECTOR(2 DOWNTO 0); --当前命令
    SIGNAL core_ack   : STD_LOGIC;                    --确认信号
    SIGNAL core_busy : STD_LOGIC;                     --忙碌信号
    SIGNAL core_txd   : STD_LOGIC;                    --sda发送信号
    SIGNAL core_rxd   : STD_LOGIC;                    --sda接收信号

    -- shift_register信号
    SIGNAL sr    : STD_LOGIC_VECTOR(7 DOWNTO 0);      --8位移位寄存器数据输入信号
    SIGNAL shift : STD_LOGIC;                         --移位信号
```

```
    SIGNAL ld    : STD_LOGIC;                             --加载信号

    --状态机信号
    SIGNAL go        : STD_LOGIC;                         --生成开始信号
    SIGNAL host_ack : STD_LOGIC;                          --主机的命令确认信号

BEGIN
    -- iic core端口对应
    u1: iic_core PORT MAP (
        clk,
        nreset,
        clk_cnt,
        core_cmd,
        core_ack,
        core_busy,
        core_txd,
        core_rxd,
        scl,
        sda
    );

    cmd_ack<= host_ack;                                   --产生确认信号
    go     <= (re OR wr) AND NOT host_ack;                --产生开始信号
    dout<= sr;                                            --分配 sr输出给 dout
    ack_out<= core_rxd;                                   --分配 core_rxd输出给 ack_out

--------------------------------------------移位寄存器进程 --------------------------------------------
    shift_register: PROCESS(clk)
    BEGIN
        IF (clk'EVENT AND clk = '1') THEN

            IF (ld = '1') THEN
                sr<= din;
            ELSIF (shift = '1') THEN
                sr<= (sr(6 DOWNTO 0) &core_rxd);
            END IF;
        END IF;
    END PROCESS shift_register;
--------------------------------------状态机设计 (block结构 )--------------------------------------
```

```
statemachine: BLOCK
  TYPE states IS (st_idle, st_start, st_read, st_write, st_ack, st_stop);
  SIGNAL state : states;
  SIGNAL dcnt : UNSIGNED(3 DOWNTO 0);                    --计数器

BEGIN
  --命令声明
  nxt_state_decoder: PROCESS(clk, nreset, state)
    VARIABLE nxt_state   : states;
    VARIABLE idcnt       : UNSIGNED(3 DOWNTO 0);
    VARIABLE ihost_ack   : STD_LOGIC;
    VARIABLE icore_cmd : STD_LOGIC_VECTOR(2 DOWNTO 0);
    VARIABLE icore_txd   : STD_LOGIC;
    VARIABLE ishift      : STD_LOGIC;
    VARIABLE iload       : STD_LOGIC;
  BEGIN
    --变量初始化
    idcnt := dcnt;
    ihost_ack := '0';
    icore_txd := core_txd;
    icore_cmd := core_cmd;
    ishift := '0';
    iload := '0';
    nxt_state := state;

    --CASE语句
    CASE state IS
      WHEN st_idle =>                                    --空闲状态
        IF (go = '1') THEN
          IF (start = '1') THEN
            nxt_state := st_start;
            icore_cmd := cmd_start;
          ELSIF (re = '1') THEN
            nxt_state := st_read;
            icore_cmd := cmd_read;
            idcnt := "1000";
          ELSE
            nxt_state := st_write;
            icore_cmd := cmd_write;
```

```
            idcnt := "1000";
            iload := '1';
          END IF;
        END IF;

      WHEN st_start =>                               --开始状态
        IF (core_ack = '1') THEN                     --start状态已完成
          IF (re = '1') THEN
            nxt_state := st_read;
            icore_cmd := cmd_read;
            idcnt := "1000";
          ELSE
            nxt_state := st_write;
            icore_cmd := cmd_write;
            idcnt := "1000";
            iload := '1';
          END IF;
        END IF;

      WHEN st_write =>                               --写状态
        IF (core_ack = '1') THEN
            idcnt := dcnt - 1;
            icore_txd := sr(7);
            IF(dcnt = 8) THEN
            ishift := '0';
          ELSIF (dcnt = 0) THEN
            nxt_state := st_ack;
            icore_cmd := cmd_read;
          ELSE
            ishift := '1';
            icore_txd := sr(7);
          END IF;
        END IF;

      WHEN st_read =>                                --读状态
        IF (core_ack = '1') THEN
            idcnt := dcnt - 1;
            ishift := '1';
          IF (dcnt = 0) THEN
```

```
            nxt_state := st_ack;
            icore_cmd := cmd_write;
            icore_txd := ack_in;
          END IF;
        END IF;

      WHEN st_ack =>                                  --确认状态
        IF (core_ack = '1') THEN
            ihost_ack := '1';
            ishift := '1';
          IF (stop = '1') THEN
            nxt_state := st_stop;
            icore_cmd := cmd_stop;
          ELSE
            nxt_state := st_idle;                     --进入空闲状态
            icore_cmd := cmd_nop;
          END IF;
        END IF;

      WHEN st_stop =>                                 --停止状态
        IF (core_ack = '1') THEN
            nxt_state := st_idle;                     --进入空闲状态
            icore_cmd := cmd_nop;
        END IF;

      WHEN OTHERS=>                                   --非法状态
        nxt_state := st_idle;
        icore_cmd := cmd_nop;
    END CASE;

    --产生寄存器
    IF (nreset = '0') THEN
      core_cmd<= cmd_nop;
      core_txd<= '0';
      shift <= '0';
      ld<= '0';
      dcnt<= "1000";
      host_ack<= '0';
      state <= st_idle;
```

```
        ELSIF (clk'event AND clk = '1') THEN
          IF (ena = '1') THEN
            state <= nxt_state;
            dcnt<= idcnt;
            shift <= ishift;
            ld<= iload;
            core_cmd<= icore_cmd;
            core_txd<= icore_txd;
            host_ack<= ihost_ack;
          END IF;
        END IF;
      END PROCESS nxt_state_decoder;
    END BLOCK statemachine;
END ARCHITECTURE beha;
```

IIC 总线端口框图及核心模块端口框图如图 6.10、图 6.11 所示。

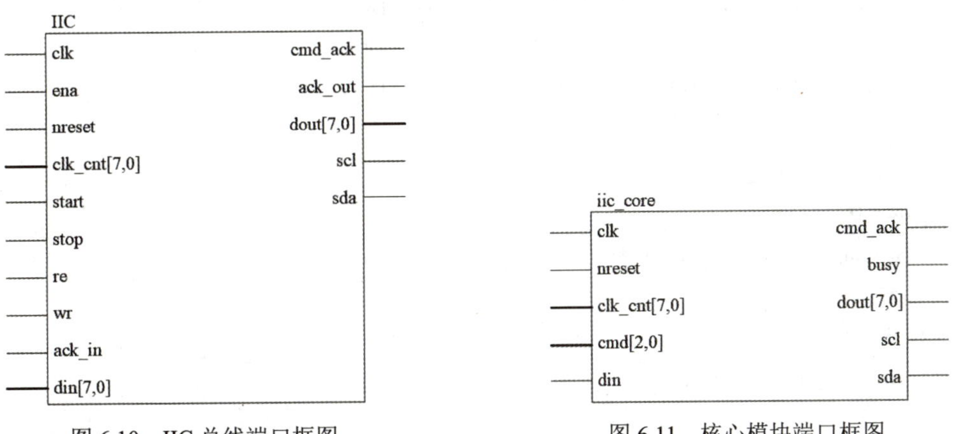

图 6.10　IIC 总线端口框图　　　图 6.11　核心模块端口框图

6.3.3　IIC 核心模块的 VHDL 描述

核心模块的主要功能是按照 IIC 协议的要求执行开始条件、停止条件、数据读写操作以及应答信号的处理。核心模块通过状态机管理 IIC 总线的时序，并与外部模块交互以接收命令，传输数据并生成相应的 IIC 信号。IIC 核心模块的 VHDL 描述如下：

```
LIBRARY IEEE;
USE IEEE.STD_LOGIC_1164.ALL;
USE IEEE.STD_LOGIC_ARITH.ALL;

ENTITY iic_core IS
  PORT (
    clk           : IN STD_LOGIC;
```

```
        nReset     : IN STD_LOGIC;
        clk_cnt    : IN UNSIGNED(7 DOWNTO 0);
        cmd        : IN STD_LOGIC_VECTOR(2 DOWNTO 0);
        cmd_ack    : OUT STD_LOGIC;
        busy       : OUT STD_LOGIC;
        Din        : IN STD_LOGIC;
        Dout       : OUT STD_LOGIC;
        SCL        : INOUT STD_LOGIC;
        SDA        : INOUT STD_LOGIC
    );
END ENTITY iic_core;

ARCHITECTURE behav OF iic_core IS
    CONSTANT CMD_NOP     : STD_LOGIC_VECTOR(2 DOWNTO 0) := "000";
    CONSTANT CMD_START   : STD_LOGIC_VECTOR(2 DOWNTO 0) := "010";
    CONSTANT CMD_STOP    : STD_LOGIC_VECTOR(2 DOWNTO 0) := "011";
    CONSTANT CMD_READ    : STD_LOGIC_VECTOR(2 DOWNTO 0) := "100";
    CONSTANT CMD_WRITE   : STD_LOGIC_VECTOR(2 DOWNTO 0) := "101";

    TYPE cmds IS (
        idle,
        start_a, start_b, start_c, start_d,
        stop_a, stop_b, stop_c,
        rd_a, rd_b, rd_c, rd_d,
        wr_a, wr_b, wr_c, wr_d
    );

    SIGNAL state       : cmds;
    SIGNAL SDAo        : STD_LOGIC;
    SIGNAL SCLo        : STD_LOGIC;
    SIGNAL txd         : STD_LOGIC;
    SIGNAL clk_en      : STD_LOGIC;
    SIGNAL slave_wait  : STD_LOGIC;
    SIGNAL cnt         : UNSIGNED(7 DOWNTO 0) := clk_cnt;

BEGIN
    slave_wait<= '1' WHEN ((SCLo = '1') AND (SCL = '0')) ELSE '0';

    -- 产生时钟使能信号
```

```
gen_clken: PROCESS (CLK, nReset)
BEGIN
  IF (nReset = '0') THEN
    cnt<= (OTHERS => '0');
    clk_en<= '1';   -- '0';
  ELSIF (clk'EVENT AND clk = '1') THEN
    IF (cnt = 0) THEN
      clk_en<= '1';
      cnt<= clk_cnt;
    ELSE
      IF (slave_wait = '0') THEN
        cnt<= cnt - 1;
      END IF;
      clk_en<= '0';
    END IF;
  END IF;
END PROCESS gen_clken;

-- 状态机
nxt_state_decoder: PROCESS (CLK, nReset, state, cmd, SDA)
  VARIABLE nxt_state    : cmds;
  VARIABLE icmd_ack     : STD_LOGIC;
  VARIABLE ibusy        : STD_LOGIC;
  VARIABLE store_sda    : STD_LOGIC;
  VARIABLE itxd         : STD_LOGIC;
BEGIN
  -- 初始化变量
  nxt_state := state;
  icmd_ack  := '0';
  ibusy  := '1';
  store_sda := '0';
  itxd  := txd;

  CASE (state) IS
    -- idle
    WHEN idle =>                                   --空闲状态
      CASE cmd IS
        WHEN CMD_START =>                          -- 开始信号译码
          nxt_state := start_a;
```

```
            icmd_ack  := '1';
        WHEN CMD_STOP =>                              -- 停止信号译码
            nxt_state := stop_a;
            icmd_ack  := '1';
        WHEN CMD_WRITE =>                             -- 写状态译码
            nxt_state := wr_a;
            icmd_ack  := '1';
        WHEN CMD_READ =>                              -- 读状态译码
            nxt_state := rd_a;
            icmd_ack  := '1';
        WHEN OTHERS =>                                -- 其他状态
            nxt_state := idle;
            icmd_ack := '1';
            ibusy  := '0';
    END CASE;

  -- 开始
  WHEN start_a =>
      nxt_state := start_b;
  WHEN start_b =>
      nxt_state := start_c;
  WHEN start_c =>
      nxt_state := start_d;
  WHEN start_d =>
      nxt_state := idle;
      ibusy    := '0';                                -- 忙碌信号无效

  -- 停止
  WHEN stop_a =>
      nxt_state := stop_b;
  WHEN stop_b =>
      nxt_state := stop_c;
  WHEN stop_c =>
      nxt_state := idle;
      ibusy  := '0';

  -- 读状态
  WHEN rd_a =>
      nxt_state := rd_b;
```

```
    WHEN rd_b =>
      nxt_state := rd_c;
    WHEN rd_c =>
      nxt_state := rd_d;
      store_sda := '1';
    WHEN rd_d =>
      nxt_state := idle;
      ibusy  := '0';

    -- 写状态
    WHEN wr_a =>
      nxt_state := wr_b;
    WHEN wr_b =>
      nxt_state := wr_c;
    WHEN wr_c =>
      nxt_state := wr_d;
    WHEN wr_d =>
      nxt_state := idle;
      ibusy  := '0';
  END CASE;

  -- 产生寄存器
  IF (nReset = '0') THEN
    state   <= idle;
    cmd_ack<= '0';
    busy    <= '0';
    txd<= '0';
    Dout<= '0';
      ELSIF (clk'EVENT AND clk = '1') THEN
    IF (clk_en = '1') THEN
      state   <= nxt_state;
      busy    <= ibusy;
      txd<= itxd;
      IF (store_sda = '1') THEN
        Dout<= SDA;
      END IF;
    END IF;
    cmd_ack<= icmd_ack AND clk_en;
  END IF;
```

```
END PROCESS nxt_state_decoder;

-- 输出给 SCL 和 SDA 的信号
output_decoder: PROCESS (clk, nReset, state)
  VARIABLE iscl : STD_LOGIC;
  VARIABLE isda : STD_LOGIC;
BEGIN
  CASE (state) IS
    WHEN idle =>
      iscl := SCLo;
      isda := SDA;

    -- 开始状态
    WHEN start_a =>
      iscl := SCLo;
      isda := '1';
    WHEN start_b =>
      iscl := '1';
      isda := '1';
    WHEN start_c =>
      iscl := '1';
      isda := '0';
    WHEN start_d =>
      iscl := '0';
      isda := '0';

    -- 停止状态
    WHEN stop_a =>
      iscl := '0';
      isda := '0';
    WHEN stop_b =>
      iscl := '1';
      isda := '0';
    WHEN stop_c =>
      iscl := '1';
      isda := '1';

    -- 写状态
    WHEN wr_a =>
```

```
            iscl := '0';
            isda := Din;
        WHEN wr_b =>
            iscl := '1';
            isda := Din;
        WHEN wr_c =>
            iscl := '1';
            isda := Din;
        WHEN wr_d =>
            iscl := '0';
            isda := Din;

        -- 读状态
        WHEN rd_a =>
            iscl := '0';
            isda := '1';
        WHEN rd_b =>
            iscl := '1';
            isda := '1';
        WHEN rd_c =>
            iscl := '1';
            isda := '1';
        WHEN rd_d =>
            iscl := '0';
            isda := '1';
    END CASE;

    -- 产生寄存器
    IF (nReset = '0') THEN
        SCLo<= '1';
        SDAo <= '1';
    ELSIF (clk'EVENT AND clk = '1') THEN
        IF (clk_en = '1') THEN
            SCLo<= iscl;
            SDAo <= isda;
        END IF;
    END IF;
END PROCESS output_decoder;
```

```
    SCL <= '0' WHEN (SCLo = '0') ELSE 'Z';
    SDA <= '0' WHEN (SDAo = '0') ELSE 'Z';
END ARCHITECTURE behav;
```

6.3.4　仿真波形

对上述 IIC 总线开始传输与写数据的过程进行仿真，如果 write 信号为高电平则启动写数据传输，此时要先检查 start 是否为高电平，若其为高电平，则核心模块的状态机先进入开始状态。开始信号结束后则开始写数据的传输过程。

IIC 接口数据传输的仿真波形图如图 6.12 所示。

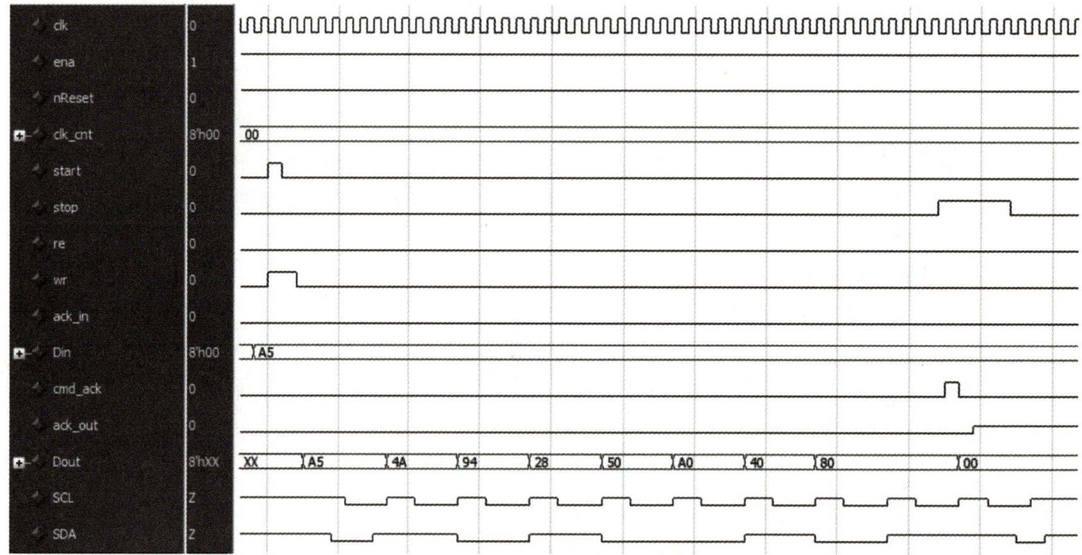

图 6.12　IIC 接口数据传输的仿真波形图

6.4　SPI 接口实现

串行外设接口 (Serial Peripheral Interface，SPI) 最早由 Motorola 公司提出，采用主从模式架构，支持一个或多个从属设备，被广泛应用于微控制单元 (Microcontroller Unit，MCU) 和外设模块 (Peripheral Interface，PI) 如 EEPROM、模数转换器 (Analog to Digital Converter，ADC)、Flash、显示驱动器等的连接。

6.4.1　SPI 的工作原理

SPI 一般使用以下 4 条线进行通信。

(1) 主设备输出 / 从设备输入数据线 (SPI Bus Master Output/Slave Input，MOSI)：主设备数据输出，从设备数据输入。

(2) 串行时钟线 (Serial Clock Line，SCLK)：时钟信号，由主设备产生。

(3) 主设备输入 / 从设备输出数据线 (SPI Bus Master Input/Slave Output，MISO)：主设备数据输入，从设备数据输出。

(4) 从设备选择线 (Slave Select，SS)：从设备使能信号，低电平有效，由主设备产生。

时钟极性 (Clock Polarity，CPOL) 和时钟相位 (Clock Phase，CPHA) 是 SPI 协议中两个重要的时钟参数，用于定义数据的采样时机和时钟信号的极性。

CPOL 定义了时钟信号在空闲状态时的电平。CPOL = 0，表示在空闲状态时时钟线为低电平；CPOL = 1，表示在空闲状态时时钟线为高电平。CPOL 的选择影响了时钟信号的极性。

CPHA 定义了在时钟信号的何处进行数据采样。CPHA = 0，表示在时钟的第一个边沿采样数据；CPHA = 1，表示在时钟的第二个边沿采样数据。CPHA 的选择影响了数据传输的相位。

SPI 接口传输的数据通常为 8 位，以移位寄存器为核心。其在主设备产生的从设备使能信号 (SS) 和移位时钟脉冲 (SCLK) 的控制下逐位传输数据，高位先传。SPI 的工作时序如图 6.13 所示。

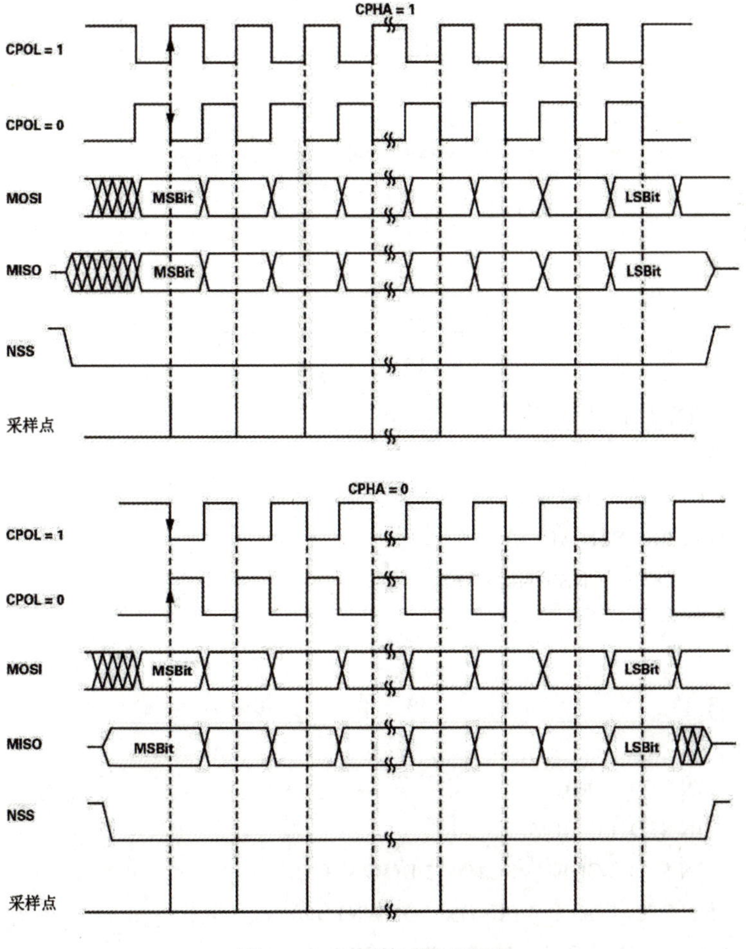

图 6.13　SPI 的工作时序图

SPI 内部核心硬件结构图如图 6.14 所示。

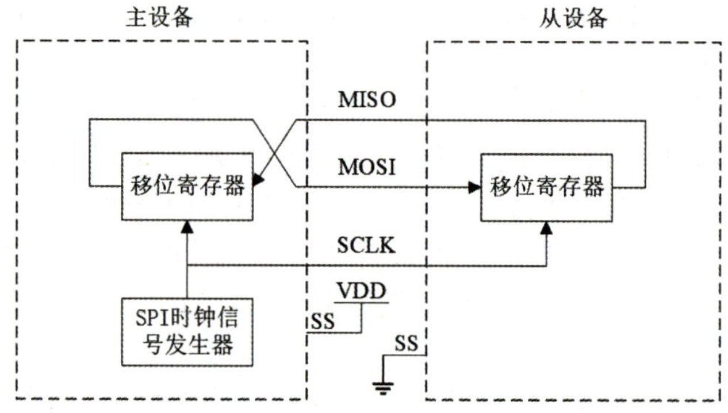

图 6.14 SPI 接口内部核心硬件结构图

6.4.2 SPI 顶层设计的 VHDL 描述

SPI 接口结构图如图 6.15 所示。

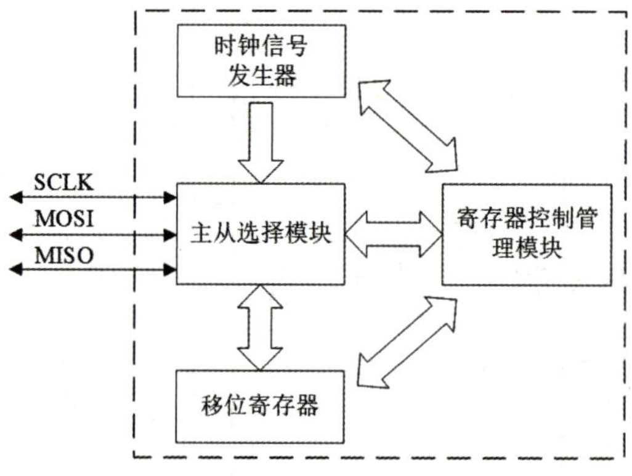

图 6.15 SPI 结构图

SPI 的顶层 VHDL 代码如下：

```
LIBRARY IEEE;
USE IEEE.STD_LOGIC_1164.ALL;
USE IEEE.NUMERIC_STD.ALL;
USE IEEE.STD_LOGIC_UNSIGNED.ALL;
USE WORK.ALL;

ENTITY spi IS
  PORT (
    clk       : IN STD_LOGIC;
    rst       : IN STD_LOGIC;
    addr      : IN STD_LOGIC_VECTOR(1 DOWNTO 0);
    data_in   : IN STD_LOGIC_VECTOR(7 DOWNTO 0);
    data_out : OUT STD_LOGIC_VECTOR(7 DOWNTO 0);
```

```
        wr        : IN STD_LOGIC;
        rd        : IN STD_LOGIC;
        sclk      : INOUT STD_LOGIC;
        miso      : INOUT STD_LOGIC;
        mosi      : INOUT STD_LOGIC
    );
END spi;

ARCHITECTURE behavioral OF spi IS
    SIGNAL shift_data_in   :STD_LOGIC_VECTORf(7 DOWNTO 0);
    SIGNAL shift_data_out : STD_LOGIC_VECTOR(7 DOWNTO 0);
    SIGNAL shift_clk       : STD_LOGIC;
    SIGNAL shift_clk_out   : STD_LOGIC;
    SIGNAL shift_reg_load : STD_LOGIC;
    SIGNAL shift_out       : STD_LOGIC;
    SIGNAL shift_in        : STD_LOGIC;
    SIGNAL shift_finish    : STD_LOGIC;
    SIGNAL mst_sel         : STD_LOGIC;
    SIGNAL sclk_set        : STD_LOGIC_VECTOR(1 DOWNTO 0);
    SIGNAL sclk_gen        : STD_LOGIC;
    SIGNAL sclk_en         : STD_LOGIC;
    SIGNAL sclk_pol        : STD_LOGIC;

    COMPONENT controller
      PORT (
        clk            : IN STD_LOGIC;
        data_in        : IN STD_LOGIC_VECTOR(7 DOWNTO 0);
        shift_clk_in   : IN STD_LOGIC;
        shift_clk_out  : OUT STD_LOGIC;
        shift_reg_in   : OUT STD_LOGIC_VECTOR(7 DOWNTO 0);
        shift_reg_out  : IN STD_LOGIC_VECTOR(7 DOWNTO 0);
        shift_reg_load : OUT STD_LOGIC;
        mst_sel        : OUT STD_LOGIC;
        wr             : IN STD_LOGIC;
        rd             : IN STD_LOGIC;
        addr           : IN STD_LOGIC_VECTOR(1 DOWNTO 0);
        data_out       : OUT STD_LOGIC_VECTOR(7 DOWNTO 0);
        TX_finish      : OUT STD_LOGIC;
        sclk_gen_en    : OUT STD_LOGIC;
```

```
        sclk _POL      : OUT STD_LOGIC;
        sclk_set       : OUT STD_LOGIC_VECTOR(1 DOWNTO 0)
    );
END COMPONENT;

COMPONENT sclk_generate
    PORT (
        clk       : IN STD_LOGIC;
        sclk_set  : IN STD_LOGIC_VECTOR(1 DOWNTO 0);
        sclk_gen  : OUT STD_LOGIC;
        sclk_en   : IN STD_LOGIC;
        sclk_pol  : IN STD_LOGIC
    );
END COMPONENT;

COMPONENT m_s_scl
    PORT (
        mosi       : INOUT STD_LOGIC;
        miso       : INOUT STD_LOGIC;
        sclk       : INOUT STD_LOGIC;
        master_scl : IN STD_LOGIC;
        shif_in    : OUT STD_LOGIC;
        shift_out  : IN STD_LOGIC;
        shift_clk  : OUT STD_LOGIC;
        sclk_gen   : IN STD_LOGIC
    );
END COMPONENT;

COMPONENT shift_register
    PORT (
        clk          : IN STD_LOGIC;
        rst          : IN STD_LOGIC;
        sclk         : IN STD_LOGIC;
        shift_reload : IN STD_LOGIC;
        shift_finish : IN STD_LOGIC;
        shift_in     : IN STD_LOGIC;
        shift_out    : OUT STD_LOGIC;
        datain       : IN STD_LOGIC_VECTOR(7 DOWNTO 0);
        dataout      : OUT STD_LOGIC_VECTOR(7 DOWNTO 0)
```

```
    );
  END COMPONENT;

BEGIN
  u1: shift_register PORT MAP (
        clk =>clk,
        rst =>rst,
        sclk =>shift_clk_out,
        shift_reload =>shift_reg_load,
        shift_finish =>shift_finish,
        shift_in =>shift_in,
        shift_out =>shift_out,
        datain =>shift_data_in,
        dataout =>shift_data_out
    );
  u2: m_s_sel PORT MAP (
        mosi =>mosi,
        miso => miso,
        sclk =>sclk,
        master_sel =>mst_sel,
        shift_in =>shift_in,
        shift_out =>shift_out,
        shift_clk =>shift_clk,
        sclk_gen =>sclk_gen
    );
  u3: sclk_generate PORT MAP (
        clk =>clk,
        sclk_set =>sclk_set,
        sclk_gen =>sclk_gen,
        sclk_en =>SCLK_en,
        sclk_pol => SCLK_POL
    );
  u4: controller PORT MAP (
        clk =>clk,
        data_in =>data_in,
        shift_clk_in =>shift_clk,
        shift_clk_out =>shift_clk_out,
        shift_reg_in =>shift_data_in,
        shift_reg_out =>shift_data_out,
        shift_reg_load =>shift_reg_load,
```

```
        mst_sel =>mst_sel,
        wr =>Wr,
        rd =>rd,
        addr =>addr,
        data_out =>data_out,
        tx_finish =>shift_finish,
        sclk_gen_en =>sclk_en,
        sclk_pol =>sclk_pol,
        sclk_set =>sclk_set
    );
END ARCHITECTURE behavioral;
```

6.4.3 移位寄存器

同步移位寄存器是 SPI 接口的核心组件，可以在向外发送数据的同时接收数据，实现全双工的 SPI 接口。本例采用 8 位移位寄存器，其 VHDL 描述如下。

```
LIBRARY IEEE;
USE IEEE.STD_LOGIC_1164.ALL;
USE IEEE.NUMERIC_STD.ALL;

ENTITY shift_register IS
PORT(
    clk          : IN STD_LOGIC;                        --系统时钟输入
    rst          : IN STD_LOGIC;                        --复位信号输入
    sclk         : IN STD_LOGIC;                        --移位寄存器移位时钟输入
    shift_reload : IN STD_LOGIC;                        --移位寄存器发送数据加载信号
    shift_finish : IN STD_LOGIC;                        --移位寄存器数据发送完毕信号
    shift_in     : IN STD_LOGIC;                        --移位寄存器输入
    shift_out    : OUT STD_LOGIC;                       --移位寄存器输出
    datain       : IN STD_LOGIC_VECTOR(7 DOWNTO 0);     --移位寄存器发送参数接口
    dataout      : OUT STD_LOGIC_VECTOR(7 DOWNTO 0)     --移位寄存器接收数据接口
);
END shift_register;

ARCHITECTURE shiftr OF shift_register IS
    SIGNAL shift_clk     : STD_LOGIC;
    SIGNAL shift_clk_neg : STD_LOGIC;
    SIGNAL sck_r1        : STD_LOGIC;
    SIGNAL sck_r2        : STD_LOGIC;
    SIGNAL shift_reg     : STD_LOGIC_VECTOR(7 DOWNTO 0);
```

```
BEGIN
  shift_clk<= NOT sck_r2 AND sck_r1;
  shift_clk_neg<= NOT sck_r1 AND sck_r2;

  flop_proc: PROCESS(clk)
  BEGIN
    IF (clk'EVENT AND clk = '1') THEN
      sck_r2 <= sck_r1;                              --移位寄存器时钟信号同步
      sck_r1 <= sclk;
    END IF;
  END PROCESS;

  sr_proc: PROCESS(clk)
  BEGIN
    IF (clk'EVENT AND clk = '1') THEN
      IF (rst = '0') THEN
        shift_reg<= "00000000";                      --同步复位
      ELSE
        IF (shift_reload = '1') THEN
          shift_reg<= datain;                        --加载数据
        ELSIF (shift_finish = '1') THEN
          dataout<= shift_reg;
        ELSIF (shift_clk = '1') THEN
          shift_reg<= shift_reg(6 DOWNTO 0) &shift_in;
        END IF;
      END IF;
    END IF;
  END PROCESS;

 sig_hold: PROCESS(clk)
  BEGIN
    IF (clk'EVENT AND clk = '1') THEN
      IF (rst = '0') THEN
        shift_out<= '0';
      ELSE
        IF (shift_reload = '1' OR shift_clk_neg = '1') THEN
          shift_out<=shift_reg(7);
        END IF;
      END IF;
    END IF;
```

```
    END PROCESS;
END shiftr;
```

移位寄存器的仿真波形图如图 6.16 所示。

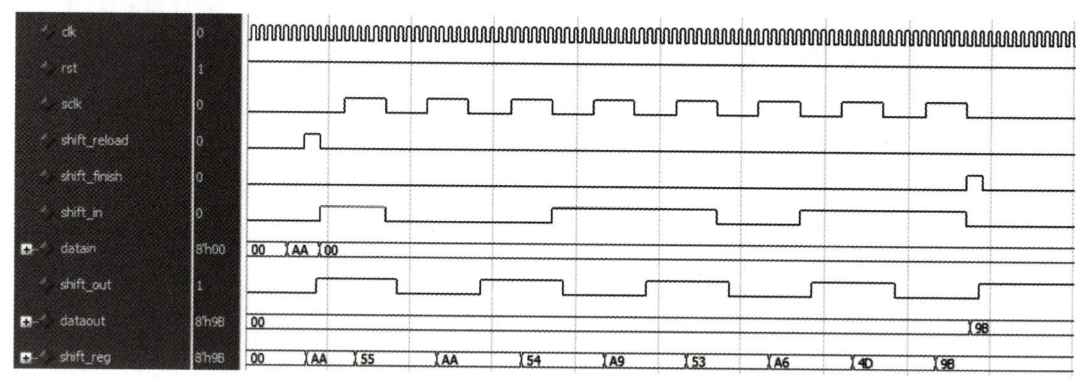

图 6.16　移位寄存器的仿真波形图

当 shift_reload 信号为高电平时，datain 端口的需要发送的数据“AA”被导入移位寄存器 shift_reg 中。随后在 sclk 的每个上升沿将“AA”信号按照从高位到低位的顺序移到 shift_out 端口，同时将 shift_in 端口接收到的信号移入 shift_reg 中。当移位结束时，shift_finish 信号变为高电平，shift_reg 中的数据通过 dataout 端口输出。

6.4.4　SPI 主从选择模块

在 SPI 通信协议中，SPI 主机的接口引脚 MISO 为串行数据输入引脚，MOSI 为串行数据输出引脚；而 SPI 从机的接口引脚 MISO 为串行数据输出引脚，MOSI 为串行数据输入引脚。SCLK 引脚在主机和从机上的功能虽然相同，但是信号传输的方向不同，SPI 主机的 SCLK 引脚为同步时钟信号输出引脚，而 SPI 从机的 SCLK 引脚为同步时钟信号输入引脚。为实现 SPI 接口主机和从机的选择功能，需要一个主从选择模块，其 VHDL 描述如下：

```
LIBRARY IEEE;
USE IEEE.STD_LOGIC_1164.ALL;
USE IEEE.NUMERIC_STD.ALL;

ENTITY m_s_sel IS
PORT(
  mosi       : INOUT STD_LOGIC;                --主输出从输入
  miso       : INOUT STD_LOGIC;                --主输入从输出
  sclk       : INOUT STD_LOGIC;                --SPI时钟
  master_sel : IN STD_LOGIC;                   --主从选择位
  shift_in   : OUT STD_LOGIC;                  --移位寄存器输入信号
  shift_out  : IN STD_LOGIC;                   --移位寄存器输出信号
  shift_clk  : OUT STD_LOGIC;                  --移位寄存器时钟
```

```
        sclk_gen    : IN STD_LOGIC                    --SPI时钟发生模块输出的时钟信号
        );
    END m_s_sel;

    ARCHITECTURE mssel OF m_s_sel IS
    BEGIN
      PROCESS(master_sel, shift_out, miso, mosi, sclk_gen, sclk)
      BEGIN
        IF(master_sel = '1') THEN                     --主模式
          shift_in<= miso;
          miso <= 'Z';
          mosi<= shift_out;
          shift_clk<= sclk_gen;
          sclk<= sclk_gen;
        ELSE                                          --从模式
          shift_in<= mosi;
          mosi<= 'Z';
          miso <= shift_out;
          shift_clk<= sclk;
          sclk<= 'Z';
        END IF;
      END PROCESS;
    END mssel;
```

主从选择模块的仿真波形图如图 6.17 所示。

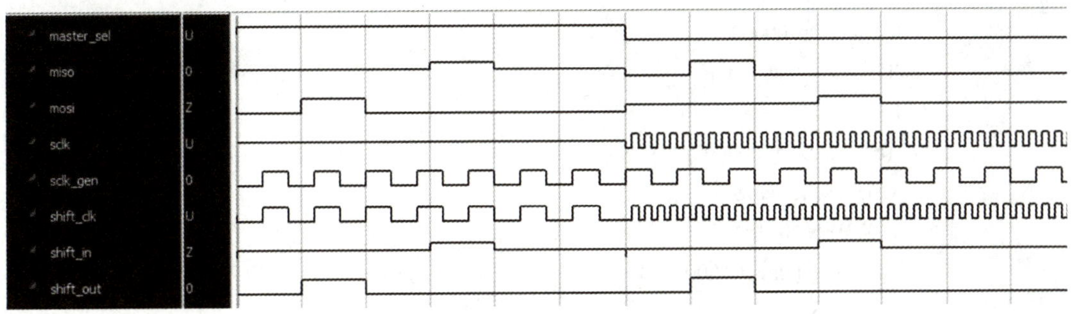

图 6.17　主从选择模块的仿真波形图

当 master_sel 端口为低电平时，系统处于 SPI 从机模式，此时移位寄存器的时钟引脚 shift_clk 的信号由 sclk 引脚提供，移位寄存器的输入引脚 shift_in 的信号由 mosi 引脚提供，移位寄存器输出引脚 shift_out 的信号通过 miso 输出。

当 master_sel 端口为高电平时，系统处于 SPI 主机模式。此时移位寄存器的时钟引脚 shift_clk 的信号由本机内部时钟信号发生器的输出引脚 sclk_gen 提供，移位寄存器的输入引脚 shift_in 的信号由 miso 引脚提供，移位寄存器输出引脚 sclk_out 的信号通过 mosi 引脚输出。

6.4.5 时钟信号发生器

时钟信号发生器的作用是，当 SPI 节点处于主机模式时，根据发送数据的速率由端口 SCLK 向从机输出频率可选的时钟信号。其 VHDL 代码如下。

```
LIBRARY IEEE;
USE IEEE.STD_LOGIC_1164.ALL;
USE IEEE.NUMERIC_STD.ALL;
ENTITY sclk_generate IS
PORT(
clk       : IN STD_LOGIC;                                   --系统时钟输入端口
sclk_set  : IN STD_LOGIC_VECTOR(1 DOWNTO 0);                --时钟选择位输入端口
sclk_gen  : OUT STD_LOGIC;                                  --SPI同步时钟输出端口
sclk_en   : IN STD_LOGIC;                                   --同步时钟使能信号输入端口
sclk_pol  : IN STD_LOGIC                                    --SPI时钟空闲时的输出信号状态
);
END sclk_generate;

ARCHITECTURE sclkgenerate OF sclk_generate IS
  SIGNAL clk_count : STD_LOGIC_VECTOR(4 DOWNTO 0);
  SIGNAL sclk_dvd2 : STD_LOGIC;
BEGIN
  PROCESS(clk)
  BEGIN
    IF (clk'event AND clk = '1') THEN
      IF (sclk_en = '0') THEN
        clk_count<= "00000";
        sclk_dvd2 <= sclk_pol;
      ELSE
        IF (clk_count = "00000") THEN
          CASE sclk_set IS
            WHEN "00" =>
              clk_count<= "00011";
            WHEN "01" =>
              clk_count<= "00111";
            WHEN "10" =>
              clk_count<= "01111";
            WHEN "11" =>
              clk_count<= "11111";
            WHEN OTHERS =>
              clk_count<= "00000";
          END CASE;
```

```
            sclk_dvd2 <= NOT sclk_dvd2;
          ELSE
            clk_count<= STD_LOGIC_VECTOR(unsigned(clk_count) - 1);
          END IF;
        END IF;
        sclk_gen<= sclk_dvd2;
      END IF;
    END PROCESS;
END sclkgenerate;
```

时钟信号发生器的仿真波形图如图 6.18 所示。

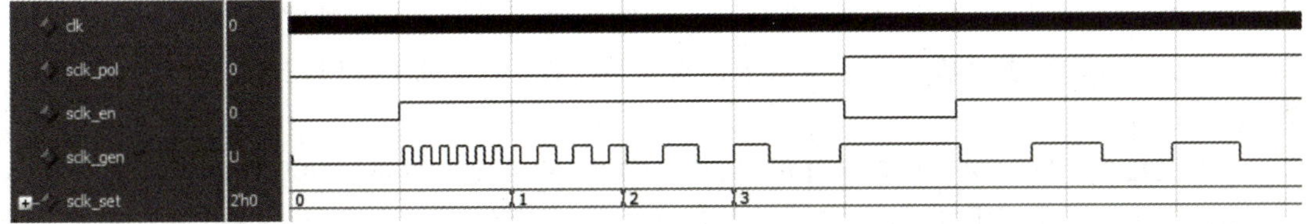

图 6.18　时钟信号发生器的仿真波形图

当信号 sclk_en 为低电平时，输出信号 sclk_gen 根据 sclk_pol 的状态保持在高电平 (sclk_pol 为高) 或低电平 (sclk_pol 为低)；当信号 sclk_en 为高电平时，时钟信号发生器根据端口 sclk_set 的设置对信号 clk 分频，由端口 sclk_gen 输出对应频率的时钟信号。端口 sclk_set 设置与分频比之间的关系如表 6.1 所示。

表 6.1　端口 sclk_set 设置与分频比之间的关系

sclk_set	分 频 比
'00'	8：1
'01'	16：1
'10'	32：1
'11'	64：1

6.4.6　SPI 控制的管理模块

本例中使用 4 个 8 位寄存器实现内部数据交流和设置的寄存器控制管理模块，以确定 SPI 接口工作模式。SPI 寄存器地址和功能如表 6.2 所示。

表 6.2　SPI 寄存器地址和功能分配表

名 称	地 址	位 数							
		0	1	2	3	4	5	6	7
Data_reg	0	Data_reg							
CTL	1	TX_ON	MSTEN	0	CLKPOL	Phase	CLK_Sel		IRQEN
STATUS	2	SLVSEL	TXRUN	0	0	0	0	OverRun	IRQ
SEL	3	SSEL					BIT_CTR		

1. 控制寄存器

控制寄存器 (Control Register，CTL) 用于存储 SPI 的控制参数，其包含以下 6 个控制参数位：

(1) TX_ON 位：用于设置 CTL 作为主设备时，启动 SPI 发送过程。当 TX_ON 位被置为“1”时，启动 SPI 发送时序，发送过程结束后该位被自动清零。

(2) MSTEN 位：用于设置 SPI 接口的主从模式。当 MSTEN 位被置为“1”时，SPI 工作于主模式；当 MSTEN 位被置为“0”时，SPI 工作于从模式。

(3) CLKPOL 位：用于设置 CTL 作为主设备时，时钟同步信号 SCLK 的默认状态。当 CLKPOL 位被置为“1”时，SCLK 默认状态下为高；当 CLKPOL 位被置为“0”时，SCLK 默认状态下为低。

(4) Phase 位：用于设置时钟同步信号作用的相位。当 Phase 位被置为“1”时，SPI 接口在 SCLK 下降沿读取数据；当 Phase 位被置为“0”时，SPI 接口在 SCLK 上升沿读取数据。

(5) CLK_Sel 位：用于设置 SPI 的时钟分频器，分频比与时钟发生模块的相同。

(6) IRQEN 位：中断信号允许位。当 IRQEN 位被置为“1”时，允许 SPI 接口在接收 / 发送完数据后发出中断控制信号；当 IRQEN 位被置为“0”时，屏蔽中断控制信号。

2. 状态寄存器

状态寄存器 (Status Register，SR) 用于保存 SPI 接口的运行状态，SR 包含以下 4 个状态寄存器：

(1) SLVSEL 位：该位只读，用于标示 SPI 模块的主从状态。当 SLVSEL 位被置为“1”时，SPI 接口工作于从属状态；当 SLVSEL 位被置为“0”时，SPI 接口工作于主机状态。

(2) TXRUN 位：该位只读。当 SPI 模块处于主机模式时，TXRUN 位被置为“1”，则表示 SPI 模块正处于接收或发送过程中。

(3) OverRun 位：该位可读 / 写。当 SPI 接口正在发送数据时，用户向传输寄存器 (DOUT) 写数据，则 OverRun 位被置为“1”，表示发生传输过载错误。发生错误后，需要从内部总线手动复位。

(4) IRQ 位：中断激活位，该位可读 / 写。当 SPI 模块作为主设备时，在发送信号完成后，或作为从设备在接收到一个字节后，IRQ 位将被置为“1”。中断位置 1 后，需要由内部总线手动置零。

3. 数据寄存器

数据寄存器 (Data_reg) 用于存储 SPI 接收或需要发送的数据内容。实际上，在硬件实现中该寄存器由两个不同的 8 位数据寄存器组成，当外部芯片读取地址 0 的数据时，读出的是 SPI 接口器件收到的数据内容，外部芯片也可以向地址 0 写入数据，写入的数据将通过 SPI 接口发送出去。

4. 选择寄存器

选择寄存器 (Select Register，SEL) 用于保存从接口选择位和传输位宽选择位。

(1) SSEL 位：用于在作为 SPI 主设备时选择与之通信的从设备。

(2) BIT_CTR 位：用于设置 SPI 传输字的位宽，“000”表示 8 位，“001”～“111”分

别表示 1～7 位。

SPI 接口模块的另一侧采用并行接口，通过 CLK 信号进行同步，使用 CHIP_SEL 引脚作为片选，“WRITE”引脚作为写使能信号对寄存器进行写入。

通过读 / 写信号、地址接口和数据输入接口可以操作内部的寄存器，同时控制 shift_reg_load 引脚发出启动脉冲，触发 SPI 接口导入数据并进行接收或发送。当设置的长度的数据收发完毕时，置位 IRQ，发出中断信号。

SPI 控制管理模块的 VHDL 代码如下：

```
LIBRARY IEEE;
USE IEEE.STD_LOGIC_1164.ALL;
USE IEEE.NUMERIC_STD.ALL;
USE IEEE.STD_LOGIC_UNSIGNED.ALL;

ENTITY controller IS
  PORT (
      clk            : IN STD_LOGIC                          --系统时钟输入
      data_in        : IN STD_LOGIC_VECTOR(7 DOWNTO 0);
--系统 8位数据输入接口
      shift_clk_in   : IN STD_LOGIC;                         --移位寄存器时钟信号输入端口
      shift_clk_out  : OUT STD_LOGIC;                        --移位寄存器时钟信号输出端口
      shift_reg_in   : OUT STD_LOGIC_VECTOR(7 DOWNTO 0);
--移位寄存器待发送数据输入接口
      shift_reg_out  : IN STD_LOGIC_VECTOR(7 DOWNTO 0);
--移位寄存器接收数据输出接口
      shift_reg_load : OUT STD_LOGIC;                        --移位寄存器待发送数据导入信号引脚
      mst_sel        : OUT STD_LOGIC;                        --器件主从选择引脚
      wr             : IN STD_LOGIC;                         --写寄存器信号引脚
      rd             : IN STD_LOGIC;                         --读寄存器信号引脚
      addr           : IN STD_LOGIC_VECTOR(1 DOWNTO 0);
--寄存器读 /写地址输入端口
      data_out       : OUT STD_LOGIC_VECTOR(7 DOWNTO 0);
--数据输出信号
      tx_finish      : OUT STD_LOGIC;                        --数据发送完毕信号输出端口
      sclk_gen_en    : OUT STD_LOGIC;                        --同步时钟信号发生使能控制信号输出端口
      sclk_pol       : OUT STD_LOGIC                         --同步时钟相位控制信号输出端口
      sclk_set       : OUT STD_LOGIC_VECTOR(1 DOWNTO 0);
--同步时钟频率控制信号输出端口
      ssel           : BUFFER STD_LOGIC_VECTOR(4 DOWNTO 0)
--作为主机时，从机选择输出位
  );
```

```
END controller;

ARCHITECTURE control OF controller IS
   SIGNAL msten         : STD_LOGIC:='0';
   SIGNAL shift_done    : STD_LOGIC:='0';
   SIGNAL slvsel        : STD_LOGIC:='0';
   SIGNAL shift_run     : STD_LOGIC:='0';
   SIGNAL data_reg      : STD_LOGIC_VECTOR(7 DOWNTO 0):="00000000";
   SIGNAL tx_on         : STD_LOGIC:='0';
   SIGNAL tx_on_reg     : STD_LOGIC:='0';
   SIGNAL tx_start      : STD_LOGIC:='0';
   SIGNAL txrun         : STD_LOGIC:='0';
   SIGNAL phase         : STD_LOGIC:='0';
   SIGNAL bit_count     : STD_LOGIC_VECTOR(3 DOWNTO 0):="0000";
   SIGNAL clkpol        : STD_LOGIC:='0';
   SIGNAL clk_sel       : STD_LOGIC_VECTOR(1 DOWNTO 0):="00";
   SIGNAL overrun       : STD_LOGIC:='0';
   SIGNAL irqen         : STD_LOGIC:='0';
   SIGNAL irq           : STD_LOGIC:='0';
   SIGNAL bit_ctr       : STD_LOGIC_VECTOR(2 DOWNTO 0):="000";
   SIGNAL sclk_out      : STD_LOGIC:='0';
   SIGNAL sclk_out_reg: STD_LOGIC:='0';
   SIGNAL irq_clr       : STD_LOGIC:='0';
   SIGNAL shift_finish : STD_LOGIC:='0';
BEGIN
sclk_ctrl: process(txrun, msten)
   BEGIN
      IF (msten = '1') THEN
         sclk_gen_en<= txrun;
      ELSE
         sclk_gen_en<= '0';
      END IF;
   END PROCESS;

   PROCESS (clk)
   BEGIN
      IF (clk'event AND clk = '1') THEN
         shift_clk_out<= sclk_out;
         IF (Phase = '1') THEN
```

```
            sclk_out<= shift_clk_in;
        ELSE
            sclk_out<= NOT shift_clk_in;
        END IF;
    END IF;
END PROCESS;

PROCESS (clk)
BEGIN
    IF(clk'event AND clk='1') THEN
        mst_sel<= Msten;
        slvsel<= NOT Msten;
        sclk_set<= CLK_sel;
        sclk_pol<= clkpol;
        irq<= shift_done AND irqen;
    END IF;
END PROCESS;

PROCESS (clk)
BEGIN
    IF(clk'event AND clk='1') THEN
        IF (irq_clr='0') THEN
            shift_done<= '0';
        ELSIF (shift_finish = '1') THEN
            shift_done<= '1';
        END IF;
    END IF;
END PROCESS;

PROCESS (clk)
BEGIN
    IF(clk'event AND clk='1') THEN
        IF(wr='1') THEN
            IF(addr="00") THEN
                IF(shift_run = '1') THEN
                    overrun <= '1';
                ELSE
                    shift_reg_in<= data_in;
                    tx_Start<= '1';
```

```
            END IF;
            irq_clr<= '1';
          ELSIF(addr="01") THEN
            tx_start<= '0';
            msten<= data_in(1);
            clkpol<= data_in(3);
            phase <= data_in(4);
            clk_sel<= data_in(6 DOWNTO 5);
            irqen<= data_in(7);
            irq_clr<= '1';
          ELSIF (addr="10") THEN
            tx_Start<= '0';
            overrun <= data_in(6);
            irq_clr<= data_in(7);
          ELSIF (addr="11") THEN
            tx_Start<= '0';
            irq_clr<= '1';
            ssel<= data_in(4 DOWNTO 0);
            bit_ctr<= data_in(7 DOWNTO 5);
          ELSE
            tx_start<= '0';
            irq_clr<= '1';
          END IF;
        ELSE
          tx_start<= '0';
        END IF;
      END IF;
      shift_reg_load<= tx_start;
    END PROCESS;

    PROCESS (clk)
    BEGIN
      IF(clk'event AND clk='1') THEN                      -- 读取控制寄存器值
        IF (rd='1') THEN
          IF (addr="00")THEN
            data_out<= shift_reg_out;
          ELSIF (addr="01")THEN
            data_out<= irqen&clk_sel& phase &clkpol& '0' &msten&tx_on;
          ELSIF (addr="10") THEN
```

```
            data_out<= irq& overrun &"0000"&txrun&slvsel;
          ELSIF (addr="11")THEN
            data_out<= bit_ctr&ssel;
          END IF;
        END IF;
      END IF;
    END PROCESS;

    PROCESS (clk)
    BEGIN
      IF(clk'event AND clk='1') THEN
        IF (msten='1')THEN                          -- 主设备
          IF(tx_start='1' AND txrun='0' AND bit_count="0000") THEN
            IF(bit_ctr="000") THEN
              bit_count(3) <= '1';
            ELSE
              bit_count(3) <= '0';
            END IF;
            shift_finish<= '0';
            bit_count(2 DOWNTO 0) <= bit_ctr;
            TXRUN <= '1';
          ELSIF (sclk_out='1' AND sclk_out_reg='0' AND bit_count/="0000") THEN
            bit_count<= bit_count - "0001";
          ELSIF (txrun='1' AND bit_count="0000") THEN
            txrun<= '0';
            shift_finish<= '1';
          END IF;
        ELSE                                        -- 从设备
          IF(bit_count="0000" AND txrun='0') THEN
            IF (bit_ctr="000") THEN
              bit_count(3) <= '1';
            ELSE
              bit_count(3) <= '0';
            END IF;
            bit_count(2 DOWNTO 0) <= bit_ctr;
            shift_finish<= '0';
            txrun<= '1';
          ELSIF (sclk_out='1' AND sclk_out_reg='0' AND bit_count/="0000") THEN
            bit_count<= bit_count - '1';
          ELSIF (txrun='1' AND bit_count="0000") THEN
```

```
                txrun<= '0';
                shift_finish<= '1';
            END IF;
        END IF;
    END IF;
  END PROCESS;

  PROCESS (clk)
  BEGIN
    IF(clk'event AND clk = '1')THEN
      sclk_out_reg<= sclk_out;
      tx_on<= data_in(0);
    END IF;
    TX_Finish<= shift_finish;
  END PROCESS;
END ARCHITECTURE control;
```

SPI 控制管理模块的仿真波形图如图 6.19 所示。

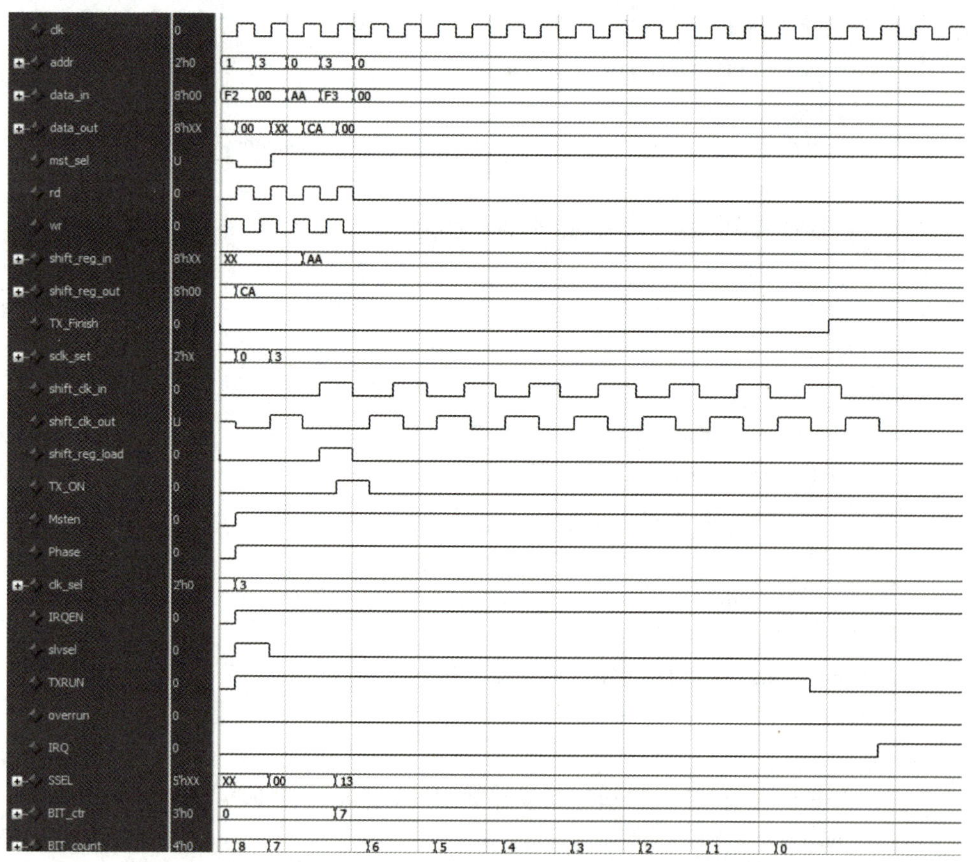

图 6.19 SPI 控制管理模块的仿真波形图

通过读 / 写信号、地址接口和数据输入接口可以对内部的寄存器进行操作，同时控制 shift_reg_load 引脚发出启动脉冲，触发 SPI 进行数据导入并进行收 / 发，当设置的一定长的数据收 / 发完毕时，置位 IRQ，发出中断信号。

6.5 VGA 接口实现

VGA(Video Graphics Array) 最初是由 IBM 公司于 1987 年提出的一种计算机显示标准。尽管现代计算机通常使用数字接口，如 HDMI 或 Display Port，但 VGA 仍是很多制造商共同支持的标准，仍然在一些老旧设备和特定场景中使用。

VGA 支持在 640 × 480 像素的分辨率下同时显示 16 种色彩或 256 种灰度，在 320 × 240 像素的低分辨率下同时显示 256 种颜色。

VGA 的接口如图 6.20 所示。

VGA 各引脚的功能说明如表 6.3 所示。

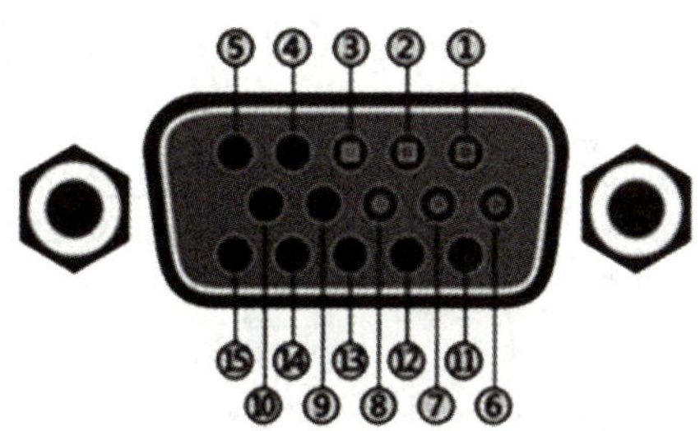

图 6.20　VGA 的接口示意图

表 6.3　VGA 接口各引脚功能说明

引　脚	信 号 定 义	描　述
1	Red	红色基信号
2	Green	绿色基信号
3	Blue	蓝色基信号
4、11、12、15	Address ID	地址码
5	Self_test	自测试信号
6	Red GND	红基信号地
7	Green GND	绿基信号地
8	Blue GND	蓝基信号地
9	Reserved	无定义保留
10	DGND	控制信号数字地
13	HSYNC	水平 (行) 同步信号
14	VSYNC	垂直 (列) 同步信号

6.5.1 VGA 的显示原理

VGA 的扫描方式分为逐行扫描和隔行扫描，其时序图如图 6.21 所示。

(1) 逐行扫描：从屏幕左上角的第一个点开始，从左向右逐点扫描。在扫描完第一行后，电子束便从第二行的起始位置开始从左向右逐点扫描。在这期间，将对电子束进行消隐。

(2) 隔行扫描：电子束在扫描时每隔一行扫描一次，即先扫描奇数行，扫描完奇数行后再返回扫描偶数行。

本例采用隔行扫描的方式，VGA 的时序图如图 6.21 所示。

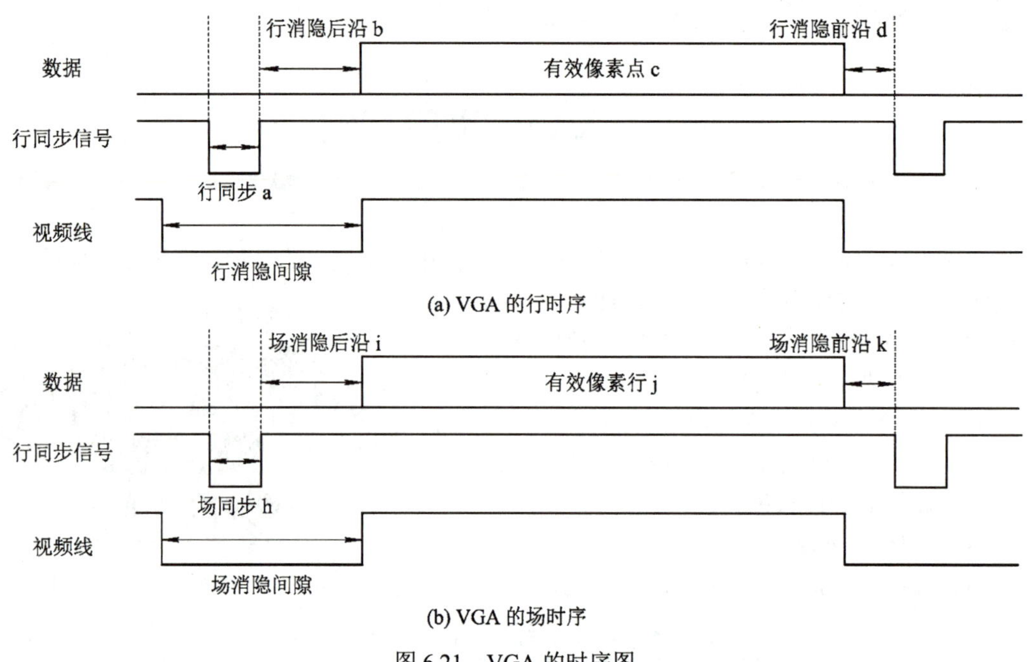

(a) VGA 的行时序

(b) VGA 的场时序

图 6.21　VGA 的时序图

6.5.2　VGA 的 VHDL 描述及其仿真波形

1. VGA 的 VHDL 描述

本例采用逐行扫描的方式实现了一个基础的 VGA 控制器，能够产生水平和垂直同步信号以及 RGB 颜色显示信号。通过对水平和垂直计数器的控制，VGA 控制器可以按行、按帧逐行显示图像数据。VGA 的 VHDL 代码如下：

```
LIBRARY IEEE;
USE IEEE.STD_LOGIC_1164.ALL;
USE IEEE.STD_LOGIC_UNSIGNED.ALL;
USE IEEE.STD_LOGIC_ARITH.ALL;

ENTITY vga IS
  PORT(
    reset               : IN  STD_LOGIC;          -- 复位信号
    clk                 : IN  STD_LOGIC;          -- 时钟信号
    vga_hs_control      : OUT STD_LOGIC;          -- 水平同步信号
    vga_vs_control      : OUT STD_LOGIC;          -- 垂直同步信号
    vga_red_display     : OUT STD_LOGIC;          -- 红色显示信号
    vga_green_display : OUT STD_LOGIC;            -- 绿色显示信号
    vga_blue_display    : OUT STD_LOGIC           -- 蓝色显示信号
  );
```

```
END vga;
ARCHITECTURE behavior OF vga IS
  SIGNAL hs   : STD_LOGIC;                          --生成水平同步信号
  SIGNAL vs   : STD_LOGIC := '1';                   --生成垂直同步信号
 SIGNAL grb  : STD_LOGIC_VECTOR(2 DOWNTO 0);        --生成颜色显示信号

BEGIN
  PROCESS (clk)                                     -- clk = 24 MHz, hs = 30 kHz, vs = 57 Hz
    VARIABLE i : INTEGER RANGE 0 TO 799 := 0;       -- 水平计数器
    VARIABLE j : INTEGER RANGE 0 TO 79  := 0;       -- 垂直计数器
  BEGIN
    IF reset = '1' THEN
      grb<= "000";
      i  := 96;
      j  := 0;
      hs<= '1';
    ELSIF clk'EVENT AND clk = '1' THEN
      IF i< 96 THEN
        hs<= '0';
      ELSIF i = 799 THEN
        i  := 0;
      ELSE
        hs<= '1';
      END IF;

      IF j = 79 THEN
        grb(1) <= not grb(1);
        j     := 0;
      END IF;

      i := i + 1;
      j := j + 1;
    END IF;
    vga_hs_control<= hs;
  END PROCESS;

  PROCESS (hs)
    VARIABLE k : INTEGER RANGE 0 TO 524 := 0;       --垂直同步计数器
  BEGIN
    IF reset = '1' THEN
      k  := 2;
```

```
            vs <= '1';
        ELSIF hs'EVENT AND hs = '1' THEN
            IF k < 2 THEN
                vs <= '0';
            ELSIF k = 524 THEN
                k := 0;
            ELSE
                vs <= '1';
            END IF;
            k := k + 1;
        END IF;
        vga_vs_control<= vs;
    END PROCESS;
    PROCESS (clk)
    BEGIN
        IF clk'EVENT AND clk = '1' AND vs = '1' AND hs = '1' THEN
            vga_green_display<= grb(2);
            vga_red_display<= grb(1);
            vga_blue_display<= grb(0);
        END IF;
    END PROCESS;
END behavior;
```

2. 仿真波形

VGA 的仿真波形图如图 6.22 所示。

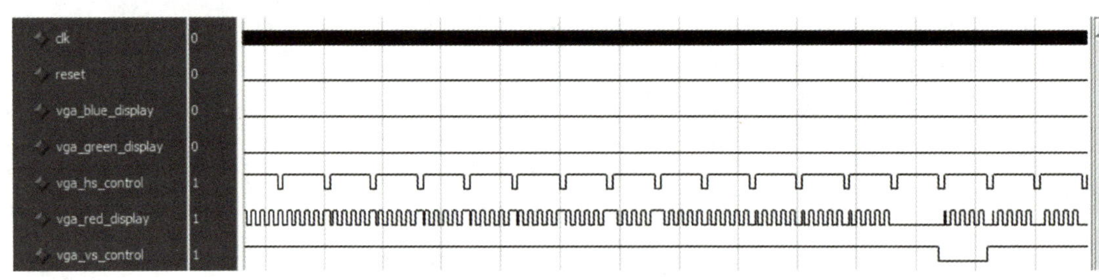

图 6.22　VGA 的仿真波形图

拓展思考题

6-1　简述 VGA 接口的工作时序。

6-2　设计一个 FPGA 接口电路，完成串行数据的并行输出。

6-3　设计一个基于 FPGA 的多功能控制器，要求能够通过并行接口实现对外部设备的控制和数据传输。

第 7 章　FPGA 在通信系统设计中的应用

当今世界已进入高度信息化时代，通信已渗透到社会的各个领域，成为现代文明的标志。作为信息传输的重要手段，通信与计算机技术、传感技术等相互融合，已成为当今世界经济发展的强大推动力，对人们的生活方式、社会活动及其发展起到了重要的作用。

目前，人们对数据通信的需求不断地增长，加之数字传输在抗干扰能力、数据压缩与加密，以及误码率等方面的卓越性能和灵活性，数字通信系统受到人们越来越广泛的重视。本章的研究对象是 FPGA 在通信系统设计中的应用，重点介绍通信系统中各个部分的原理以及如何利用 VHDL 进行编写。

7.1　概　　述

通信系统的一般模型如图 7.1 所示。

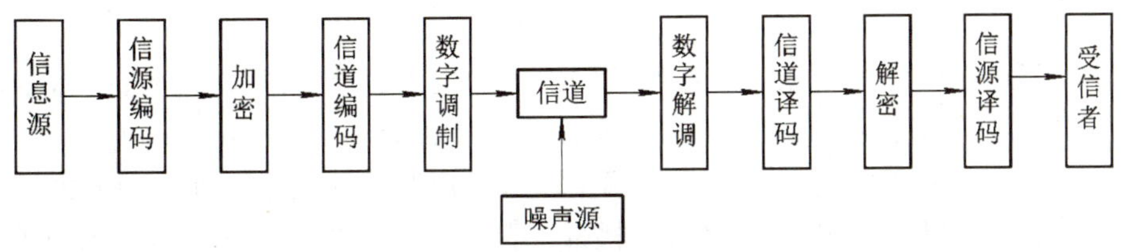

图 7.1　通信系统的一般模型

信源编码 (Source Coding) 在数字通信系统中承担着两项基本职责。首先，通过压缩编码技术，信源编码能够有效减少码元数量，降低码元速率，从而提升信息传输的效率；其次，当信息源输出的是模拟信号时，信源编码还需完成模拟信号到数字信号的转换 (A/D 转换)，以实现模拟信息的数字化传输。信源译码作为信源编码的逆过程，负责在接收端还原原始信息内容。

信道编码 (Channel Coding) 主要用于控制传输过程中的差错。由于噪声等干扰因素的存在，数字信号在传输中难免产生误差。为此，信道编码器按照特定规则在信息序列中插入冗余成分 (监督码元) 形成抗干扰编码，以增强数据在信道中的可靠性。对应地，接收端通过信道译码器执行解码操作，检测并纠正可能出现的错误，从而显著提高通信质量。

在需要保障通信安全的应用场景下，通常需要对即将传输的数字序列进行加密 (Encryption)。加密过程通过人为扰乱信息序列，防止数据在传输过程中被非法获取。接收端则需进行解密 (Decryption)，通过与加密相反的操作，恢复原始信息。

数字调制的目的是将数字基带信号的频谱迁移到较高的频段，生成便于在信道中传输的带通信号。常见的数字调制方式包括振幅键控 (ASK)、频移键控 (FSK)、绝对相移键控 (PSK) 以及差分相移键控 (DPSK)。根据实际需求，在接收端可以选择相干解调或非相干解调方式将信号还原成基带数据。

在数字通信中同步 (Synchronization) 至关重要，它确保发送端与接收端在时间基准上保持一致，是实现系统有序、准确和可靠通信的基础保障。根据同步对象的不同，同步通常分为载波同步、位同步、群 (帧) 同步以及网络同步等类别。

此外，模拟信号经过数字编码后可以在数字通信系统中传输，数字电话系统就是以数字方式传输模拟语音信号的例子。当然，数字信号也可以通过传统的电话网来传输，但需使用调制解调器 (Modem)。

现场可编程门阵列 (Field Programmable Gate Array，FPGA) 芯片在许多领域均有广泛的应用，特别是在通信领域里，由于 FPGA 具有极强的实时性和并行处理能力，其对信号进行实时处理成为可能。本节对 FPGA 技术在现有通信中的应用领域做出详细的分析，并对其在未来通信中的应用作出展望。

FPGA 基本功能模块由 N 输入的查找表、存储数据的触发器和复路器等组成。查找表能够通过对数据的读取实现输入数据的任意布尔函数。触发器则用来存储数据，如有限状态机的状态信息。复路器可以选择不同的输入信号进行组合，将查找表和触发器用可编程的布线资源连接起来，实现不同的组合逻辑和时序逻辑。由于 FPGA 内部结构的特点，它可以很容易地实现分布式的算法结构，这一点对于实现通信中的高速数字信号处理十分有利。在通信系统中，许多功能模块通常都需要大量的滤波运算，而这些滤波函数往往需要大量的乘和累加操作。通过 FPGA 来实现分布式的算术结构，就可以有效地实现这些乘和累加操作。

目前，无线通信一方面正向语音和数据综合的方向发展；另一方面迫切需要将移动技术综合到手持电脑 (Personal Digital Assistant，PDA) 产品中。因此，随着通信系统的发展，以及对更为完善的便携式系统的期望，系统模块的处理器必须更加强大。这一要求对无线通信的 FPGA 芯片市场提出了挑战，其中最重要的三个方面是 FPGA 的功耗、性能和成本。目前，已有许多研究来平衡这三个方面的要求，如利用 SoC 可以将尽可能多的功能集成在一个 FPGA 芯片或 FPGA 芯片集上，使其在性能上具有速率高、功耗低的特点，成本更低，降低其复杂性，便于使用。特别是在通信领域里，由于 SoC 具有极强的实时性，因此使其对语音进行实时处理成为可能。由于 FPGA 是通过面向芯片结构的软件编程来实现其功能的，仅修改软件而不需要修改硬件平台就可以改进系统原有设计方案或原有功能，因此其具有极大的灵活性；又由于 FPGA 芯片并非是专门为某种功能设计的，因而其使用范围广，产量大，价格可以降到很低。综上所述，FPGA 将会越来越多地应用于通信系统中，它的优良性能将会促进通信的发展，而通信蓬勃发展又将会进一步促进 FPGA 技术的进步。

对于现有通信中的许多关键技术，如 CDMA(Code Division Multiple Access) 技术、软件无线电、多用户检测等技术都需要依靠高速、高性能的并行处理器来实现。随着这些应用的日益多样化，FPGA 已经不再是一块独立的芯片，而是演变成了构件内核。这使得设计师能选择合适的内核，与专用逻辑“胶结”在一起形成专用的 FPGA 方案，以满足信号处理的需要。目前，还出现了把 DSP 核和 FPGA 集成在一起的芯片。FPGA 芯片的应用广泛，如用于实现语音合成、纠错编码、基带调制解调，以及系统控制等功能；基于 DSP(Digital Signal Processing) 核的矢量编码器可用于将语音信号压缩到有限带宽的信道中；用来实现基带调制解调、定时恢复、自动增益、频率控制、符号检测、脉冲整形、匹配滤波器等。特别是其中的调制解调器，需要大量的复杂运算，并且对调制解调器的大小、质量、功耗特别关注，这就对 FPGA 提出了更高的要求，调制解调器的速度随 FPGA 速度的提高而不断提高。FPGA 在通信领域的应用大大改善了现代通信系统的性能，也极大地推动了 SoC 的发展。但对于当今的移动通信设备，一片 FPGA 难以达到系统级处理的能力。例如，对于第三代移动通信，一片 FPGA 只能进行信源和信道方面的物理层处理，不能处理控制和高层信令，只有将其与另外的 DSP 或 CPU 结合才能完成整个任务。因此，基于 DSP/CPU 加 FPGA 的网络产品将成为未来的应用热点。由于移动通信的宽带 GSM、CDMA 标准的转移和高速数据传送网络对数字用户线 (Digital Subscriber Line，DSL) 的要求，基于内嵌 DSP/CPU 的 FPGA SoC 将更有前途。

专家指出，今后高速 DSP/CPU 加 FPGA 技术的发展趋势将以系统芯片为核心，信息处理速度将达到每秒几十亿次乘加运算，因此，只有多系统芯片才能肩负此重任。嵌入式系统已经与 SoC 技术融合在一起，成为新一代信息技术的基础。基于 DSP/CPU 加 FPGA 的嵌入式系统不仅具有其他微处理器和单片机嵌入式系统的优点和技术特性，还能利用并行算法操作，使其具有更高速的数字信号处理能力，为实现系统的实时性提供更为有力的支持。DSP/CPU 加 FPGA 系统必将成为现代电子技术、计算机技术和通信技术的重要支柱。

7.2 数字调制

7.2.1 数字调制的基本理论

正交振幅调制 (Quadrature Amplitude Modulation，QAM) 是一种振幅和相位联合键控 (Amplitude and Phase Keying，APK) 调制方式。在系统带宽一定的条件下，多进制的信息传输速率比二进制的高，即多进制调制的频带利用率高。在这种情况下，M 值代表正交振幅调制中所用的调制符号数量。随着 M 值的增加，在信号空间中各种信号的最小距离减小，相应的信号判决区域也随之减少。因此，当信号受到噪声和干扰损害时，接收信号错误概率也随之增大。要减小误码率就必须加大信号间的距离，即提高发射功率，所以多进制调制系统频带利用率是通过牺牲功率利用率来换取的。QAM 方式就是为了克服上述问题所提出的。在这种调制方式中，当 M 较大时，可以获得较好的功率利用率。另外，其设备的组成也比较简单。因此，QAM 是目前应用十分广泛的一种数字调制方式。

QAM 信号的一般表示式为

$$e_{\mathrm{QAM}}(t)=\sum_{n}a_{n}g(t-nT_{\mathrm{B}})\cos(\omega_{c}t+\varphi_{n}) \tag{7.1}$$

式中：$g(t-nT_{\mathrm{B}})$ 是宽度为 T_{B} 的单个基带脉冲。

式 (7.1) 还可写成另一种表示形式：

$$e_{\mathrm{QAM}}(t)=\left[\sum_{n}a_{n}g(t-nT_{\mathrm{B}})\cos\varphi_{n}\right]\cos\omega_{\mathrm{c}}t-\left[\sum_{n}a_{n}g(t-nT_{\mathrm{B}})\sin\varphi_{n}\right]\sin\omega_{\mathrm{c}}t \tag{7.2}$$

令

$$\begin{cases}a_{n}\cos\varphi_{n}=X_{n}\\-a_{n}\sin\varphi_{n}=Y_{n}\end{cases} \tag{7.3}$$

则式 (7.2) 变为

$$e_{\mathrm{QAM}}(t)=\left[\sum_{n}X_{n}g(t-nT_{\mathrm{B}})\right]\cos\omega_{\mathrm{c}}t+\left[\sum_{n}Y_{n}g(t-nT_{\mathrm{B}})\right]\sin\omega_{\mathrm{c}}t \tag{7.4}$$

星座图是指信号矢量端点的分布图。PSK 和 QAM 信号的星座图如图 7.2 所示。

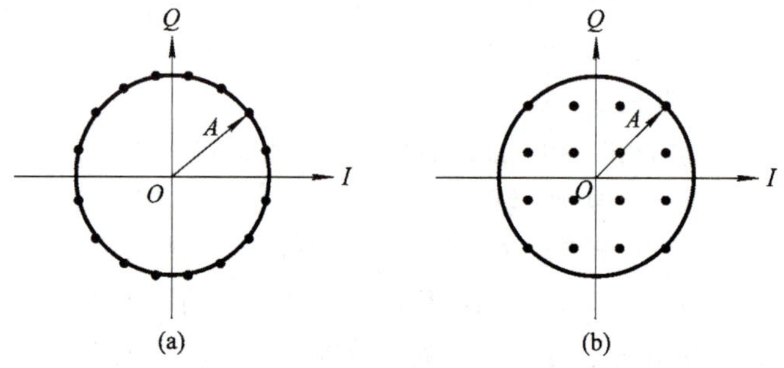

图 7.2 PSK 和 QAM 信号的星座图

一般来说，多进制正交幅度调制 (Multiple Quadrature Amplitude Modulation，MQAM) 信号的星座图为矩形或十字形。其中，$M=4$、16、64、256 时的星座图为矩形，而 $M=32$、128 时的星座图为十字形。前者的 M 为 2 的偶次方，即每个符号携带偶数比特信息；后者的 M 为 2 的奇次方，即每个符号携带奇数比特信息。

由式 (7.4) 可以看出，MQAM 信号可以采用正交调制的方法产生。图 7.3 所示为 MQAM 信号调制的原理。为了抑制已调信号的带外辐射，该 L 电平的基带信号还要经过低通滤波器进行预调制，再分别与同相载波和正交载波相乘，最后将两路信号相加即可得到 MQAM 信号。

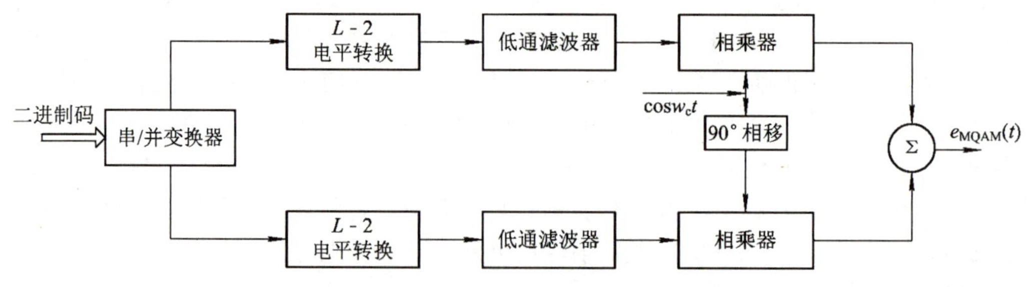

图 7.3 MQAM 信号调制的原理方框图

MQAM 信号可以采用正交相干解调方法，其解调器原理如图 7.4 所示。解调器输入信号与本地恢复的两个正交载波相乘后，经过低通滤波输出两路多电平基带信号。多电平基带信号用有 $L-1$ 个门限的判决器进行判决和检测，经 $L-2$ 电平转换将信号从 L 进制转换为二进制，再经过并 / 串变换器后，最终输出二进制数据。

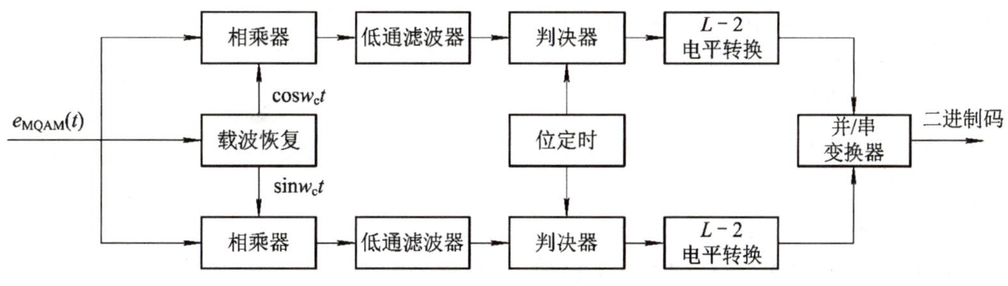

图 7.4　MQAM 信号解调的原理方框图

7.2.2　数字调制的程序设计

MQAM 的系统结构如图 7.5 所示，第一个是调制模块，它包含了输入端口 rst、clk、din 和输出端口 I、Q。rst 和 clk 用于复位和时钟控制，din 是用于输入 4 位数字信息的信号，I 和 Q 是用于输出 I 和 Q 调制信号的三位向量。

第二个是解调模块，它包含了输入端口 rst、clk、I、Q 和输出端口 dout。rst 和 clk 用于复位和时钟控制，I 和 Q 是用于输入 I 和 Q 调制信号的三位向量，dout 是用于输出解调后的 4 位数字信息的信号。

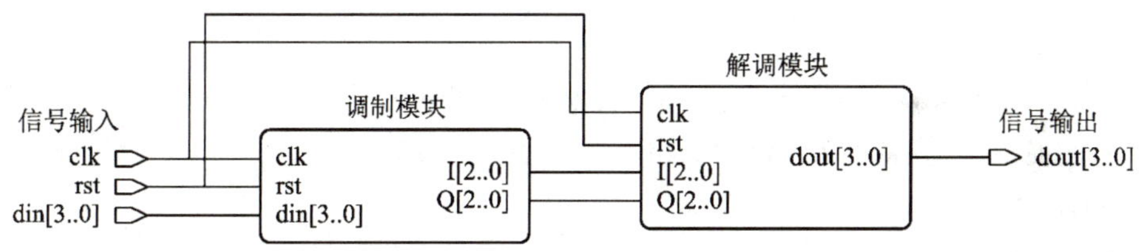

图 7.5　MQAM 系统结构图

该 VHDL 代码实现了 QAM 调制。QAM 调制器将输入的二进制数据流映射到一组复合符号，每个符号具有不同的幅度和相位，从而在同一载波上携带更多信息。在该代码中，通过设计数字电路，输入的数据流被分成两部分，分别调制到正交的两个载波 (通常为正弦和余弦载波) 上，形成同相分量 I 和正交分量 Q。这两个信号最终被组合形成输出的 QAM 信号。

QAM 调制的 VHDL 代码如下：

```
LIBRARY IEEE;
USE IEEE.STD_LOGIC_1164.ALL;
USE IEEE.STD_LOGIC_ARITH.ALL;
USE IEEE.STD_LOGIC_UNSIGNED.ALL;

ENTITY codemap IS
  PORT ( rst : IN  STD_LOGIC;
    clk : IN  STD_LOGIC;
    din : IN  STD_LOGIC_VECTOR (3 DOWNTO 0);
```

```
        i : OUT  STD_LOGIC_VECTOR (2 DOWNTO 0);
        q : OUT  STD_LOGIC_VECTOR (2 DOWNTO 0));
END codemap;

ARCHITECTURE BEHAVIORAL OF codemap IS

        SIGNAL c, d, dc, dd: STD_LOGIC;
    SIGNAL code: STD_LOGIC_VECTOR(3 DOWNTO 0);

BEGIN
        PROCESS (rst, clk)
    BEGIN
        IF (rst = '1') THEN
            dc <= '0';
            dd <= '0';
            code <= (OTHERS => '0');
        ELSIF (rising_edge(clk)) THEN
            dc <= c;
            dd <= d;
            -- 完成差分编码，然后形成新的 4 位数据用于星座映射
            code <= (c & d &din(1 DOWNTO 0));
        END IF;
    END PROCESS;

    c <= ((din(3) XOR din(2)) AND (din(3) XNOR Dc)) XNOR
         ((din(3) XNOR din(2)) AND (din(3) XNOR Dd));
    d <= ((din(3) XOR din(2)) AND (din(2) XNOR Dd)) XNOR
         ((din(3) XNOR din(2)) AND (din(2) XNOR Dc));

        -- 星座映射
        PROCESS (rst, clk)
    BEGIN
        IF (rst = '1') THEN
            i<= (OTHERS => '0');
            q <= (OTHERS => '0');
        ELSIF (rising_edge(clk)) THEN
            CASE code IS
                WHEN "0000" =>
                    i<= "011"; q <= "011";
```

```
            WHEN "0001" =>
              i<= "001"; q <= "011";
            WHEN "0010" =>
              i<= "011"; q <= "001";
            WHEN "0011" =>
              i<= "001"; q <= "001";
            WHEN "0100" =>
              i<= "101"; q <= "011";
            WHEN "0101" =>
              i<= "101"; q <= "001";
            WHEN "0110" =>
              i<= "111"; q <= "011";
            WHEN "0111" =>
              i<= "111"; q <= "001";
            WHEN "1000" =>
              i<= "011"; q <= "101";
            WHEN "1001" =>
              i<= "011"; q <= "111";
            WHEN "1010" =>
              i<= "001"; q <= "101";
            WHEN "1011" =>
              i<= "001"; q <= "111";
            WHEN "1100" =>
              i<= "101"; q <= "101";
            WHEN "1101" =>
              i<= "111"; q <= "101";
            WHEN "1110" =>
              i<= "101"; q <= "111";
            WHEN OTHERS =>
              i<= "111"; q <= "111";
        END CASE;
      END IF;
    END PROCESS;

END BEHAVIORAL;
```

QAM 解调的 VHDL 代码：

```
LIBRARY IEEE;
USE IEEE.STD_LOGIC_1164.ALL;
USE IEEE.STD_LOGIC_ARITH.ALL;
```

```
USE IEEE.STD_LOGIC_UNSIGNED.ALL;

ENTITY decodemap IS
  PORT ( rst : IN  STD_LOGIC;
     clk : IN  STD_LOGIC;
     i,q : IN  STD_LOGIC_VECTOR (2 DOWNTO 0);
     dout : OUT  STD_LOGIC_VECTOR (3 DOWNTO 0));
END decodemap;

ARCHITECTURE BEHAVIORAL OF decodemap IS

     SIGNAL code: STD_LOGIC_VECTOR(3 DOWNTO 0);
     SIGNAL c,d,d2,d3: STD_LOGIC;

BEGIN

  -- 星座逆映射
  PROCESS(rst,clk)
  BEGIN
     IF rst='1' THEN
        code <= (OTHERS=>'0');
     ELSIF RISING_EDGE(clk) THEN
        CASE (i&q) IS
          WHEN B"011_011" =>
             code<="0000";
          WHEN B"001_011" =>
             code<="0001";
          WHEN B"011_001" =>
             code<="0010";
          WHEN B"001_001" =>
             code<="0011";
          WHEN B"101_011" =>
             code<="0100";
          WHEN B"101_001" =>
             code<="0101";
          WHEN B"111_011" =>
             code<="0110";
          WHEN B"111_001" =>
             code<="0111";
```

```
        WHEN B"011_101" =>
          code<="1000";
        WHEN B"011_111" =>
          code<="1001";
        WHEN B"001_101" =>
          code<="1010";
        WHEN B"001_111" =>
          code<="1011";
        WHEN B"101_101" =>
          code<="1100";
        WHEN B"111_101" =>
          code<="1101";
        WHEN B"101_111" =>
          code<="1110";
        WHEN B"111_111" =>
          code<="1111";
        WHEN OTHERS =>
          code <= "0000";
      END CASE;
    END IF;
  END PROCESS;

  -- 差分解码
  PROCESS(rst,clk)
  BEGIN
    IF rst='1' THEN
      d3 <= '0';
      d2 <= '0';
      dout<=(OTHERS=>'0');
    ELSIF RISING_EDGE(clk) THEN
      d3<= code(3);
      d2<= code(2);
      -- 完成差分解码后，组成新的 4bit数据，还原调制数据
      DOUT<= (c&d&code(1 DOWNTO 0));
    END IF;
  END PROCESS;

  c <= ((code(3) XOR code(2))  AND (code(3) XNOR d2)) XNOR
   ((code(3) XNOR code(2)) AND (code(3) XNOR d3));
```

```
  d <= ((code(3) XOR code(2))  AND (code(2) XNOR d3)) XNOR
   ((code(3) XNOR code(2)) AND (code(2) XNOR d2));

END BEHAVIORAL;
```

顶层VHDL文件：

```
LIBRARY IEEE;
USE IEEE.STD_LOGIC_1164.ALL;
USE IEEE.STD_LOGIC_ARITH.ALL;
USE IEEE.STD_LOGIC_UNSIGNED.ALL;

ENTITY codemodem IS
  PORT ( rst : IN  STD_LOGIC;
     clk : IN  STD_LOGIC;
     din : IN  STD_LOGIC_VECTOR (3 DOWNTO 0);
     dout : OUT  STD_LOGIC_VECTOR (3 DOWNTO 0));
END codemodem;

ARCHITECTURE BEHAVIORAL OF codemodem IS

     COMPONENT codemap
     PORT(
        rst : IN STD_LOGIC;
        clk : IN STD_LOGIC;
        din : IN STD_LOGIC_VECTOR(3 DOWNTO 0);
        i : OUT STD_LOGIC_VECTOR(2 DOWNTO 0);
        q : OUT STD_LOGIC_VECTOR(2 DOWNTO 0)
        );
     END COMPONENT;

     COMPONENT decodemap
     PORT(
        rst : IN STD_LOGIC;
        clk : IN STD_LOGIC;
        i : IN STD_LOGIC_VECTOR(2 DOWNTO 0);
        q : IN STD_LOGIC_VECTOR(2 DOWNTO 0);
        dout : OUT STD_LOGIC_VECTOR(3 DOWNTO 0)
        );
     END component;
     SIGNAL i,q: STD_LOGIC_VECTOR(2 DOWNTO 0);
```

```
BEGIN

    INST_CODEMAP: CODEMAP PORT map(
      rst =>rst,
      clk =>clk,
      din => din,
      i =>i,
      q => q);
    INST_DECODEMAP: DECODEMAP PORT map(
      rst =>rst,
      clk =>clk,
      i =>i,
      q => q,
      dout =>dout);
END BEHAVIORAL;
```

7.2.3　数字调制的代码分析

1. QAM 调制

QAM 调制代码实现了 QAM 调制的功能。

代码内定义了 4 个信号变量 c、d、Dc 和 Dd 来辅助计算。其中，c 和 d 用于生成 I 和 Q 调制信号的部分，Dc 和 Dd 用于存储之前的状态。通过一个进程，根据时钟边沿和复位信号的状态更新 c、d 和 code 值。对于 c 和 d 的计算，根据输入信号 din 的不同比特位的取值，结合之前的状态 Dc 和 Dd，通过逻辑运算得到新的值。通过差分编码的方式生成 code，将 c、d 和 din 的前 2 位拼接在一起。在第二个进程中，根据 code 值进行星座映射的计算，将不同的 code 值映射为对应的 I 和 Q 调制信号。通过 case 语句来判断 code 的取值，根据不同的情况给出对应的 I 和 Q 值。

最终，I 和 Q 的值通过输出端口输出，用于传输数字信息的调制。该代码实现了 QAM 调制的功能，将 4 位数字信息转换为对应的 I 和 Q 调制信号。

2. QAM 解调

QAM 解调代码实现了 QAM 解调的功能。代码体内定义了 4 个信号变量 c、d、d2 和 d3 来辅助计算。其中，c 和 d 用于生成解调后的 4 位数字信息的一部分，d2 和 d3 用于存储之前的状态。通过一个进程，根据时钟边沿和复位信号的状态更新 c、d 和 code 值。根据输入的 I 和 Q 调制信号的取值，通过一个 case 语句进行星座逆映射，将不同的 I 和 Q 调制信号组合映射为对应的 4 位数字信息。根据不同的情况给出对应的 code 值。在第二个进程中，根据 code 值进行差分解码的计算，将 code 的前 2 位与之前的状态 d2 和 d3 进行逻辑运算得到新的 c 和 d 的值，然后将 c、d 和 code 的前 2 位拼接在一起得到解调后的 4 位数字信息。

最终，解调后的 4 位数字信息通过输出端口 dout 输出。该代码实现了 QAM 解调的功能，将输入的 I 和 Q 调制信号解调为对应的 4 位数字信息。

3. 顶层设计

顶层设计代码实现了一个 CodeModem 模块，用于完成数字信息的 QAM 调制和解调功能。该模块包含了两个子模块：CodeMap 和 DeCodeMap。

CodeMap 子模块用于将 4 位输入信号 din 进行 QAM 调制，生成 I 和 Q 调制信号。它具有输入端口 rst、clk 和 din，以及输出端口 I 和 Q。CodeMap 根据输入信号 din 的不同取值，通过逻辑运算和状态切换，生成对应的 I 和 Q 调制信号。DeCodeMap 子模块用于将输入的 I 和 Q 调制信号进行解调，还原出原始的 4 位数字信息。它具有输入端口 rst、clk、I 和 Q，以及输出端口 dout。DeCodeMap 根据输入的 I 和 Q 调制信号的组合情况，通过逆映射和差分解码的方法，将输入的 I 和 Q 调制器还原为原始的 4 位数字信息。

在 CodeModem 模块内部，首先声明了两个子模块 CodeMap 和 DeCodeMap 的组件。然后通过组件实例化的方式，将子模块连接到 CodeModem 的输入和输出端口上。其中，将主模块的 rst 和 clk 信号传递给子模块的对应端口，将 CodeMap 生成的 I 和 Q 调制信号传递给 DeCodeMap 子模块作为输入。最后，CodeModem 模块的输出 dout 连接到 DeCodeMap 子模块的输出端口上。

通过实例化 CodeMap 和 DeCodeMap 子模块，并将它们连接到 CodeModem 模块中，实现了数字信息的 QAM 调制和解调功能。该代码的分析着重于模块间的连接和信号传递，以及子模块的功能描述。

7.2.4　数字调制的仿真波形

数字调制的仿真波形图如图 7.6 所示，从图中可以看出，调制映射模块的输入信号 (din) 与解调模块的输出信号 (dout) 只有一个处理延时，数据结果完全相同，调制 / 解调模块工作正常。

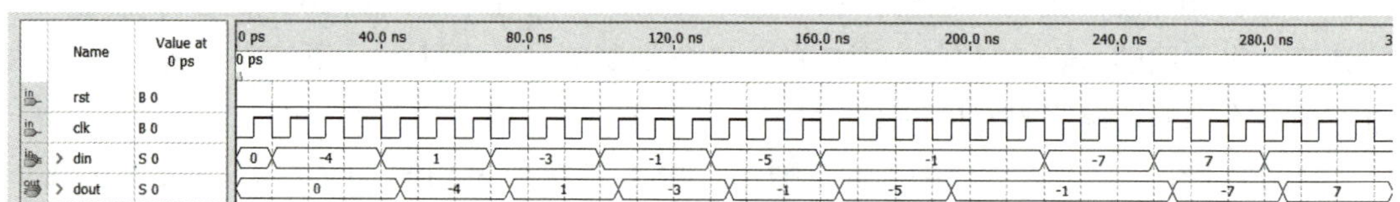

图 7.6　数字调制的仿真波形图

7.3　数字上变频和下变频

7.3.1　数字上变频和下变频的基本理论

1. 上变频与下变频概述

上、下变频是指将信号的频谱搬移到更高或更低的频率上，若待变频信号为 $x_a(t)$，则

变频信号 $x_b(t)$ 可用公式表示为

$$x_b(t) = x_a(t)\mathrm{e}^{\mathrm{j}\omega_c t} \tag{7.5}$$

其中：ω_c 为搬移的频率，将基带信号搬到该频率上称为上变频 (ω_c 为负)，而从该频率搬移到基带上称为下变频 (ω_c 为正)。数字上变频和数字下变频就是对式 (7.5) 进行数字化。引入满足采样周期 T，数字上变频和数字下变频就可以写为

$$x_b(nT) = x_a(nT)\mathrm{e}^{\mathrm{j}\omega_c nT} \tag{7.6}$$

简写为

$$x_b(n) = x_a(n)\mathrm{e}^{\mathrm{j}\omega_c n} \tag{7.7}$$

实际应用中，对于下变频来说，$x_a(n)$ 一般为实信号，就有式 (7.8)：

$$x_b(n) = x_a(n)\cos(\omega_c n) + \mathrm{j}x_a(n)\sin(\omega_c n) \tag{7.8}$$

经过低通滤波后得到的就是基带信号的正交分解信号，$x_a(n)\cos(\omega_c n)$ 为同相分量，$x_a(n)\sin(\omega_c n)$ 为正交分量。

对于上变频来说，基带信号 $x_a(n)$ 一般为复信号，表示为 $x_a(n)=I(n)+\mathrm{j}Q(n)$。

通常，上变频后的信号只需要取其实数部分，即

$$x_b(n) = \mathrm{Re}[x_a(n)\mathrm{e}^{\mathrm{j}\omega_c n}] = I(n)\cos(\omega_c n) - Q(n)\sin(\omega_c n) \tag{7.9}$$

由式 (7.9) 可得数字上变频的原理框图，如图 7.7(a) 所示。

对于下变频来说，将原信号 $x(t)$ 分别与两个本振信号 $\cos(\omega_c t)$ 和 $\sin(\omega_c t)$ 相乘，再经过低通滤波器就得到了对应的正交基带变换信号，但由模拟方法产生本振信号的缺点是存在正交误差，从而导致虚假信号的产生。如今，在数字信号处理中，更多地采用数字混频正交变换来进行数字信号的正交基带变换，其两个本振信号的正交性可以完全得到保证，数字下变频的原理框图如图 7.7(b) 所示。

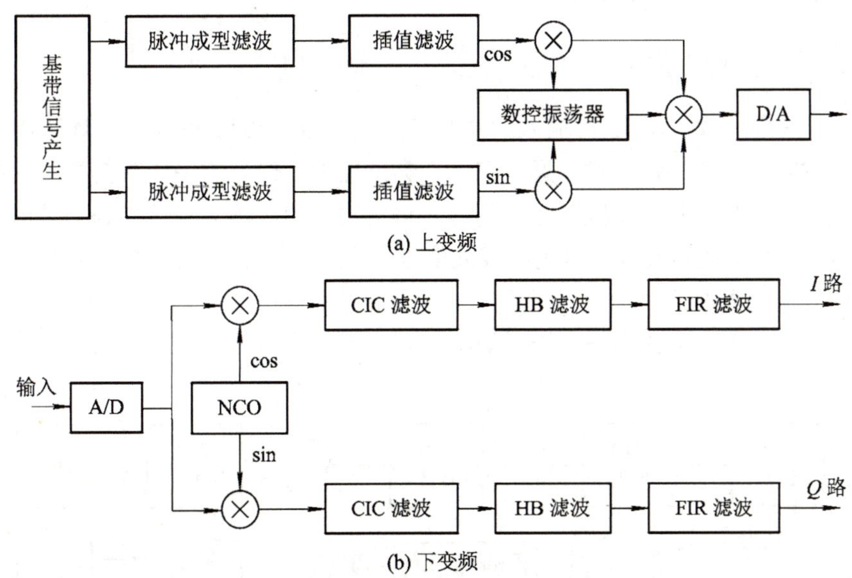

图 7.7 数字上变频和下变频的原理框图

将模拟信号 $x(t)$ 经过模 / 数 (A/D) 转换后得到数字信号 $x(n)$，将该 $x(n)$ 分别与两个正

交本振序列 $\cos(\omega_c n)$ 和 $\sin(\omega_c n)$ 相乘后，再通过数字低通滤波器即可得到 $x(n)$ 的同相分量 $I(n)$ 和正交分量 $Q(n)$。

2. 影响数字上、下变频器性能的主要因素

从数字上、下变频原理可以看出，上变频其实是下变频的反过程，下面以下变频为例探讨影响数字变频器性能的主要因素。

模拟下变频器中，模拟混频器的非线性和模拟本地振荡器的频率稳定度、边带、相位噪声、温度漂移、转换速率等都是人们最关心和难以彻底解决的问题。这些问题在数字下变频中是不存在的，频率步进、频率间隔等也具有理想的性能。另外，数字下变频器的控制和配置更新方便等特点也是模拟下变频器无法比拟的。

数字下变频器的运算速度受硬件电路处理能力的限制，其运算速度决定了 DDC 的最高输入信号数据率，相应地也限定了 ADC 的最高采样速率。另外，数字下变频的输入/输出数据精度和内部运算精度也影响着接收机的性能。

影响数字下变频器整体性能指标的主要因素有五个：一是数控本振所产生的正交本振信号的频谱纯度；二是数字混频器的运算精度；三是各种滤波器的运算精度(包括二进制表示的滤波器系数的精度)；四是滤波器的阶数；五是数字下变频器的系统处理速度。前三个因素的本质可以归纳为一点，就是有限字长效应。由于有限字长带来了数控本振的相位截断效应，也带来了整个 DDC 器件所有模块的样本值近似效应，因此根据截断和近似的程度，DDC 性能会受到或多或少的影响。

要提高 DDC 的性能，就需要加宽运算字长。然而，字长不可能无限制地增加，因此必须在 DDC 性能和硬件资源开销之间进行权衡。滤波器的阶数也会影响硬件资源的消耗。在处理速度方面，可以通过扩大规模或采用优化算法来提升系统的处理速度。总的来说，性能的提升往往伴随着资源消耗的增加。

7.3.2 数字上变频和下变频的程序设计

数字上变频的主要功能是将输入的基带信号通过插值滤波和数字混频转换为射频信号，以适应发射电路的频谱要求。通常在上变频过程中，信号的采样率会提高，以满足传输要求。数字下变频则是上变频的逆过程，它将接收到的高频信号转换为基带信号。这个过程包括数字混频和抽取滤波，以消除载波信号，并降低采样率，恢复出原始的基带信号，方便后续的解调和数据处理。

数字上变频和下变频的系统结构图如图 7.8 所示。

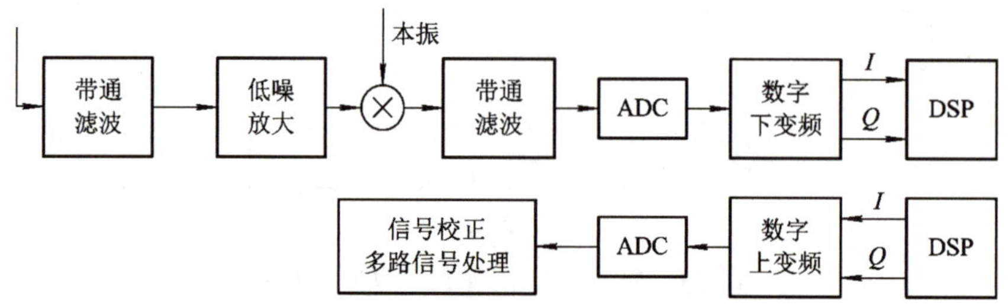

图 7.8 数字上变频和下变频的系统结构图

图 7.8 中描述了从射频信号输入到最终数字信号处理 (DSP) 的整个过程：

(1) 输入信号首先通过一个带通滤波器，它只允许特定频段内的信号通过，以滤除不需要的频段信号和噪声；

(2) 滤波后的信号进入低噪声放大器，在放大信号的同时不增加噪声，确保信号质量；

(3) 放大的信号进入混频器，与本地振荡器信号进行混频，产生中频信号。混频器用于将射频信号转换成中频信号，便于后续处理；

(4) 中频信号通过另一个带通滤波器，进一步滤除不需要的频段和噪声；

(5) 滤波后的中频信号进入模 / 数转换器 (ADC)，将模拟信号转换为数字信号，以便后续的数字处理；

(6) 数字信号进入数字下变频模块，该模块将中频信号下变频到基带 (I 和 Q 信号)，便于数字信号处理；

(7) 最终，基带信号进入 DSP 模块，进行各种数字信号处理操作，如解调、解码、滤波等。

在部分系统中，经过 DSP 处理后的信号可能需要重新上变频到某个中频或射频。这时候，基带信号会经过数字上变频模块，该模块将基带 (I 和 Q 信号) 上变频到一个新的中频或射频，便于进一步传输或发射，最终完成对信号的校正和多路信号的处理。

在实际应用中，数字下变频器的实现比图 7.8 所示的要复杂得多，其主要功能包括三个方面：一是变频，数字混频器将数字中频信号和数控振荡器 (NCO) 产生的正交本振信号相乘，生成 I 和 Q 两路混频信号，将感兴趣的信号下变频至零中频；二是低通滤波，滤除带外信号，提取有用信号；三是采样速率转换，降低采样速率，以利于后续信号处理。

数字上变频是下变频的逆过程，在实现时有很多相似的地方，因此本节研究的重点放在下变频部分。将 I 和 Q 两路基带信号经过插值滤波后，分别与本振产生的正余弦序列相乘后再相加即完成了上变频过程。在实现时，数控振荡器部分和乘法器部分与下变频中完全一样，只是多加了一个加法器，与下变频抽取滤波相对应的是上变频前的插值滤波，这也是上变频在实现时与下变频主要的不同之处。

在混频模块中采用 CORDIC 算法来实现数控振荡器，在保证精度的同时减少了硬件资源耗费，用 CIC 滤波器和 HB 滤波器来完成不同系数的抽取 (内插)，用 FIR 滤波器对整个信道进行整形滤波，弥补了 CIC 滤波器的通带衰减，节省了大量的硬件资源。

数字上变频和下变频的 VHDL 代码如下：

```
LIBRARY IEEE;
USE IEEE.STD_LOGIC_1164.ALL;
USE IEEE.STD_LOGIC_ARITH.ALL;
USE IEEE.STD_LOGIC_UNSIGNED.ALL;
ENTITY halFband IS
  PORT(
    sysclk: IN STD_LOGIC;
    clka: IN STD_LOGIC;
    clkb: IN STD_LOGIC;
    ifs: IN STD_LOGIC;                              --2.56 M
```

```
        datain: IN STD_LOGIC_VECTOR(11 DOWNTO 0);
        dataout: BUFFER STD_LOGIC_VECTOR(11 DOWNTO 0)
    );
END halFband;

ARCHITECTURE behavioral OF halFband IS
    SIGNAL datain_next1: STD_LOGIC_VECTOR(11 DOWNTO 0);
    SIGNAL datain_next2: STD_LOGIC_VECTOR(11 DOWNTO 0);
    SIGNAL dataout_tmp: STD_LOGIC_VECTOR(11 DOWNTO 0);
    SIGNAL dcm_inp_count: STD_LOGIC_VECTOR(1 DOWNTO 0);
    SIGNAL dcm_inp_flag: STD_LOGIC;
    SIGNAL dataine: STD_LOGIC_VECTOR(12 DOWNTO 0);
    SIGNAL clk_a_half: STD_LOGIC;
    COMPONENT hb_core IS
        PORT(
            sysclk: IN STD_LOGIC;
            clka: IN STD_LOGIC;
            clkb: IN STD_LOGIC;
            ifs: IN STD_LOGIC;              --2.56 M
            datain: IN STD_LOGIC_VECTOR(11 DOWNTO 0);
            dataout: BUFFER STD_LOGIC_VECTOR(11 DOWNTO 0)
        );
    END COMPONENT hb_core;

BEGIN
    ul: hb_core
        PORT MAP(
            sysclk =>sysclk,
            clka =>clka,
            clkb =>clkb,
            ifs => ifs,
            datain =>datain,
            dataout => datain_next1
        );
    u2: hb_core
        PORT MAP(
            sysclk =>sysclk,
            clka =>clk_a_half,
            clkb =>clkb,
```

```
        ifs => ifs,
        datain => datain_next2,
        dataout =>dataout_tmp
    );
    dataine<= datain&"0000";

    PROCESS(clka)
    BEGIN
      IF clka = '1' AND clka'EVENT THEN
        dcm_inp_flag<= NOT dcm_inp_flag;
        dcm_inp_count<= dcm_inp_count + 1;
        clk_a_half<= NOT clk_a_half;
      END IF;
    END PROCESS;

    PROCESS(clka)
    BEGIN
      IF clka = '1' AND clka'EVENT THEN
        IF dcm_inp_flag = '1' THEN
          datain_next2 <= datain_next1;
        END IF;
        IF dcm_inp_count = "11" THEN
          dataout_tmp<= dataout;
        END IF;
      END IF;
    END PROCESS;
END behavioral;

LIBRARY IEEE;
USE IEEE.STD_LOGIC_1164.ALL;
ENTITY hb_core IS
  PORT(
      sysclk: IN STD_LOGIC;
      clka: IN STD_LOGIC;
      clkb: IN STD_LOGIC;
      ifs: IN STD_LOGIC;                    --2.56 M
      datain: IN STD_LOGIC_VECTOR(11 DOWNTO 0);
      dataout: BUFFER STD_LOGIC_VECTOR(11 DOWNTO 0)
  );
```

```
END hb_core;

ARCHITECTURE behavioral2 OF halfband IS
   SIGNAL tap0: STD_LOGIC_VECTOR(11 DOWNTO 0);
   SIGNAL tap1: STD_LOGIC_VECTOR(11 DOWNTO 0);
   SIGNAL tap2: STD_LOGIC_VECTOR(11 DOWNTO 0);
   SIGNAL tap3: STD_LOGIC_VECTOR(11 DOWNTO 0);
   SIGNAL tap4: STD_LOGIC_VECTOR(11 DOWNTO 0);
   SIGNAL tap5: STD_LOGIC_VECTOR(11 DOWNTO 0);
   SIGNAL tap6: STD_LOGIC_VECTOR(11 DOWNTO 0);
   SIGNAL datain_d: STD_LOGIC_VECTOR(11 DOWNTO 0);
   SIGNAL tapa0: STD_LOGIC_VECTOR(11 DOWNTO 0);
   SIGNAL tapa1: STD_LOGIC_VECTOR(11 DOWNTO 0);
   SIGNAL tapa2: STD_LOGIC_VECTOR(11 DOWNTO 0);
   SIGNAL tapa2e: STD_LOGIC_VECTOR(12 DOWNTO 0);
   SIGNAL dataine: STD_LOGIC_VECTOR(12 DOWNTO 0);
   SIGNAL tap0e: STD_LOGIC_VECTOR(12 DOWNTO 0);
   SIGNAL tap1e: STD_LOGIC_VECTOR(12 DOWNTO 0);
   SIGNAL tap2e: STD_LOGIC_VECTOR(12 DOWNTO 0);
   SIGNAL tap3e: STD_LOGIC_VECTOR(12 DOWNTO 0);
   SIGNAL tap4e: STD_LOGIC_VECTOR(12 DOWNTO 0);
   SIGNAL tap5e: STD_LOGIC_VECTOR(12 DOWNTO 0);
   SIGNAL tap6e: STD_LOGIC_VECTOR(12 DOWNTO 0);
   SIGNAL subsum1: STD_LOGIC_VECTOR(12 DOWNTO 0);
   SIGNAL subsum2: STD_LOGIC_VECTOR(12 DOWNTO 0);
   SIGNAL subsum3: STD_LOGIC_VECTOR(12 DOWNTO 0);
   SIGNAL subsum4: STD_LOGIC_VECTOR(12 DOWNTO 0);
   SIGNAL a: STD_LOGIC;
   SIGNAL shifter1: STD_LOGIC_VECTOR(12 DOWNTO 0);
   SIGNAL shifter2: STD_LOGIC_VECTOR(12 DOWNTO 0);
   SIGNAL shifter3: STD_LOGIC_VECTOR(12 DOWNTO 0);
   SIGNAL shifter4: STD_LOGIC_VECTOR(12 DOWNTO 0);
   SIGNAL shifter5: STD_LOGIC_VECTOR(12 DOWNTO 0);
   SIGNAL shifter6: STD_LOGIC_VECTOR(12 DOWNTO 0);
   SIGNAL t1: STD_LOGIC_VECTOR(11 DOWNTO 0);
   SIGNAL t2: STD_LOGIC_VECTOR(11 DOWNTO 0);
   SIGNAL t3: STD_LOGIC_VECTOR(11 DOWNTO 0);
   SIGNAL t4: STD_LOGIC_VECTOR(11 DOWNTO 0);
   SIGNAL t5: STD_LOGIC_VECTOR(11 DOWNTO 0);
```

```
    SIGNAL t5_d: STD_LOGIC_VECTOR(11 DOWNTO 0);
    SIGNAL t5_2d: STD_LOGIC_VECTOR(11 DOWNTO 0);
    SIGNAL sum1: STD_LOGIC_VECTOR(11 DOWNTO 0);
    SIGNAL sum2: STD_LOGIC_VECTOR(11 DOWNTO 0);
    SIGNAL sum3: STD_LOGIC_VECTOR(11 DOWNTO 0);
    SIGNAL sumdata: STD_LOGIC_VECTOR(11 DOWNTO 0);
    SIGNAL accdataa: STD_LOGIC_VECTOR(23 DOWNTO 0);
    SIGNAL sumdatae: STD_LOGIC_VECTOR(23 DOWNTO 0);
    SIGNAL t5_2de: STD_LOGIC_VECTOR(23 DOWNTO 0);
    SIGNAL count: STD_LOGIC_VECTOR(7 DOWNTO 0);
    SIGNAL dataodd: STD_LOGIC_VECTOR(11 DOWNTO 0);

BEGIN
--过滤器分为两部分
--计算奇数相位滤波器
--8抽头延迟线
-- 将 datain的第 12位连接到 dataine的第 12位
--dataine(12) <= datain(11);
-- 将 datain的 11 到 0 位连接到 dataine的 11 到 0 位
--dataine(11 DOWNTO 0) <= datain;
--然后求和 SYM抽头
--类似地，将每个 tap 数组的第 12位连接到相应的 tapXe数组的第 12位
    dataine(12) <= datain(11);
    dataine(11 DOWNTO 0) <= datain;
    tap0e(12) <= tap0(11);
    tap0e(11 DOWNTO 0) <= tap0;
    tap1e(12) <= tap1(11);
    tap1e(11 DOWNTO 0) <= tap1;
    tapa2e(12) <= tapa2(11);
    tapa2e(11 DOWNTO 0) <= tapa2;
    tap2e(12) <= tap2(11);
    tap2e(11 DOWNTO 0) <= tap2;
    tap3e(12) <= tap3(11);
    tap3e(11 DOWNTO 0) <= tap3;
    tap4e(12) <= tap4(11);
    tap4e(11 DOWNTO 0) <= tap4;
    tap5e(12) <= tap5(11);
    tap5e(11 DOWNTO 0) <= tap5;
```

```
tap6e(12) <= tap6(11);
tap6e(11 DOWNTO 0) <= tap6;
tapa2e(12) <= tapa2(11);
tapa2e(11 DOWNTO 0) <= tapa2;

PROCESS(sysclk)
BEGIN
  IF sysclk = '1' AND sysclk'EVENT THEN
    IF clka = '1' THEN
      count <= "00000000";
    ELSIF ifs = '1' THEN
      count <= count + 1;
    END IF;
    IF clkb = '1' THEN
      datain_d<= datain;
    END IF;
    IF clka = '1' THEN
      tap0 <= datain;
      tap1 <= tap0;
      tap2 <= tap1;
      tap3 <= tap2;
      tap4 <= tap3;
      tap5 <= tap4;
      tap6 <= tap5;
      tapa0 <= datain_d;
      tapa1 <= tapa0;
      tapa2 <= tapa1;
    END IF;

    IF ifs = '1' AND count = "00000001" THEN
      subsum1 <= dataine + tap6e;
      subsum2 <= tap0e + tap5e;
      subsum3 <= tap1e + tap4e;
      subsum4 <= tap2e + tap3e;
    END IF;
  END IF;
END PROCESS;
```

```
    PROCESS(sysclk)
    BEGIN
      IF sysclk = '1' AND sysclk'EVENT THEN
      IF ifs = '1' AND count = "00000100" THEN
        shifter1 <= subsum1;
        shifter2 <= subsum2;
        shifter3 <= subsum3;
        shifter4 <= subsum4;
        shifter5 <= tapa2e;
      ELSIF ifs = '1' THEN
        shifter1 <= shifter1(11 DOWNTO 0) & '0';
        shifter2 <= shifter2(11 DOWNTO 0) & '0';
        shifter3 <= shifter3(11 DOWNTO 0) & '0';
        shifter4 <= shifter4(11 DOWNTO 0) & '0';
        shifter5 <= shifter5(11 DOWNTO 0) & '0';
      END IF;
    END IF;
  END PROCESS;

--分布 ARITH模
--首先，每个子集合的每一位都进入查找表
--获得当时的值
    PROCESS(sysclk)
    BEGIN
      IF sysclk = '1' AND sysclk'EVENT THEN
        IF ifs = '1' THEN
          IF shifter1(12) = '1' THEN
            t1 <= "111111111010";                    -- 6
          ELSE
            t1 <= "000000000000";
          END IF;
          IF shifter2(12) = '1' THEN
            t2 <= "000000100001";
          ELSE
            t2 <= "000000000000";
          END IF;
          IF shifter3(12) = '1' THEN
            t3 <= "111110001110";
```

```
            ELSE
                t3 <= "000000000000";
            END IF;
            IF shifter4(12) = '1' THEN
                t4 <= "000111011110";
            ELSE
                t4 <= "000000000000";
            END IF;
            IF shifter5(12) = '1' THEN
                t5 <= "001100001110";                    -- 782 126 ITS
            ELSE
                t5 <= "000000000000";
            END IF;
        END IF;
    END IF;
END PROCESS;

-- 得到乘积，应该求和
sumdatae(23) <= sumdata(11);
sumdatae(22) <= sumdata(11);
sumdatae(21) <= sumdata(11);
sumdatae(20) <= sumdata(11);
sumdatae(19) <= sumdata(11);
sumdatae(18) <= sumdata(11);
sumdatae(17) <= sumdata(11);
sumdatae(16) <= sumdata(11);
sumdatae(15) <= sumdata(11);
sumdatae(14) <= sumdata(11);
sumdatae(13) <= sumdata(11);
sumdatae(12) <= sumdata(11);
sumdatae(11 DOWNTO 0) <= sumdata;

PROCESS(sysclk, sumdata)
BEGIN
    IF (sysclk = '1' AND sysclk'EVENT) THEN
        IF (ifs = '1') THEN
            sum1 <= t1 + t2;
            sum2 <= t4 + t3;
```

```
            t5_d <= t5;
            sum3 <= sum2 + sum1;
            t5_2d <= t5_d;
            sumdata<= sum3 + t5_2d;
        END IF;
        IF count = "00000010" THEN
            accdataa<= "00000000000000000000000";
        ELSIF ifs = '1' AND count = "00001001" THEN
            accdataa<= accdataa(22 DOWNTO 0) & '0' - sumdatae;
        ELSIF ifs = '1' THEN
            accdataa<= accdataa(22 DOWNTO 0) & '0' + sumdatae;
        END IF;
        IF ifs = '1' AND count = "00010110" THEN
            dataodd<= accdataa(21 DOWNTO 10);
        END IF;
        IF clka = '1' THEN
            dataout<= dataodd;
        END IF;
    END IF;
  END PROCESS;
END behavioral2;
```

FIR 滤波器模块将在第 8 章详细讲述。

7.3.3　数字上变频和下变频的代码分析

7.3.2 小节中，数字上、下变频的 VHDL 代码实现了一个带通滤波器，将输入的音频信号进行了上变频和下变频的处理。

在上变频部分 (HALFBAND 实体)，使用了两个 HB_CORE 实体 (U1 和 U2) 来处理数据。其中，DATAIN_NEXT1 是 U1 处理后的输出结果，DATAIN_NEXT2 是 U2 处理后的输出结果。HALFBAND 实体的作用是将输入信号分别输入到 U1 和 U2 中，然后将 U1 的输出作为 U2 的输入。

在下变频部分 (HB_CORE 实体)，代码中定义了一系列的信号和寄存器，用于实现半带滤波器的各个阶段。其中，TAP0 到 TAP6 是延迟线，用于延迟输入信号；TAPA0 到 TAPA2 是存储寄存器，用于存储延迟线的输出；SUBSUM1 到 SUBSUM4 用来计算滤波器各个阶段的和；SHIFTER1 到 SHIFTER5 是移位寄存器，用于进行多相结构的计算；T1 到 T5 是 LUT，用于计算每个阶段的产品；SUM1 到 SUM3 用于计算各个阶段的和；SUMDATA 是最终的输出结果。

在 SYSCLK 上升沿触发的过程中，根据 CLKA、CLKB 和 IFS 的状态，对各个信号和寄存器进行更新。其中，COUNT 用于计数，判断是否达到特定的状态，DATAIN_D 用于存储上一次的输入数据，TAP0 到 TAP6 和 TAPA0 到 TAPA2 通过延迟线和存储寄存器实现数据的延迟和传递，SUBSUM1 到 SUBSUM4 用于计算滤波器各个阶段的和，SHIFTER1 到 SHIFTER5 用于进行多相结构的计算，T1 到 T5 通过 LUT 获取输出结果，SUM1 到 SUM3 用于计算各个阶段的和，ACCDATAA 用于累加和存储最终的输出数据。

总体来说，该代码对信号通过上变频和下变频的处理，将输入的音频信号滤波后输出。

7.3.4　数字上变频和下变频的波形分析

根据前面的分析，采用 3 阶的 HB 滤波器，可以获得尽可能大的信号带宽。

设计的参数要求如下：

单级滤波器参数：$h=(-6, 0, 33, 0, -114, 0, 478, 782, 478, 0, -114, 0, 33, 0, 6)$。

单级变速率倍数：2。

总变速率倍数：8。

由确定的 HB 滤波器参数可知，序号为 0、2、4、6、7、8、10、12 和 14 的抽头系数为非零，其余序号的抽头系数均为零，符合 HB 滤波器的输入要求。

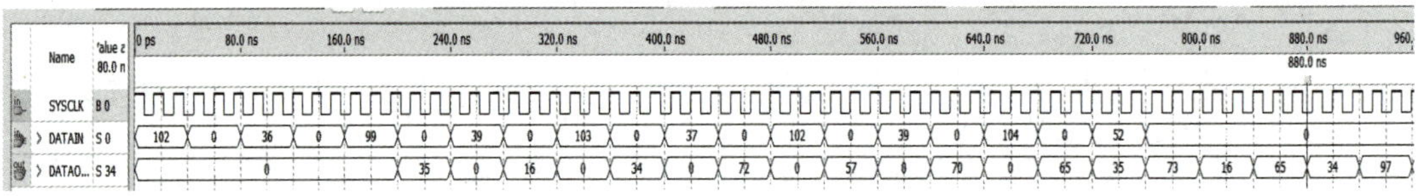

图 7.9　数字上变频和下变频的波形图

数字上变频和下变频的波形图如图 7.9 所示，从图中可以看出，经过半带滤波器后，采样速率减小了一半，符合设计的理念和要求。这里主要展示变频的波形，滤波器的波形在第 8 章具体介绍。

7.4　(7，4) 汉明码编译码与 Viterbi 译码

7.4.1　(7，4) 汉明码编译码

1. (7，4) 汉明码编译码的基本理论

(7，4) 汉明码编译码是能够纠正 1 位错码且编码效率较高的一种线性分组码。

在偶数监督码中，由于使用了一位监督位 a_0，它和信息位 a_{n-1}，…，a_1 一起构成一个代数式：

$$a_{n-1} \oplus a_{n-2} \oplus \cdots \oplus a_0 = 0 \tag{7.10}$$

在接收端进行解码时，本质上是计算如下监督关系式：

$$S = a_{n-1} \oplus a_{n-2} \oplus \cdots \oplus a_0 \tag{7.11}$$

若计算结果 $S=0$，则判定接收码字无差错；若 $S=1$，则判定存在差错。式 (7.11) 被称为监督关系式，S 称为校正子。由于校正子 S 仅有两种取值，因此只能区分“无错”和

“有错”两种情况，无法定位出错的位置。若在编码中增加一位监督位，构建出两个独立的监督关系式，则两个校正子的组合情况共有 4 种 (00、01、10、11)。将其中一种组合 (如 00) 用来表示无错，其余 3 种组合便可用来指示出错的位置。因此，r 个监督关系式能指示 1 位错码的 $2r-1$ 个可能位置。

通常，设码字总长为 n，信息位数为 k，则监督位数 r 为 $n-k$。如为了能够通过 r 个监督位准确指示 n 种可能的单错位置，需要满足以下关系：

$$2^r-1 \geqslant n \text{ 或 } 2^r \geqslant k+r+1$$

下面通过一个例子来说明如何具体构造这些监督关系式。

设分组码 (n, k) 中 $k=4$，为了纠正 1 位错码，由上式可知，要求监督位数 $r \geqslant 3$。若取 $r=3$，则 $n=k+r=7$。我们用 $a_6a_5\cdots a_0$ 表示这 7 个码元，用 S_1、S_2 和 S_3 表示 3 个监督关系式中的校正子，则 S_1、S_2 和 S_3 的值与错码位置的对应关系可以规定如表 7.1 所示。

表 7.1 校正子与错码位置的关系

$S_1S_2S_3$	错码位置	$S_1S_2S_3$	错码位置
001	a_0	101	a_4
010	a_1	110	a_5
100	a_2	111	a_6
011	a_3	000	无错码

由表 7.1 可见，仅当一位错码的位置在 a_2、a_4、a_5 或 a_6 时，校正子 S_1 为 1；否则 S_1 为零。这就意味着 a_2、a_4、a_5 和 a_6 四个码元构成偶数监督关系：

$$S_1 = a_6 \oplus a_5 \oplus a_4 \oplus a_2 \tag{7.12}$$

同理，a_1、a_3、a_5 和 a_6 构成偶数监督关系：

$$S_2 = a_6 \oplus a_5 \oplus a_3 \oplus a_1 \tag{7.13}$$

以及 a_0、a_3、a_4 和 a_6 构成偶数监督关系：

$$S_3 = a_6 \oplus a_4 \oplus a_3 \oplus a_0 \tag{7.14}$$

在发送端编码时，信息位 a_6、a_5、a_4 和 a_3 的值取决于输入信号，因此它们是随机的。监督位 a_2、a_1 和 a_0 应根据信息位的取值按监督关系来确定，即监督位应使上三式中 S_1、S_2 和 S_3 的值为 0(表示编成的码组中应无错码)：

$$\begin{cases} a_6 \oplus a_5 \oplus a_4 \oplus a_2 = 0 \\ a_6 \oplus a_5 \oplus a_3 \oplus a_1 = 0 \\ a_6 \oplus a_4 \oplus a_3 \oplus a_0 = 0 \end{cases} \tag{7.15}$$

式 (7.15) 经过移项运算，解出监督位：

$$\begin{cases} a_2 = a_6 \oplus a_5 \oplus a_4 \\ a_1 = a_6 \oplus a_5 \oplus a_3 \\ a_0 = a_6 \oplus a_4 \oplus a_3 \end{cases} \tag{7.16}$$

给定信息位后，可以直接按式 7.16 算出监督位，结果见表 7.2。

表 7.2　与信息位对应的监督位

信息位 $a_6a_5a_4a_3$	监督位 $a_2a_1a_0$	信息位 $a_6a_5a_4a_3$	监督位 $a_2a_1a_0$
0000	000	1000	111
0001	011	1001	100
0010	101	1010	010
0011	110	1011	001
0100	110	1100	001
0101	101	1101	010
0110	011	1110	100
0111	000	1111	111

接收端收到每个码组后，先计算出 S_1、S_2 和 S_3，再查表 7.1 判断是否存在错码及其具体位置。例如，若接收码组为 0000011，根据监督关系式计算得：$S_1 = 0$，$S_2 = 1$，$S_3 = 1$。由于 $S_1S_2S_3$ 等于 011，故查表 7.2 可确定错误位于 a_3。

按照上述方法构造的码称为汉明码。表中所列的 (7，4) 汉明码的最小码距 $d_0 = 3$。因此，这种码能够纠正 1 位错码或检测 2 位错码。由于码率 $k/n = (n - r)/n = 1 - r/n$，故当 n 很大和 r 很小时，码率接近 1。因此，汉明码不仅具备良好的纠错能力，同时也是一种效率较高的编码方式。

2. (7，4) 汉明码编译码的程序设计

(7，4) 汉明码编译码的系统结构图如图 7.10 所示。

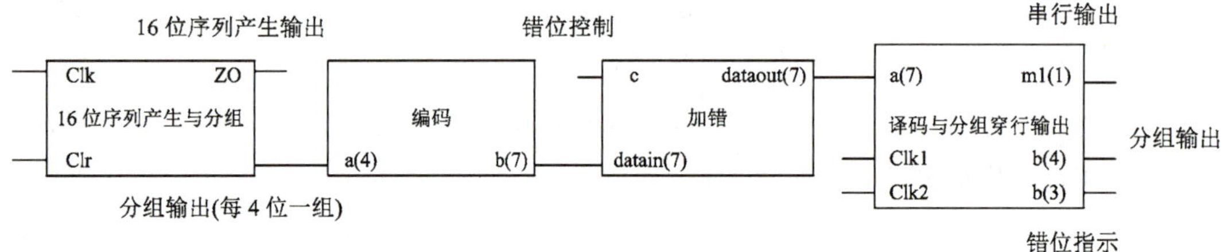

图 7.10　(7，4) 汉明码编译码的系统结构图

由图 7.10 可见，该系统由四个模块组成，分别是 16 位序列产生与分组、编码、加错、译码与分组串行输出。(7，4) 汉明码编译码的 VHDL 代码如下：

1) SENQ16GEN 模块

```
LIBRARY IEEE;
USE IEEE.STD_LOGIC_1164.ALL;
USE IEEE.STD_LOGIC_ARITH.ALL;
USE IEEE.STD_LOGIC_UNSIGNED.ALL;
ENTITY senq16gen IS
  PORT(clk,clr:IN STD_LOGIC;
       zo:OUT STD_LOGIC;
    dataout16:OUT STD_LOGIC_vector(3 DOWNto 0));
```

```
END ENTITY senq16gen;
ARCHITECTURE ART OF  senq16gen IS
  SIGNAL count: STD_LOGIC_VECTOR(3 DOWNTO 0);
  SIGNAL  z:  STD_LOGIC:='0';
  BEGIN
PROCESS(clk,clr)IS
  BEGIN
    IF(clr='1')THEN count<="0000";
    ELSE IF(clk='1'AND clk'EVENT)THEN
        IF(count="1111")THEN
          count<="0000";
        ELSE COUNT<=count+'1';
      END IF;
    END  IF;
  END IF;
END PROCESS;
PROCESS(count)IS
BEGIN
  CASE COUNT IS
    WHEN "0000"=>z<='0';
    WHEN "0001"=>z<='1';
    WHEN "0010"=>z<='1';
    WHEN "0011"=>z<='0';
    WHEN "0100"=>z<='1';
    WHEN "0101"=>z<='1';
    WHEN "0110"=>z<='1';
    WHEN "0111"=>z<='1';
    WHEN "1000"=>z<='0';
    WHEN "1001"=>z<='0';
    WHEN "1010"=>z<='1';
    WHEN "1011"=>z<='0';
    WHEN "1100"=>z<='1';
    WHEN "1101"=>z<='1';
    WHEN "1110"=>z<='0';
    WHEN  OTHERS=>z<='1';
  END CASE;
END PROCESS;
PROCESS(z, clk) IS                --消除毛刺的锁存器
BEGIN
```

```
    IF(clk'EVENT AND clk='1')THEN
    zo<=z;
    END IF;
    END PROCESS;
    --实现分组
PROCESS(clk,z,clr)
VARIABLE temp:INTEGER RANGE 0 TO 3;
VARIABLE temp1:INTEGER RANGE 0 TO 3;
VARIABLE a:STD_LOGIC_VECTOR(3 DOWNTO 0);
BEGIN
      IF clr='1' THEN  dataout16<="0000";
      ELSIF RISING_EDGE(clk) THEN
         IF temp1<4 THEN
            CASE temp IS
            WHEN 0=>a(3):=z;temp:=1;
            WHEN 1=>a(2):=z;temp:=2;
            WHEN 2=>a(1):=z;temp:=3;
            WHEN 3=>a(0):=z;temp:=0;temp1:=temp1+1;dataout16<=a(3)&a(2)&a(1)&a(0);
            END CASE;
         END IF;
      END IF;
END PROCESS;
END ARCHITECTURE;
```

2) Encode 模块

```
LIBRARY IEEE;
USE IEEE.STD_LOGIC_1164.ALL;

ENTITY ENCODE IS
   PORT (
      a : IN STD_LOGIC_VECTOR(3 DOWNTO 0);
      b : OUT STD_LOGIC_VECTOR(6 DOWNTO 0)
   );
END ENTITY ENCODE;

-- 前 3位是监督位
ARCHITECTURE ART1 OF ENCODE IS
BEGIN
   b(6) <= a(3);
   b(5) <= a(2);
```

```
    b(4) <= a(1);
    b(3) <= a(0);
    b(2) <= a(3) XOR a(2) XOR a(1);
    b(1) <= a(3) XOR a(2) XOR a(0);
    b(0) <= a(3) XOR a(1) XOR a(0);
END ARCHITECTURE ART1;
```

3) Add1error 模块

```
LIBRARY IEEE;
USE IEEE.STD_LOGIC_1164.ALL;
USE IEEE.STD_LOGIC_ARITH.ALL;
USE IEEE.STD_LOGIC_UNSIGNED.ALL;

ENTITY add1error IS
PORT (
    datain : IN STD_LOGIC_VECTOR(6 DOWNTO 0);
    C : IN STD_LOGIC_VECTOR(2 DOWNTO 0);
    dataout : OUT STD_LOGIC_VECTOR(6 DOWNTO 0)
);
END ENTITY add1error;

ARCHITECTURE art2 OF add1error IS
BEGIN
    PROCESS (C)
    VARIABLE S : STD_LOGIC_VECTOR(6 DOWNTO 0);
    BEGIN
        -- 如果 C为 000则是数组中的第 1位发生错误
        CASE C IS
            WHEN "001" =>
                S(0) := NOT datain(0);
                DATAOUT <= DATAIN(6 DOWNTO 1) & S(0);
            WHEN "010" =>
                S(1) := NOT datain(1);
                DATAOUT <= DATAIN(6 DOWNTO 2) & S(1) & DATAIN(0);
            WHEN "011" =>
                S(2) := NOT datain(2);
                DATAOUT <= DATAIN(6 DOWNTO 3) & S(2) & DATAIN(1 DOWNTO 0);
            WHEN "100" =>
                S(3) := NOT datain(3);
                DATAOUT <= DATAIN(6 DOWNTO 4) & S(3) & DATAIN(2 DOWNTO 0);
```

```
        WHEN "101" =>
          S(4) := NOT datain(4);
          DATAOUT <= DATAIN(6 DOWNTO 5) & S(4) & DATAIN(3 DOWNTO 0);
        WHEN "110" =>
          S(5) := NOT datain(5);
          DATAOUT <= DATAIN(6) & S(5) & DATAIN(4 DOWNTO 0);
        WHEN "111" =>
          S(6) := NOT datain(6);
          DATAOUT <= S(6) & DATAIN(5 DOWNTO 0);
        WHEN OTHERS =>
          dataout<= datain;
      END CASE;
    END PROCESS;
END ARCHITECTURE;
```

4) Decode 模块

```
LIBRARY IEEE;
USE IEEE.STD_LOGIC_1164.ALL;
USE IEEE.STD_LOGIC_ARITH.ALL;
USE IEEE.STD_LOGIC_UNSIGNED.ALL;

ENTITY decode IS
  PORT (
    a : IN STD_LOGIC_VECTOR(6 DOWNTO 0);          -- 汉明码输入
    s : OUT STD_LOGIC_VECTOR(2 DOWNTO 0);         -- 指示错码位置
    b : OUT STD_LOGIC_VECTOR(3 DOWNTO 0);         -- 译码输出
    m1 : OUT STD_LOGIC;
    clk1, clr1 : IN STD_LOGIC
    -- n : OUT STD_LOGIC_VECTOR(2 DOWNTO 0)
  );
END ENTITY decode;

ARCHITECTURE ART3 OF decode IS
  SIGNAL bbb : STD_LOGIC_VECTOR(3 DOWNTO 0);
  SIGNAL bbb1 : STD_LOGIC_VECTOR(3 DOWNTO 0);
  SIGNAL s4 : STD_LOGIC;
  SIGNAL n : STD_LOGIC_VECTOR(2 DOWNTO 0);
BEGIN
  PROCESS (a)
    VARIABLE ss : STD_LOGIC_VECTOR(2 DOWNTO 0);
```

```
    VARIABLE bb : STD_LOGIC_VECTOR(6 DOWNTO 0);
BEGIN
    -- 指示错码位置
    ss(2) := a(6) XOR a(5) XOR a(4) XOR a(2);
    ss(1) := a(6) XOR a(5) XOR a(3) XOR a(1);
    ss(0) := a(6) XOR a(4) XOR a(3) XOR a(0);
    bb := a;

    CASE ss IS
      -- 纠 1位错码
      WHEN "001" =>
        bb(0) := NOT bb(0);
        n <= "001";
      WHEN "010" =>
        bb(1) := NOT bb(1);
        n <= "010";
      WHEN "100" =>
        bb(2) := NOT bb(2);
        n <= "011";
      WHEN "011" =>
        bb(3) := NOT bb(5);
        n <= "100";
      WHEN "101" =>
        bb(4) := NOT bb(4);
        n <= "101";
      WHEN "110" =>
        bb(5) := NOT bb(5);
        n <= "110";
      WHEN "111" =>
        bb(6) := NOT bb(6);
        n <= "111";
      WHEN OTHERS =>
        NULL;
        n <= "000";
    END CASE;

    s <= n(2) & n(1) & n(0);
    bbb<= bb(6) & bb(5) & bb(4) & bb(3);
    b <= bbb;
```

```
    END PROCESS;

    PROCESS (clk1, s4, clr1)                               -- 实现m序列的串行输出
      VARIABLE temp : INTEGER RANGE 0 TO 3;
      VARIABLE temp1 : INTEGER RANGE 0 TO 3;
    BEGIN
      IF clr1 = '1' THEN
        m1 <= '0';
      ELSIF RISING_EDGE(clk1) THEN
        IF bbb>"0000" THEN
          IF temp1 < 4 THEN
            CASE temp IS
              WHEN 0 =>
                s4 <= bbb(3);
                temp := 1;
                m1 <= s4;
              WHEN 1 =>
                s4 <= bbb(2);
                temp := 2;
                m1 <= s4;
              WHEN 2 =>
                s4 <= bbb(1);
                temp := 3;
                m1 <= s4;
              WHEN 3 =>
                s4 <= bbb(0);
                temp := 0;
                m1 <= s4;
                temp1 := temp1 + 1;
            END CASE;
          END IF;
        END IF;
      END IF;
    END PROCESS;
END ARCHITECTURE;
```

3. (7，4) 汉明码编译码的代码分析

(7，4) 汉明码编译码系统一共有四大模块，每个部分的代码分析如下：

1) 16 位序列产生与分组模块 (SENQ16GEN.vhd)

CLK：输入的时钟，std_logic 数据类型，上升沿有效。

CLR：输入清零信号，高电平有效。

ZO：输出的序列，std_logic 数据类型。

dataout16：每 4 bit 输出一次，std_logic_vector 数据类型。

该序列可以固定地输出 16 位二进制数 0110111100101101，并且能够每 16 位循环一次。输出管脚 ZO 是直接输出的串行数据，并不进行分组处理，而管脚 dataout16 可实现分组功能，即每 4 位分为一组。这样 16 位数据分成了 4 组。

2) 编码模块 (encode.vhd)

(1) 输入要编码的数据，共有 4 位。

(2) 输出已经编码的码：b_6、b_5、b_4、b_3、b_2、b_1、b_0。前 4 位为信息位，后 3 位为监督位。根据汉明码原理，将 4 位信息码加上 3 位监督位，输出 7 位二进制码。

3) 加错模块 (add1error.vhd)

datain：输入 7 位二进制数，其为已编码数据。

dataout：输出 7 位数据，其中 1 位发生错误。

C：控制位，如果 C 为 001 则是数组中的最右边 1 位发生错误，如果 C 为 010 则为数组中从最右边算第 2 位发生错误。

这段代码实现了一个具有错误检测和修复功能的加法器模块。根据控制信号 C 的不同取值，对输入数据 datain 的不同位进行错误修复操作，并将修复后的结果输出到 dataout 端口。如果控制信号 C 为其他值，则表示数据没有错误发生，直接将输入数据 datain 输出到 dataout 端口。

4) 译码与分组串行输出模块 (decode.vhd)

A(7)：输入加错以后的 7 位二进制数据。

Clk1：时钟，上升沿有效。

Clr1：置零作用，高电平有效。

M1：将数据串行输出。

B(4)：将数据以分组的形式输出，每 4 位一组。

S3：输出一个 3 bit 数组矢量，表示 7 位数据中哪一位发生了错误。若是 001，则表示第 1 位发生错误；若是 002，则表示第 2 位发生错误。依次类推，若是 000，则表示没有发生错误。

第一个 PROCESS 过程根据输入的汉明码 a，计算错码位置并进行纠错。首先定义信号 ss 和 bb，分别用于存储错码位置和译码结果。根据汉明码的计算方式和错误位置的定义，通过异或运算计算错码位置 ss。然后根据错码位置 ss，对 bb 进行纠错操作。将纠正的结果赋值给输出信号 s 和 b。

第二个 PROCESS 过程用于实现 *m* 序列的串行输出。根据输入的时钟信号 clk1 和清零信号 clr1 进行操作。当 clr1 为高电平时，将 *m* 序列的输出 m1 置为低电平。当 clk1 为上升沿时，通过判断译码输出 bbb 是否大于“0000”，来决定是否进行串行输出操作。如果 bbb 大于“0000”，则通过 case 语句根据 temp 变量的值选择对应的位进行输出，并更新 temp 和 temp1 的值。其中 temp 用于记录当前输出的位的位置，temp1 用于记录已经输出的位的数量。

译码与分组串行输出模块实现了对汉明码的译码操作，并能检测错误位置。同时，通过 m 序列的串行输出，可以实现对译码的逐位输出。

4. (7，4) 汉明码编译码的仿真波形

16 位序列产生与分组模块的仿真波形图如图 7.11 所示。

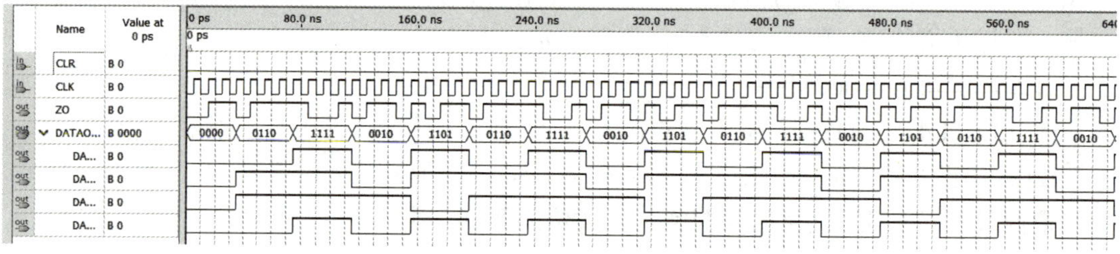

图 7.11　16 位序列产生与分组模块的仿真波形图

由图 7.11 可知，每经过一个 CLK 时钟，ZO 就输出 1 bit，每经过 4 个 CLK 时钟，DATAOUT16 就输出 4 位二进制数据，即一个矢量数组，并且每 4 个数组为一个循环。

编码模块的仿真波形图如图 7.12 所示。

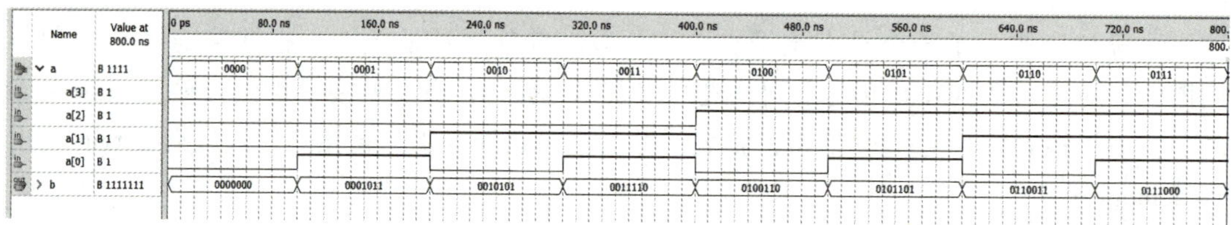

图 7.12　编码模块的仿真波形图

由图 7.12 可知，每输入 4 位数据就输出 7 位数据。输出的 7 位数据前 4 位是信息位，与输入的数据相同，后 3 位为监督位，输出结果与经过公式编码输出的结果一样。

加错模块的仿真波形图如图 7.13 所示。

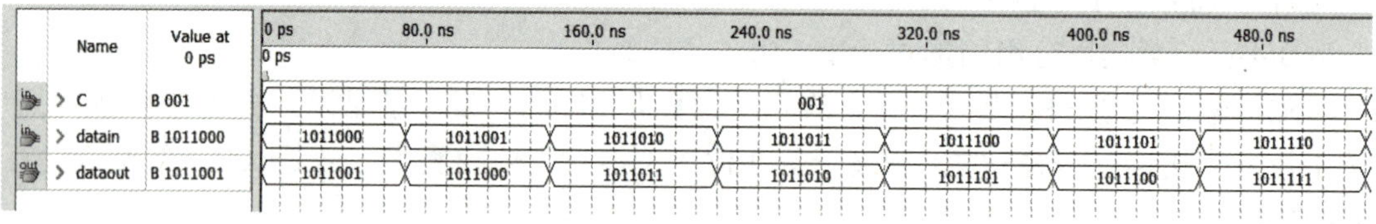

图 7.13　加错模块的仿真波形图

为了更好地测试该系统的纠错能力，人为增加一个控制变量 C，如果 C 为 001，则控制输入的第 1 位 (从右边数) 发生错误；如果 C 为 010，则控制输入的第 2 位发生错误，依次类推。如果 C 为 000 时，表示控制输入没有发生错误。图 7.13 中 C = 001，表示控制输入的第 1 位发生错误，将 datain 与 dataout 相比，很容易看出 dataout 中的第 1 位均发生错误，从而实现了错位控制。

译码模块的仿真波形图如图 7.14 所示，a 是输入数据，此数据是经过加错处理后的数据，原始数据是 0110011，控制第 5 位发生错误，输出 0100011，即是 a；经过译码输出 b = 0110，可见已经将错位纠正；输出 s 指示出纠正了哪一位，正好与控制位相同；输出 m1 是将数组 b 进行串行输出。由此可知该模块实现了指定的功能。

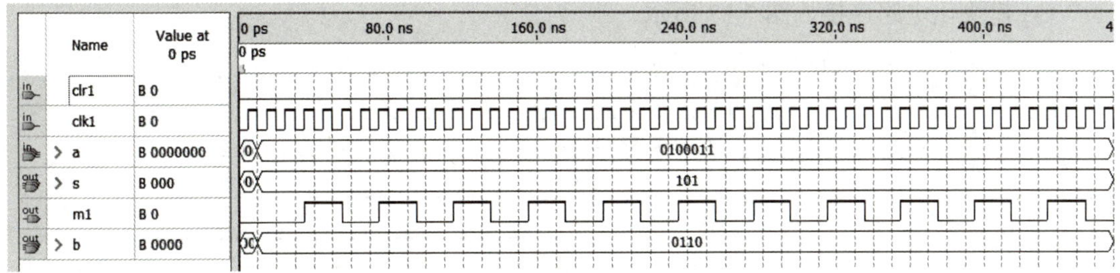

图 7.14　译码模块的仿真波形图

可将译码模块的顶层电路连接起来，为了更好地观察整个系统的波形，下面给出连接步骤如下：

(1) 将各个文件模块化，代码模型化过程图如图 7.15 所示。

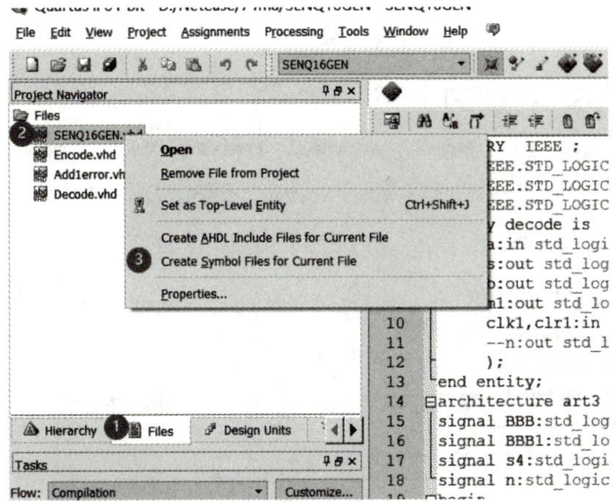

图 7.15　代码模型化过程图

(2) 在 file 中创建一个新的 Block Diagram/Schematic File 文件，建立电路连接区，如图 7.16 所示。

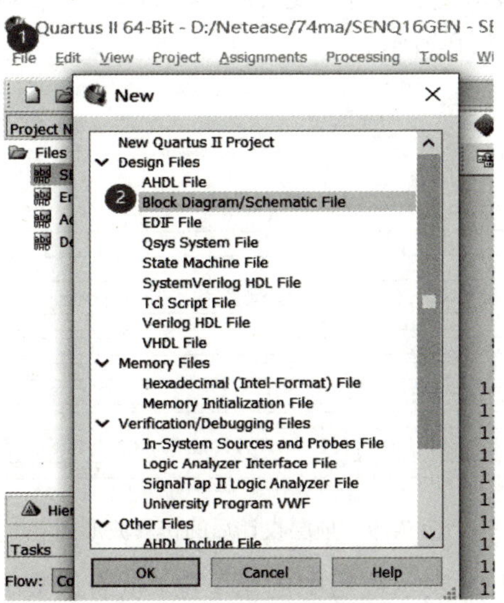

图 7.16　建立电路连接区

(3) 模块化电路连接如图 7.17 所示。

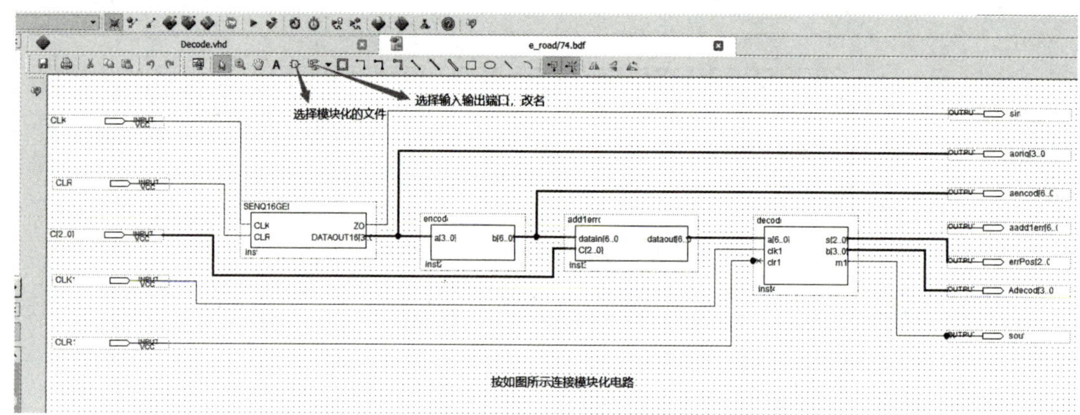

图 7.17　模块化电路连接

(4) 设置顶层文件如图 7.18 所示。

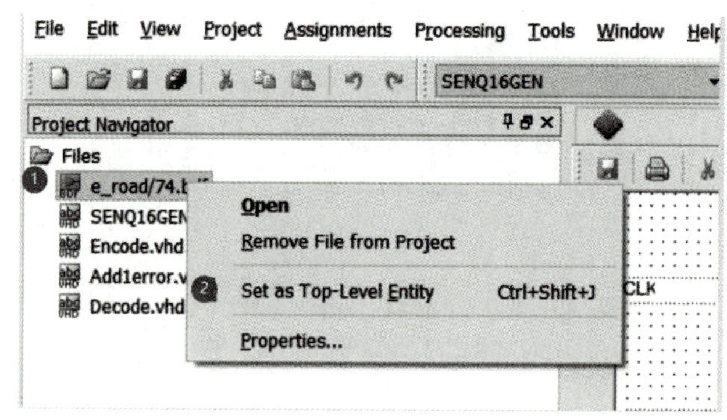

图 7.18　顶层文件设置

(5) 保存文件。

(6) 编译运行，此时波形便合并了上述各个模块的各个参数，成为了一个整体。顶层设计后的仿真波形图如图 7.19 所示。

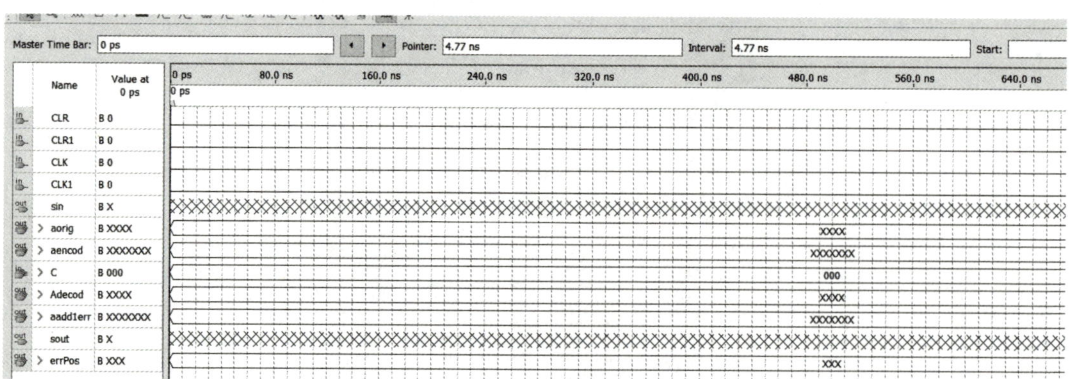

图 7.19　顶层设计后的仿真波形图

当错位控制 C = 001 时，表示数组中的第 1 位 (从右边数) 发生了错误。测试结果如图 7.20 所示。

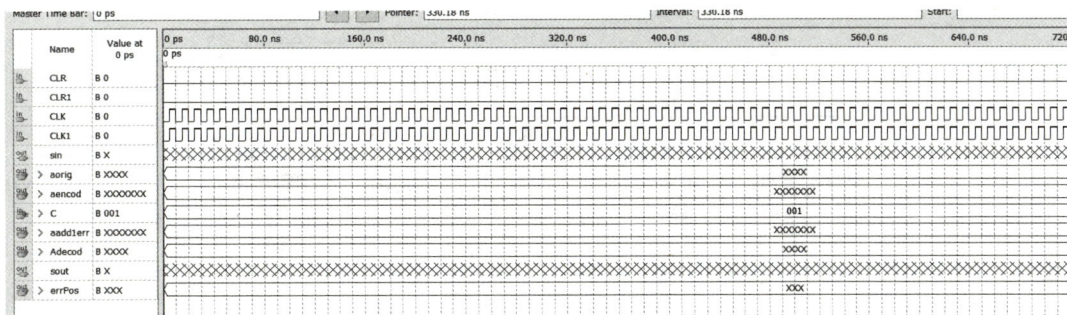

图 7.20　测试结果 1

当错位控制 C = 010 时，表示数组中的第 2 位 (从右边数) 发生了错误。测试结果如图 7.21 所示。

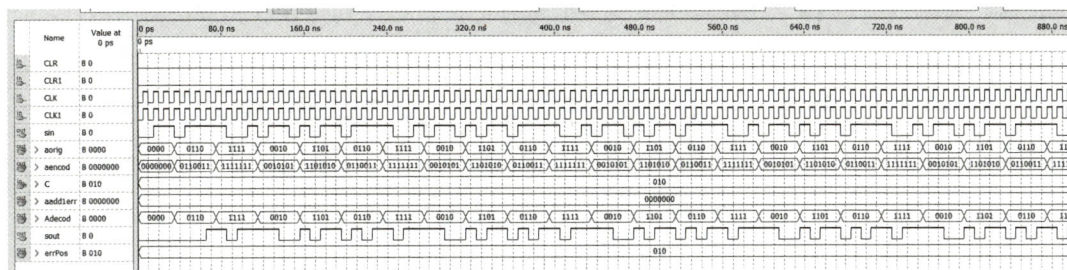

图 7.21　测试结果 2

当错位控制 C = 011 时，表示数组中的第 3 位 (从右边数) 发生了错误。测试结果如图 7.22 所示。

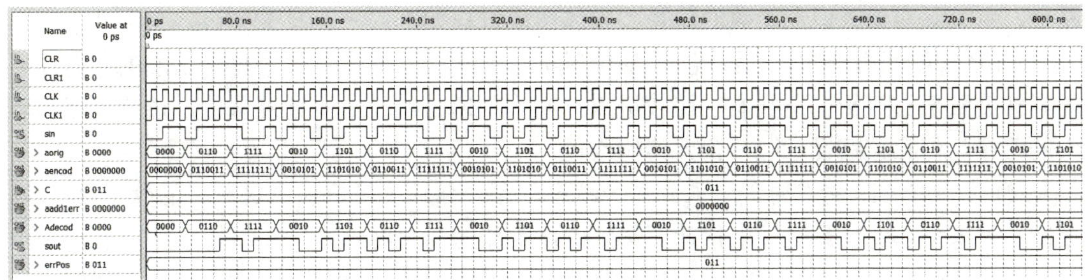

图 7.22　测试结果 3

以上共有三个仿真图，分别是当错位控制 C 为 001、010、011 时，即第 1 位、第 2 位、第 3 位依次发生错误和没有发生错误这三种情况下的仿真图。从图中可以看出错位控制与译码输出的错位指示数据相同，说明译码正确。另外，从原始数据 sin 与最终输出数据 sout 的比较中也可以看出这一点。

7.4.2　Viterbi 算法译码

1. 维特比算法译码的基本理论

维特比 (Viterbi) 译码器原理如图 7.23 所示。

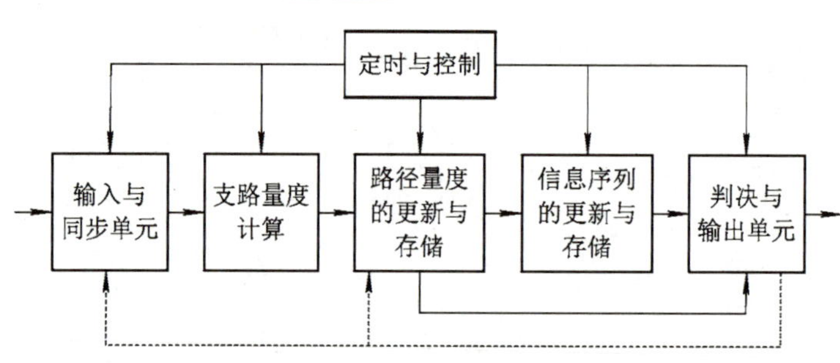

图 7.23 Viterbi 译码器原理方框图

Viterbi 译码算法的基本思想就是利用编码网格图，在其中搜索一条路径，使其最接近实际路径，搜索到的这条路径称为幸存路径。因此，Viterbi 译码实质上就是最大似然译码，它通过逐步去除网格图上不可能成为最大似然路径者来搜索幸存路径。一个完整的 Viterbi 译码器一般由累加器组、比较器组、度量值寄存器、信息序列寄存器和判决器组成，如图 7.24 所示。

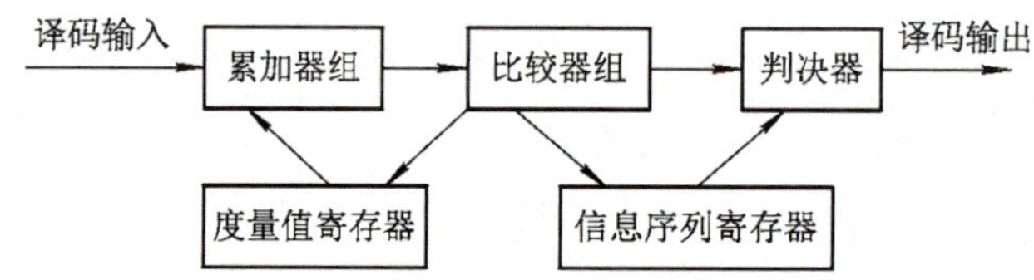

图 7.24 Viterbi 译码器基本结构图

Viterbi 译码算法不是一次性在网格图中所有可能的 $2kL$ 条不同的路径中选择一条具有最佳度量值的路径，而是每次接收一段信息序列，进行度量值的计算，并在到达同一状态的路径中选择当前具有较大度量值的路径，舍弃其他路径，从而使得最后留存的仅有一条路径，且为具有最大似然函数的路径。具体实现过程如下：

(1) 从初始状态开始，当经过 $j = m$ 个时间单位后，开始计算达到每个状态的所有路径的累计度量值。对于同一状态，比较进入该状态的所有路径的累计度量值，选择度量值较大的路径，保存该路径，同时舍弃其他路径。

(2) 若 $j = j + 1$，将该时刻进入到每个状态的路径累计度量值加上这一级的分支度量值，在同一状态下，选择具有较大累计度量值的路径作为幸存路径。

(3) 若 $j < L + m$，则重复步骤 (2)。当 $j \geq L + m$ 时，由于编码码字最后几位都为 0，即每前进一级，可能的路径就减少一半，到 $j = L + m$ 时，网格图中的路径回到全零状态，此时仅剩下一条幸存路径，此路径即为所寻找的具有最大累计度量值的路径。

(4) 回溯步骤 (3) 得到的路径，该路径在网格图中的状态转移过程即为译码的输出结果。

Viterbi 译码算法利用编码器网格图的特殊结构降低了计算的复杂度。与门限译码和序列译码相比，Viterbi 译码器在硬件实现上的复杂度、译码延时，以及计算复杂度方面做了折中处理，其具有相对较广的应用意义和范围。

影响 Viterbi 译码算法的译码性能参数有编码器码率、编码器约束长度、译码判决方式和译码深度等。

(1) 码率对译码性能的影响。对于 (n, k, m) 卷积码，编码码率为 $R = k/n$，它是信息序列的长度与编码长度的比值，即编码后的序列中有效信息的长度占据其与监督信息长度和的比值。编码码率越小，传输的冗余信息越多，通常译码性能越好；编码码率越大，传输的冗余信息越少，通常译码性能较差。

(2) 编码器约束长度对译码性能的影响。对于 (n, k, m) 卷积码，约束长度为 m，对应网格图中的状态数为 $2km-1$。在译码过程中，经过 $2km$ 个状态的路径度量值计算的比较后，选择 $2km-1$ 条路径。随着约束长度的增加，需要在更多的路径中进行选择。因此，在硬件设计过程中，需要保存更多的状态及路径信息。编码器约束长度增加，编码序列码组间的关联性也随之增加，由此可以提高系统的抗干扰性能。

(3) 译码判决方式对译码性能的影响。译码的判决方式有硬判决和软判决两种：硬判决计算的是接收到的信息序列与网格图中所有可能的路径之间的汉明距离；软判决译码器的输入序列是完成调制后的数据经过量化得到的，其中，量化的电平数越多，译码性能越接近最大似然函数，译码的复杂度会越大，硬件实现的难度也越大。硬判决译码算法设计简单，需要存储的路径信息的寄存器位宽较小，信息计算步骤较少，且硬件实现容易，但其在性能上比软判决译码方法差 2～3 dB。根据设计需要，可以选择适合的判决方式。

(4) 译码深度对译码性能的影响。(n, k, m) 卷积码有 $2km-1$ 个状态，随着译码的不断深入，每输入 k bit 待译码信息，存储器就需要多存储 $2km-1$ 个状态的信息、对应的分支度量值计算结果和幸存路径信息。当输入的待译码序列较长时，需要存储的信息会很多。为了及时处理存储的信息量问题，可以采用截断译码方法，即只存储一段长度为 t 的译码序列的信息，其中 $t \ll L$，在数据存储满之后，开始回溯译出第 1 位译码结果。处理完这段长度为 t 的序列后，开始处理下一段信息，并输出第 2 位译码输出结果，以此类推。最后对存储单元中的数据进行回溯，得到最后的译码输出。实践和理论证明，当 $5m \leqslant t \leqslant 10m$ 时，截断译码的性能与传统 Viterbi 算法性能相近。因此在译码算法设计时可选用 $5m \leqslant t \leqslant 10m$，即可得到较好的译码性能，同时降低信息存储量。

2. 维特比算法译码的程序设计

维特比 (Viterbi) 译码的系统结构如图 7.25 所示。

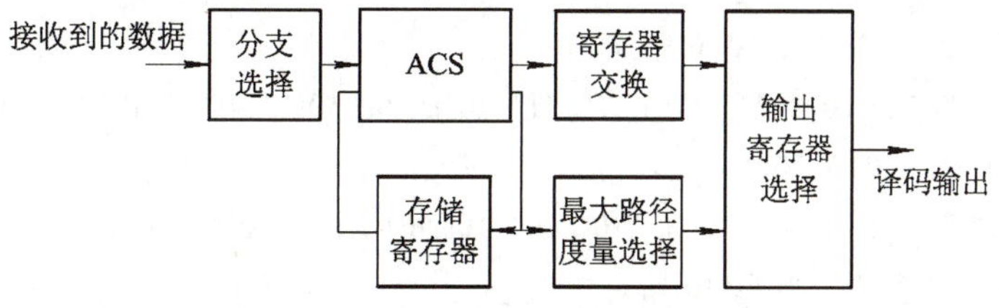

图 7.25　Viterbi 译码的系统结构图

由图 7.25 可知，Viterbi 译码由以下模块组成：分支选择、ACS、寄存器交换、存储寄存器、最大路径度量选择和输出寄存器选择。

Viterbi 译码的 VHDL 代码如下：

```
LIBRARY IEEE;
USE IEEE.STD_LOGIC_1164.ALL;
USE IEEE.STD_LOGIC_SIGNED.ALL;
USE IEEE.NUMERIC_STD;
```

```
ENTITY ViterbiDecoder IS
  PORT (
    input : IN STD_LOGIC_VECTOR(1 DOWNTO 0);          -- 汉明码输入
    clk : IN STD_LOGIC;
    output : OUT BIT   -- 输出将延迟 3个时钟周期，因为 TracebackDepth为 3
  );
END ENTITY ViterbiDecoder;

ARCHITECTURE ViterbiDecoder_behav OF ViterbiDecoder IS
  TYPE word_2 IS ARRAY(1 DOWNTO 0) OF STD_LOGIC_VECTOR(1 DOWNTO 0);
  TYPE word_4_NextState IS ARRAY(3 DOWNTO 0) OF STD_LOGIC_VECTOR(1 DOWNTO 0);
  TYPE word_3 IS ARRAY(2 DOWNTO 0) OF STD_LOGIC_VECTOR(1 DOWNTO 0);
  TYPE word_3_bit IS ARRAY(2 DOWNTO 0) OF BIT;
  TYPE word_4 IS ARRAY(3 DOWNTO 0) OF INTEGER;
  TYPE word_4_bit IS ARRAY(3 DOWNTO 0) OF BIT;
  TYPE memory_4 IS ARRAY(3 DOWNTO 0) OF word_2;
  TYPE memory_4_bit IS ARRAY(3 DOWNTO 0) OF word_4_bit;
  TYPE memory_4_NextState IS ARRAY(3 DOWNTO 0) OF word_4_NextState;
```

“表”指的是一种数据结构，用于存储和组织数据，以便在程序中查找和访问这些表用来存储状态转换的相关信息，如当前状态、输入，以及下一个状态。

为了简化实现，本文考虑回溯深度为 3，并对所有可能的路径进行硬编码，在回溯深度为 3 的情况下是 32 个路径。

以下是 4 个表的定义，每个表根据初始状态包含 8 个可能的路径。

```
  CONSTANT traceback_table: memory_4 IS ARRAY(3 DOWNTO 0) OF word_2 := (
    (("00","00","00"), ("11","10","11"), ("00","11","10"), ("11","01","01"), ("00","00","11"), ("11","10","00"),
    ("00","11","01"), ("11","01","10")),
    (("11","00","00"), ("00","10","11"), ("11","11","10"), ("00","01","01"), ("11","00","11"), ("00","10","00"),
    ("11","11","01"), ("00","01","10")),
    (("10","11","00"), ("01","01","11"), ("10","00","10"), ("01","10","01"), ("10","11","11"), ("01","01","00"),
    ("10","00","01"), ("01","10","10")),
    (("01","11","00"), ("10","01","11"), ("01","00","10"), ("10","10","01"), ("01","11","11"), ("10","01","00"),
    ("01","00","01"), ("10","10","10"))
  );
```

下表列出了系统中的不同状态以及导致这些状态转换的输入，并记录了每个状态转换所产生的输出。

```
  -- 1表示无效操作
  -- 常量输出表：memory_4_bit := ((0, −1, −1, 1), (1, −1, −1, 0), (−1, 1, 0, −1), (−1, 0, 1, −1));
  CONSTANT outputTable: memory_4_bit := (
    ('0', '0', '0', '1'),
```

```
    ('1', '0', '0', '0'),
    ('0', '1', '0', '0'),
    ('0', '0', '1', '0')
  );

  -- 下一个表获取提供当前状态和状态转换的下一个状态
  CONSTANT nextStateTable: memory_4_NextState := (
    ("00","00","00","10"),
    ("10","00","00","00"),
    ("00","11","01","00"),
    ("00","01","11","00")
  );

  CONSTANT TraceBackDepth: POSITIVE := 3;

  FUNCTION hammingDistance(a: STD_LOGIC_VECTOR(1 DOWNTO 0)) RETURN INTEGER IS
  BEGIN
    CASE a IS
      WHEN "00" => RETURN 0;
      WHEN "01" => RETURN 1;
      WHEN "10" => RETURN 1;
      WHEN "11" => RETURN 2;
      WHEN OTHERS => RETURN -1;                -- 无效操作
    END CASE;
  END hammingDistance;

  FUNCTION conv_int(a: STD_LOGIC_VECTOR(1 DOWNTO 0)) RETURN INTEGER IS
  BEGIN
    CASE a IS
      WHEN "00" => RETURN 0;
      WHEN "01" => RETURN 1;
      WHEN "10" => RETURN 2;
      WHEN "11" => RETURN 3;
      WHEN OTHERS => RETURN -1;                -- 无效操作
    END CASE;
  END conv_int;

BEGIN
```

```
PROCESS (clk)
  VARIABLE InitialState: STD_LOGIC_VECTOR(1 DOWNTO 0) := "00";
  VARIABLE TracebackResult: memory_8 := (0,0,0,0,0,0,0,0);
  VARIABLE InputLevel: INTEGER := 0;
  VARIABLE i: INTEGER := 0;
  VARIABLE chosenPathIndex: INTEGER;
  VARIABLE lowestPathMetricError: INTEGER := 6;                    -- 已初始化为最大可能错误
  VARIABLE currentState: STD_LOGIC_VECTOR(1 DOWNTO 0);
  VARIABLE outputVector: word_3_bit;
  VARIABLE temp_output: STD_LOGIC_VECTOR(1 DOWNTO 0);
BEGIN
  IF (CLK'EVENT) AND (CLK = '1') AND (input /= "UU") THEN     -- 上升沿
    i := 0;

    -- 分支度量计算
    WHILE i< 8 LOOP
      TracebackResult(i) := TracebackResult(i) + hammingDistance(traceback_table(3-conv_int
      (InitialState))(7-i)(2-InputLevel) XOR input);
      i := i + 1;
    END LOOP;

  -- 输出来自先前路径度量计算的解码数据
  -- 输出将延迟 3个时钟周期
  output <= outputVector(InputLevel);

  InputLevel := InputLevel + 1;
  IF (InputLevel = TraceBackDepth) THEN
    -- 选择路径度量误差最小的正确路径
    i := 0;
    WHILE i< 8 LOOP
      IF (lowestPathMetricError>TracebackResult(i)) THEN
        lowestPathMetricError := TracebackResult(i);
        chosenPathIndex := i;
      END IF;
      i := i + 1;
    END LOOP;

    -- 将所选路径转换为相应的输出
    currentState := InitialState;
```

```
            i := 0;
            WHILE i<TraceBackDepth LOOP
              temp_output := traceback_table(3-conv_int(InitialState))(7-chosenPathIndex)(2-i);
                outputVector(i) := outputTable(3-conv_int(currentState))(3-conv_int(temp_output));
                currentState := nextStateTable(3-conv_int(currentState))(3-conv_int(temp_output));
              i := i + 1;
            END LOOP;

            -- 设置下一阶段的初始状态
            InitialState := currentState;

            -- 重置变量
            InputLevel := 0;
            TracebackResult := (0,0,0,0,0,0,0,0);
              lowestPathMetricError := 6;
            END IF;

          END IF;
        END PROCESS;

    END ARCHITECTURE ViterbiDecoder_behav;
```

3. Viterbi 算法译码的代码分析

实体 ViterbiDecoder 定义了 3 个端口：输入端口 input(类型为 std_logic_vector)，时钟端口 clk(类型为 std_logic) 和输出端口 output(类型为 bit)。

该代码中使用了一些自定义类型。例如，定义了 word_2、word_4_NextState、word_3、word_3_bit、word_4、word_4_bit、memory_4、memory_4_bit、memory_4_NextState、memory_8、memory_traceback_row 和 memory_traceback_table。这些类型用于定义内部数据结构和存储表。

代码中还定义了常量 traceback_table、outputTable、nextStateTable 和 TraceBackDepth。这些常量用于存储状态转换表、输出表、下一个状态表，以及回溯深度。

代码中还定义了两个函数：hammingDistance 和 conv_int。hammingDistance 函数用于计算输入向量中的汉明距离，conv_int 函数用于将输入向量转换为整数。

进程 Viterbi Decoder_behav 是主处理过程。在主处理过程中，使用变量和循环对输入信号进行处理。首先，计算分支度量，即输入信号与目标输出之间的距离；然后，根据输入级别选择输出信号，并根据选择的路径和输出表计算对应的输出信号；最后，更新初始状态，并重置相关变量，以便继续解码下一组输入信号。

Viterbi 解码器的核心思想是使用硬编码的状态转换表和输出表来推断出最可能的输入序列。通过选择具有最小度量误差的路径，并根据路径对应的输出表计算输出信号，可以实现对输入信号的解码和纠正错误的功能。

4. Viterbi 算法译码的仿真波形

Viterbi 算法译码的仿真波形图如图 7.26 所示，该代码实现了 Viterbi 解码器的功能，能够将输入信号解码为原始数据，并具有检测和纠正错误的能力。它使用硬编码的状态转换表和输出表来进行解码，并通过比较路径的度量误差来选择最佳路径。Viterbi 解码器广泛应用于无线通信、数据存储和数字传输等领域。

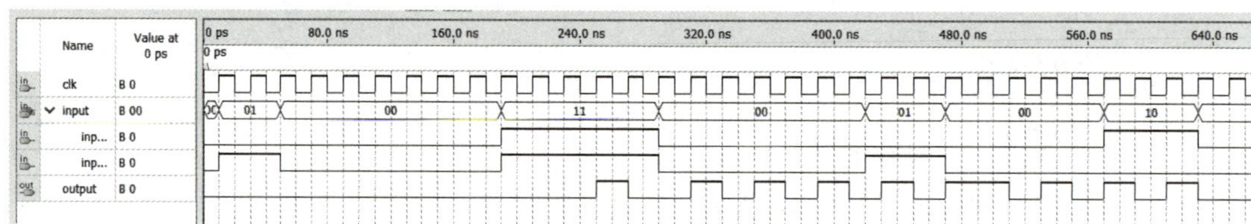

图 7.26　Viterbi 算法译码的仿真波形图

7.5　基于软件无线电的误码检测系统的实现

7.5.1　误码检测系统的基本理论

在通信过程中，设备故障、传播衰落、码间干扰、临近波道干扰等因素都可能造成通信系统的性能恶化甚至通信中断，其结果都可以通过误码的形式表现出来。误码检测系统就是通过监测数据传输系统的误码性能指标对其系统的传输质量进行评估的基本测量仪器。

误码检测的方法可分为两大类：中断通信业务的误码检测和不中断通信业务的误码检测。前者主要用于产品的调试、性能鉴定、系统工程校验、通信电路的定期维护和检修；后者主要用于系统运行的质量检测、可靠性统计等。本节设计的误码检测系统属于中断通信业务的误码检测。它不依赖系统的信道，可以独自产生序列，并利用自身产生的序列对数字信道进行误码检测。

误码检测系统的工作过程可概括为以下几个步骤：

(1) 发送端的码型发生器产生一定的码型测试信号，作为待测系统的输入信号，使其通过待测系统构成的信道。

(2) 接收端接收待测系统的输出信号，并从中提取位同步信号。

(3) 产生新的码序列，其幅值与码型测试相同，初始相位与接收码流相同。

(4) 将本地码序列与接收码序列 (待测系统的输出信号) 逐个进行比较，若不相同，说明码序列中有误码，则输出误码脉冲信号。

(5) 对误码脉冲信号进行统计，并将其结果显示出来。

由误码检测的工作过程可以将误码检测系统分成几个功能模块，其工作原理如图 7.27 所示。

(1) 发送部分：包含码型发生器和接口码型变换器两个功能模块。码型发生器用来产生测试用序列信号。但是这种信号通常是 NRZ 码的数字信号，并不适合在实际的信道中传输，因此要把它转换成待测系统所需的接口信号。接口码型变换器将测试信号变成与待测设备相同的接口信号。

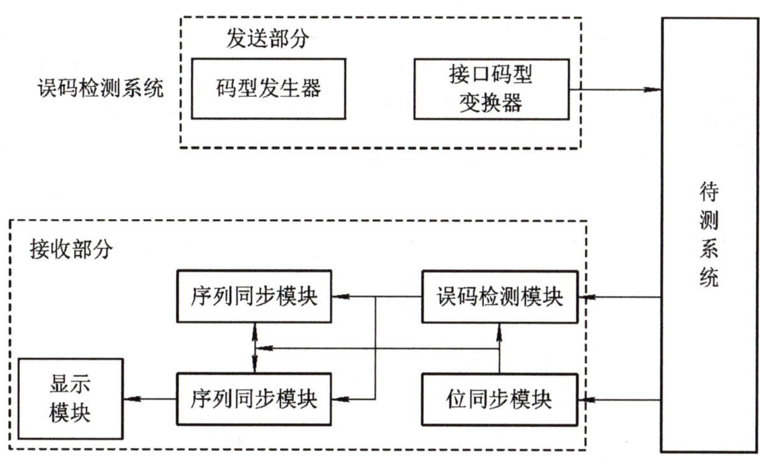

图 7.27　误码检测的工作原理方框图

(2) 接收部分：包含位同步模块、序列同步模块、误码检测模块和显示模块。位同步模块从待测系统接收的码流中提取时钟信号，实现位同步；序列同步模块用于本地码流序列与接收到的码流序列之间的同步，并持续生成本地序列；误码检测模块负责将本地生成的码序列与接收到的数据码流序列进行逐位比较，以检测误码；显示模块用于显示误码检测的结果，包括误码的数量和其他相关信息。

(3) 待测系统：在实际应用中，待测系统的接口信号可能因系统或设备的不同而有所变化。为了提高系统的适应性，常见的做法是采用锁相环技术，以确保无论输入信号如何变化，位同步模块都能稳定提取时钟信号并进行同步处理。

7.5.2　误码检测系统的程序设计

误码检测系统结构图如图 7.28 所示。

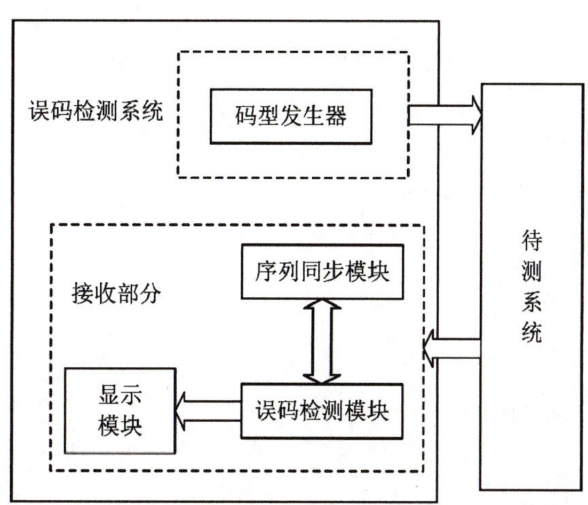

图 7.28　误码检测系统结构图

对于 *m* 序列码型发生器，假设信号速率为 2 048 kb/s，则 *m* 序列的特征多项式为

$$\text{fSSRG}(15) = C_{15} \times 15 + C_{14} \times 14 + C_0$$

fSSRG 代表“反馈移位寄存器序列生成多项式”，具体指的是用于生成 *m* 序列 (最大长度序列) 的特征多项式，特征多项式的系数 C_i 是 0 或 1。这里采用 15 个 D 触发器构成线性反馈移位寄存器进行设计，在系统清零后，D 触发器输出状态均为低电平，为了避免 *m* 序列发生器输出全“0”信号，对高位进行置 1 操作，具体的 VHDL 代码如下：

```
LIBRARY IEEE;
USE IEEE.STD_LOGIC_1164.ALL;

ENTITY mcode15 IS
  PORT (
    clrn_l : IN STD_LOGIC;                              -- 复位清零信号
    clk : IN STD_LOGIC;                                 -- 时钟
    txdata : OUT STD_LOGIC                              -- m序列码输出
  );
END ENTITY mcode15;

ARCHITECTURE behav OF mcode15 IS
  SIGNAL reg : STD_LOGIC_VECTOR(14 DOWNTO 0);    -- 寄存器
BEGIN
  PROCESS (clk, clrn_l)
  BEGIN
    IF clrn_l = '0' THEN
      reg <= (OTHERS => '0');
    ELSIF clk'EVENT AND clk = '1' THEN
      IF reg = "000000000000000" THEN
        reg(14) <= '1';
        reg(13 DOWNTO 0) <= (OTHERS => '0');
      ELSE
        reg(13 DOWNTO 0) <= reg(14 DOWNTO 1);
        reg(14) <= reg(1) XOR reg(0);
      END IF;
    END IF;
  END PROCESS;
  txdata<= reg(14);
END ARCHITECTURE behav;

-- 序列同步及误码检测模块：

LIBRARY IEEE;
USE IEEE.STD_LOGIC_1164.ALL;
```

```
USE IEEE.STD_LOGIC_UNSIGNED.ALL;

ENTITY error_check IS
  PORT (
    rclk : IN STD_LOGIC;                         -- 收时钟，一般从被测电路提取
    start_l : IN STD_LOGIC;                      -- 开关信号 start_l，控制收发模块之间的连接
    rxdata : IN STD_LOGIC;                       -- 接收的待测序列
    error : OUT INTEGER RANGE 0 TO 65535;        -- 误码个数
    outdata : OUT STD_LOGIC                      -- 输出序列
  );
END ENTITY error_check;

ARCHITECTURE behav OF error_check IS
  SIGNAL rreg : STD_LOGIC_VECTOR(14 DOWNTO 0);   -- 15个移位寄存器
  SIGNAL rq_a : STD_LOGIC_VECTOR(14 DOWNTO 0);   -- 装在计数器 a
  SIGNAL rq_b : STD_LOGIC_VECTOR(3 DOWNTO 0);    -- 伪同步计数器 b
  SIGNAL set : STD_LOGIC;                        -- 开关控制信号
  SIGNAL sb : STD_LOGIC;                         -- 序列同步指示信号
  SIGNAL back : STD_LOGIC;                       -- 防止伪同步信号
  SIGNAL data : STD_LOGIC;                       -- 送入移位寄存器中的序列
  SIGNAL feedback : STD_LOGIC;                   -- 本地 m序列输出
  SIGNAL error_temp : INTEGER RANGE 0 TO 65535;  -- 误码计数器
BEGIN
  outdata<= data;
  error <= error_temp;

  P0: PROCESS (rclk, start_l)
  BEGIN
    IF start_l = '0' THEN
      rq_a<= (OTHERS => '0');
    ELSIF rclk'EVENT AND rclk = '1' THEN
      rq_a<= rq_a + 1;
    END IF;
  END PROCESS P0;

  P1: PROCESS (rclk, start_l)
  BEGIN
    IF start_l = '0' THEN
      rreg<= (OTHERS => '0');
    ELSIF rclk'EVENT AND rclk = '1' THEN
```

```
        rreg(13 DOWNTO 0) <= rreg(14 DOWNTO 1);
        rreg(14) <= data;
    END IF;
END PROCESS P1;

feedback <= Rreg(1) XOR Rreg(0);          -- 移位寄存器产生的反馈输出
P2: PROCESS (rclk, set)
BEGIN
    IF start_1 = '0' THEN
        data <= rxdata;
    ELSIF rclk'EVENT AND rclk = '1' THEN
        IF set = '0' THEN
            data <= rxdata;               -- rxdata序列送入移位寄存器
        ELSE
            data <= feedback;             -- 反馈送入移位寄存器
        END IF;
    END IF;
END PROCESS P2;

P3: PROCESS (rclk, set)
BEGIN
    IF set = '0' THEN
        error_temp<= 0;
    ELSIF rclk'EVENT AND rclk = '1' THEN
        IF rxdata /= feedback THEN
            error_temp<= error_temp + 1;  -- 误码检测，如果接收信号与本地m序列不一致，则误码
                                          数加 1
        ELSE
            error_temp<= error_temp;      -- 否则误码数保持
        END IF;
    END IF;
END PROCESS P3;

P4: PROCESS (rclk, set)
BEGIN
    IF set = '0' THEN
        rq_b<= (OTHERS => '0');
        sb <= '0';
    ELSIF rclk'EVENT AND rclk = '1' THEN
        IF rq_b = "1010" THEN
```

```
            sb <= '1';
            rq_b<= rq_b;                    -- 如果 rq_b计数到 10，则 sb置高电平，误码数保持
         ELSE
            rq_b<= rq_b + 1;
         END IF;
      END IF;
   END PROCESS P4;

   P5: PROCESS (rclk, set)                  -- 伪同步检测
   BEGIN
      IF set = '0' THEN
         back <= '0';
      ELSIF rclk'EVENT AND rclk = '1' THEN
         IF (sb = '0') AND (error_temp>= 1) AND (rq_b = "1001") THEN
            back <= '1';                    --如果在 10个码元周期内误码数发生变化，则 back置高
         END IF;
      END IF;
END PROCESS P5;

P6:PROCESS(rclk,start_l,back)
BEGIN
      IF (start_l='0') THEN set<='0';
      ELSIF (rclk'EVENT AND rclk='1') THEN
            IF (rq_a="1110") THEN set<='1';
-- 计数器从 A到 14时，表示从接收端来的数据装载结束，开关接到 B，与本地 m序列比较进行误码检测
            ELSIF (back='1') THEN set<='0';
            END IF;
      END IF;
      END PROCESS P6;
END BEHAV;
```

7.5.3　误码检测系统的代码分析

1. *m* 序列发生器模块 (mcode15)

首先，在代码开头使用 library ieee 和 use ieee.std_logic_1164.all 语句导入 ieee 库以及 std_logic_1164 标准库。

其次，定义模块的实体部分。该模块有 3 个端口信号：clrn_l(复位清零信号，输入)、clk(时钟信号，输入) 和 txdata(*m* 序列码输出，输出)。在架构部分定义一个名为 reg 的 15 位寄存器信号。

接着，使用 process 过程语句定义一个时钟敏感、复位敏感的进程。当 clrn_l 为低电平，

即复位信号有效时，寄存器 reg 被清零。当 clk 的上升沿到来时，进行下一步操作。如果寄存器的值为十六进制“000000000000000”，即所有位都为 0，则将最高位设置为 1，其余位都设置为 0。否则，将寄存器的低 14 位向右移动 1 位，最高位的值等于第 2 位和第 1 位的异或结果。

最后，在架构的最后 1 行，将 reg 寄存器的最高位赋值给输出端口 txdata。

总体而言，这段代码实现了一个 15 位的 *m* 序列发生器模块。*m* 序列是一种伪随机二进制序列，其由寄存器的反馈和移位操作生成。每个时钟周期，*m* 序列的当前值输出到 txdata 端口上。当 clrn_1 为低电平时，寄存器被清零，重新开始生成 *m* 序列。当 clk 的上升沿到来时，寄存器根据特定的规则进行移位和反馈操作，生成下一个序列值。

2. 序列同步及误码检测模块

代码定义了模块的实体部分。该模块有 5 个输入端口信号：rclk(收时钟，一般从被测电路提取)、start_l(开关信号，控制收发模块之间的连接)、rxdata(接收的待测序列)，以及两个输出端口信号：error(误码个数，整数类型范围在 0～65535) 和 outdata(输出序列)。

架构部分定义了多个中间信号和寄存器，包括 rreg(15 位移位寄存器)、rq_a(计数器 a)、rq_b(伪同步计数器 b)、set(开关控制信号)、sb(序列同步指示信号)、back(防止伪同步信号)、data(送入移位寄存器中的序列) 和 feedback(本地 *m* 序列输出)。

根据序列同步的工作过程，序列同步模块可以进一步细化成如图 7.29 所示的工作流程。

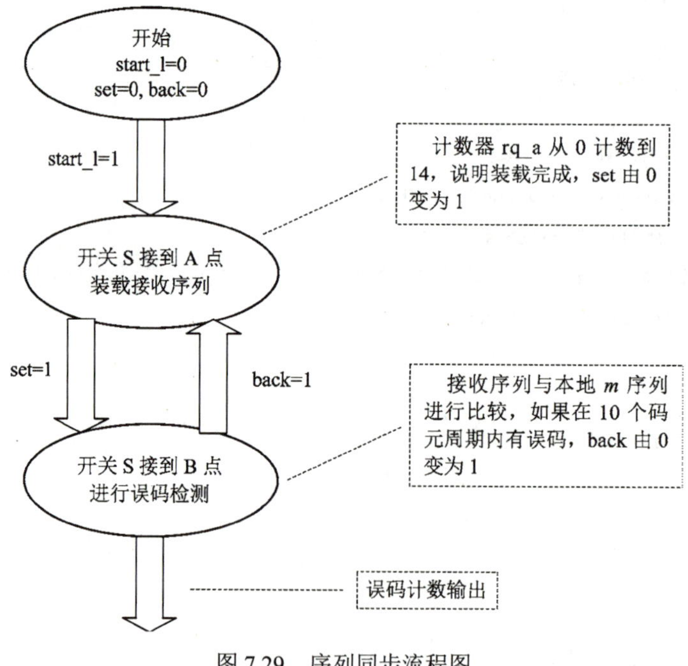

图 7.29　序列同步流程图

序列同步时总共有以下 3 种工作状态。

(1) 开始状态。start_1 信号处于低电平，接收系统处于停滞状态，当 start_1 信号为高电平时，发送端和接收端实现了互联，接收端接收来自被测系统的信号 rxdata，进入下一状态。

(2) 开关 S 接到 A 点状态。将接收到的信号 rxdata 一一装载入本地移位寄存器 rreg，当计数器 rq_a 由 0 计数到 14 时，表示装载完毕，set 信号由低电平变为高电平，进入下一状态。

(3) 开关 S 接到 B 点状态。此状态下开始误码检测过程，如果在连续 10 个码元 (用 rq_b 计数器进行计数) 周期内误码计数器的值都没有增加，说明序列已经同步 (信号 sb 由 0 变成 1)；否则，back 信号出现一个高电平，使 set 信号由高电平变为低电平，即开关 S 重新接到 A 点，重复装载和序列同步的过程。

确认序列同步后 (sb = 1)，将接收到的信号与本地 *m* 序列进行逐位比较，如果接到的收信号出现一个误码，则误码计数器自动加 1。

7.5.4　误码检测系统的仿真波形

无误码时的仿真波形图如图 7.30 所示。rxdata 与 txdata 完全形同，无误码，误码检测计数输出 error 为 0。

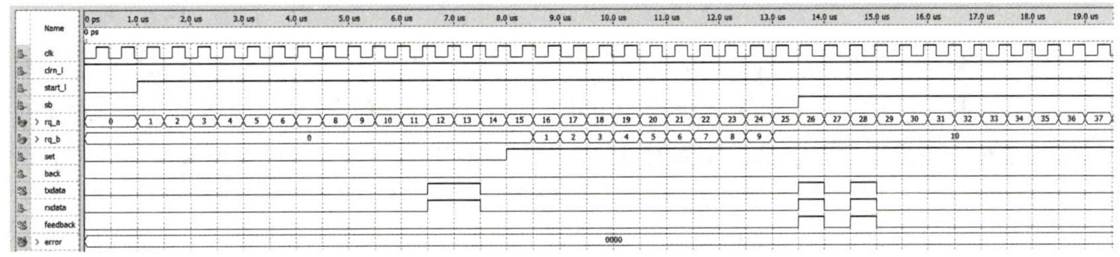

图 7.30　无误码时的仿真波形图

序列同步后认为加上误码时的仿真波形图如图 7.31 所示。从图 7.31 中可以看出，set 信号由低电平变为高电平，待测序列 rxdata 与 feedback 信号相比较，由于在 10 个码元周期内，error[15..0] 的计数值没有发生变化，sb 由低电平变为高电平，说明本地产生的 *m* 序列 feedback 和接收序列 rxdata 同步，开始正式逐位比较，每当 rxdata 出现一个误码时，误码计数器就自动加 1。

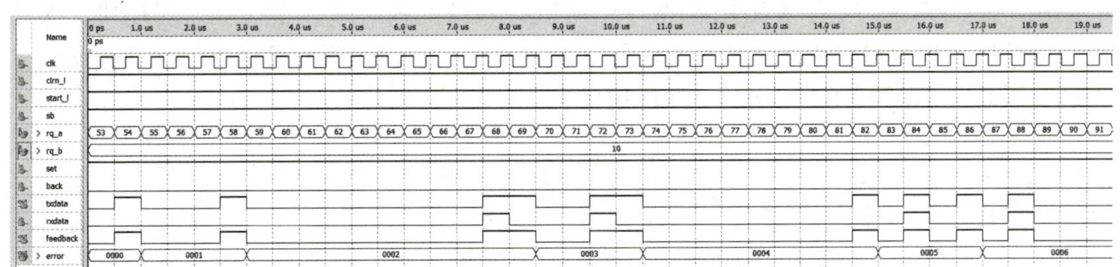

图 7.31　序列同步后人为加上误码时的仿真波形图

拓展思考题

7-1　请用 VHDL 语言完成 HDB3 编译码的设计。

7-2　请用 VHDL 语言完成 AMI 编码的设计。

7-3　请用 VHDL 语言完成 QDPSK 的设计。

7-4　请用 VHDL 语言完成全数字锁相环电路的设计。

7-5　请用 VHDL 语言完成一个同步串行数据发送电路的设计。

第 8 章　FPGA 在数字信号处理中的应用

8.1 概　　述

数字信号处理 (Digital Signal Processing，DSP) 是指将连续时间信号转换为离散时间信号，并对这些离散信号进行处理和分析的过程。作为一项重要的信号处理技术，数字信号处理已经深入各个领域，并取得了显著的进展。其能够更准确、更高效地处理和分析信号，为科学研究和工程应用提供了重要支持。

数字信号处理建立在模拟信号处理基础之上，是一种现代信号处理技术。在数字信号处理中，信号是用数字形式来表示和处理的，因此需要进行模数转换 (ADC) 和数模转换 (DAC)。数字信号处理的基本原理包括采样、量化和编码三个过程。采样是将连续时间信号在时间上进行离散化的过程，通过一定的时间间隔对信号进行取样；量化是指将连续的幅度值转换为离散的数字值的过程；编码是将量化后的数字信号转换为二进制形式的过程。

目前，数字信号处理技术在许多领域有着广泛的应用，如音频信号、图像与视频信号、通信系统等领域。此外，数字信号处理技术在航空电子和卫星通信等场景也有着广泛的应用。总的来说，基于 VHDL 的数字信号处理系统的核心是数字信号处理模块。这些已经设计好的模块可以用于多款数字信号处理器件中，实现在不同领域中的高效数字信号处理。表 8.1 所示为 DSP 技术的一些应用概况。

表 8.1　DSP 技术的应用

应用领域	DSP 算法
通信系统	4G/5G 调制解调、信道编码 (如 LDPC)、多址技术 (OFDMA)、光纤通信、卫星通信
音频处理	AI 通话降噪、虚拟环绕声、专业音频、语音识别
雷达与声呐	军事 / 气象雷达、相控阵波束成形 (如 F-35 雷达)、目标跟踪 (卡尔曼滤波)、被动声呐的盲源分离
图像与视频处理	图像 / 视频传输、图像 / 视频识别、图像 / 视频增强、医疗影像、安防监控、运动目标检测、AR/VR、实时图像畸变校正、智能穿戴设备、智能手机
生物医学	生物医学信号处理、ECG/EEG 分析、病理预测、助听器、超声成像的波束合成、心率检测
工业	自动驾驶、电机控制、卫星遥感、设备维护

数字信号处理技术经过多年发展已日趋成熟，并在电子系统中逐渐取代传统模拟信号处理方案。其核心优势体现在 DSP 系统具有良好的稳定性，数字器件不易受温度变化、元件老化等因素影响。其次，DSP 技术能有效解决现代高集成度电路中的噪声问题，显著提升信号处理精度。随着时代的进步，现代 DSP 解决方案在保持高性能的同时，还能维持更低的功耗和成本。

图 8.1 所示为借助数字信号处理系统替代由模拟系统实现的典型应用实例。模拟输入信号先经过一个模拟抗混叠滤波器进行滤波，去除带外噪声信号，然后进行 AD 转换，其中 AD 采样频率需为信号带宽的两倍以上，确保采样信号不会产生镜像混叠。接下来进行数字信号处理，然后经过 D/A 转换成模拟信号输出，这个处理过程等效于模拟系统的处理，但由于数字信号处理的高灵活性及抗干扰能力，在实际信号处理系统中广泛应用。

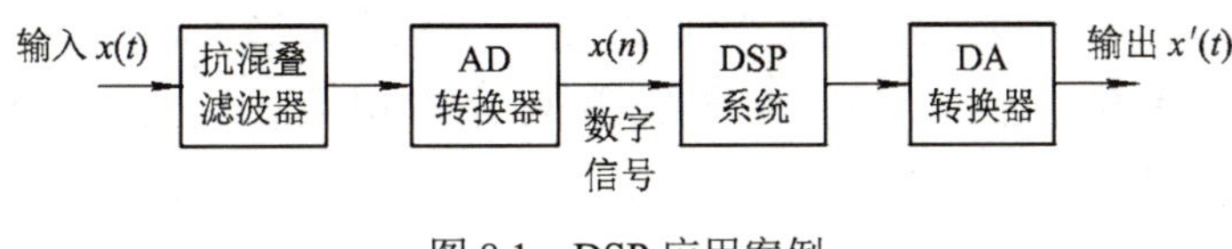

图 8.1　DSP 应用案例

8.2　常用的数字滤波器

数字滤波器是信号处理的核心工具之一，能够通过数学运算改变输入信号的频率特性或时域特征，从而实现对特定频率成分的提取或噪声抑制。数字滤波器主要分为有限冲激响应 (Finite Impulse Response，FIR) 和无限冲激响应 (Infinite Impulse Response，IIR) 两大类。FIR 滤波器具有严格的线性相位特性和绝对稳定性，但计算量较大；IIR 滤波器计算效率高但可能存在稳定性问题。下文将分别介绍两类数字滤波器的直接型、级联型和并行型三种形式。本节采用 FPGA 平台实现数字滤波器，使用 VHDL 硬件描述语言实现各功能模块，采用自顶向下的分层设计方法，将系统分解为数据采集、滤波运算、结果输出等模块，并通过模块化设计确保系统的可扩展性。最后，在 ModelSim 仿真环境中进行功能验证和时序分析，确保设计满足时序约束要求。

8.2.1　FIR 数字滤波器的基本理论

大部分 FIR 滤波器是线性时不变系统，时域输出仅依赖有限个当前和过去输入值，其系统函数在 z 平面仅有零点 (原点处极点除外)。其差分方程如下所示：

$$y(n)=\sum_{k=0}^{N-1}h(k)x(n-k) \tag{8.1}$$

系统函数为

$$H(z)=\sum_{k=0}^{N-1}h(k)z^{-n}=h(0)+h(1)z^{-1}+\cdots+h(N-1)z^{-(N-1)} \tag{8.2}$$

式中：N 为 FIR 滤波器的长度或者阶数。

由式 (8.1) 可知，FIR 滤波器具有因果性，其输出仅取决于当前和过去的输入值，与过去的输出无关，因此是物理可实现的系统。由于采用非递归 (无反馈) 结构实现，FIR 滤波器也被称为非递归型滤波器。此外，由于其脉冲响应绝对可和，保证了系统的稳定性。FIR 滤波器的实现结构主要包括直接型、级联型与线性相位型，这些结构在不同应用场景下各有优势，可根据具体需求选择合适的实现方式，下面分别对三种实现结构加以讨论。

1. 直接型结构

图 8.2 展示了 N 阶 LTI(线性时不变) 型 FIR 滤波器的典型结构，主要由三部分组成：数据移位寄存器、乘法器和加法器。该结构通过“抽头延迟”将输入信号依次延迟，每个延迟节点与对应的 FIR 系数 (也称“抽头权重”) 相乘后累加输出。由于信号沿横向处理，这种结构又被称为“横向滤波器”。

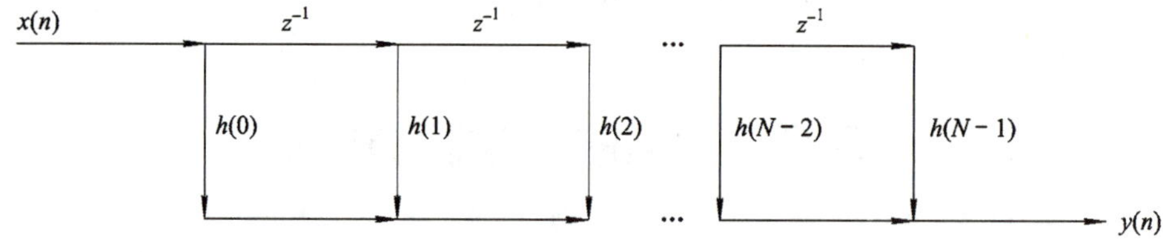

图 8.2　N 阶 LTI 型 FIR 滤波器

在直接型结构实现的 N 阶 FIR 滤波器中，需要 $N-1$ 级数据移位寄存器、N 个乘法器和 $N-1$ 个加法器构成基本运算单元。该结构的最大采样速率由系统时钟频率决定，其理论处理速度上限可表示为

$$f_{s.max}=f_{clk}/2 \tag{8.3}$$

式中：$f_{s.max}$ 为最大采样率；f_{clk} 为系统时钟频率。

2. 级联型结构

通过将 FIR 系统函数进行因式分解，并将共轭零点对组合成 2 阶节 (或保留实零点为 1 阶节)，可构建基本直接型子模块。将这些 1 阶或 2 阶的基本单元按级联方式连接，即形成 FIR 滤波器的级联型实现结构。这种结构通过分解高阶系统为多个低阶子系统的串联，在保持相同零点的同时，提供了更灵活的系数调整能力。

$$H(z)=\sum_{n=0}^{N-1}h(n)z^{-n}=\prod_{k=1}^{N/2}\left(\beta_{0k}+\beta_{1k}z^{-1}+\beta_{2k}z^{-2}\right) \tag{8.4}$$

图 8.3 所示，级联型 FIR 滤波器结构通过将系统分解为多个独立控制的 1 阶或 2 阶节，实现了对每对传输零点的控制。这种结构虽然提供了更灵活的零点调节能力，但由于需要处理更多的滤波器系数，会导致乘法运算量显著增加。同时，该实现方式需要占用更多的存储资源，且整体运算延迟较直接型结构更长。

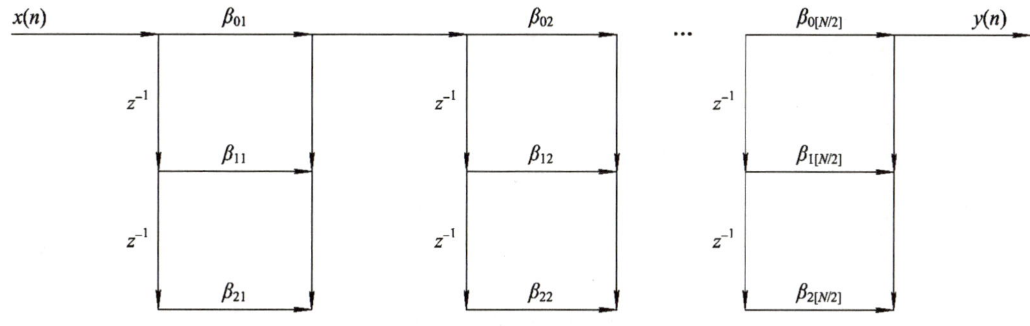

图 8.3　级联型 FIR 滤波器

3. 线性相位型结构

线性相位 FIR 滤波器通过其独特的对称脉冲响应结构实现精确的相位控制，当单位脉冲响应呈现偶对称特性时：

$$h(n)=h(N-n) \tag{8.5}$$

或满足奇对称条件时：

$$h(n)=-h(N-n) \tag{8.6}$$

该结构在保证信号波形完整性的同时，通过运算优化实现了处理效率的提升，其数学特性确保系统既能满足严格的相位线性要求，又能保持较低的计算开销。

它的单位脉冲响应满足如下公式：

$$h(n)=\pm h(N-n-1) \tag{8.7}$$

式中："+"表示第一类线性相位结构；"−"表示第二类线性相位结构。

当 N 为偶数时：

$$H(z)=\sum_{n=0}^{\frac{N}{2}-1}h(n)\left[z^{-n}\pm z^{-(N-n-1)}\right] \tag{8.8}$$

当 N 为奇数时：

$$H(z)=\sum_{n=0}^{\frac{N-1}{2}-1}h(n)\left[z^{-n}\pm z^{-(N-n-1)}\right]+h\left(\frac{N-1}{2}\right)z^{-\frac{N-1}{2}} \tag{8.9}$$

根据上述公式绘制的第一类线性相位结构，如图 8.4 所示。

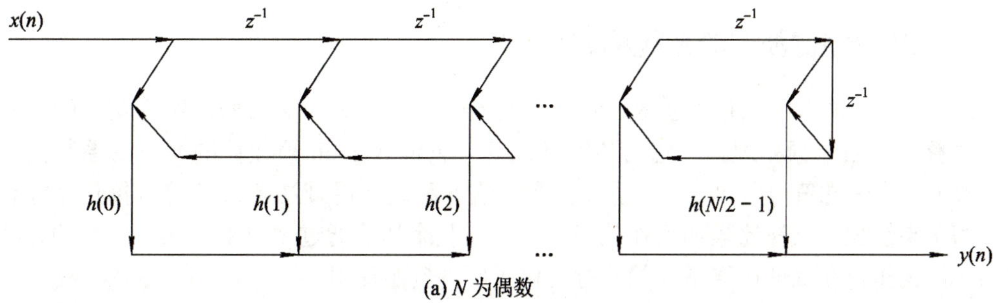

(a) N 为偶数

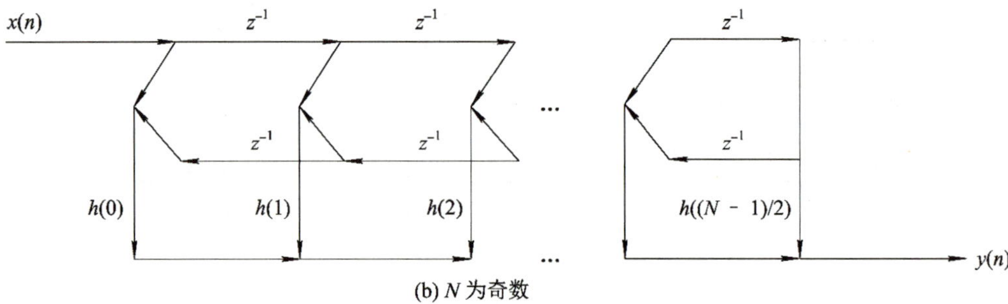

(b) N 为奇数

图 8.4 第一类线性相位结构

第二类线性相位结构如图 8.5 所示。

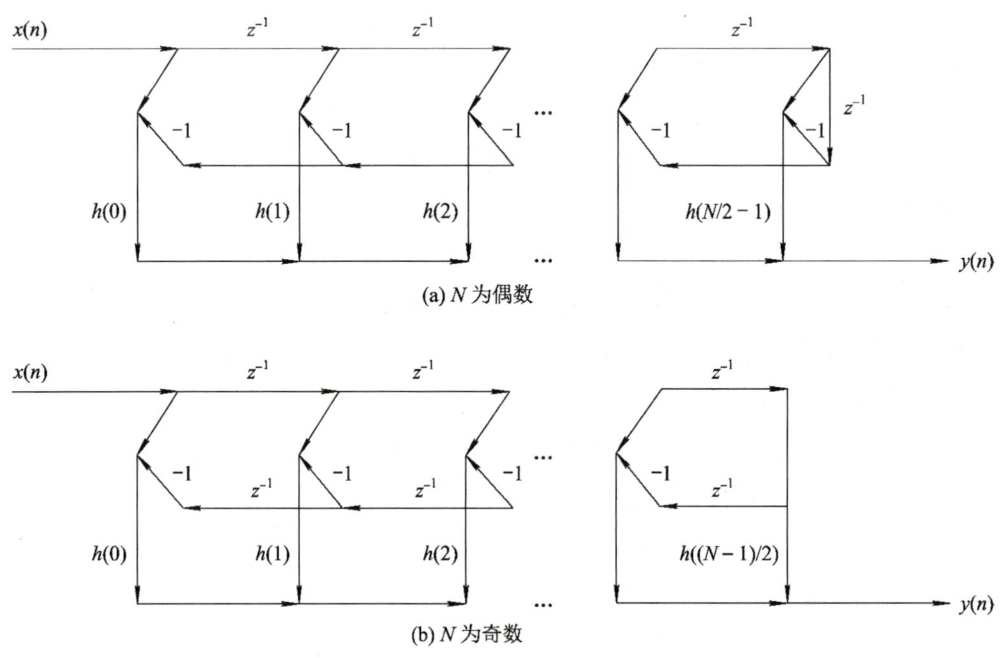

(b) N 为奇数

图 8.5 第二类线性相位结构

在实际工程应用中，第一类线性相位 FIR 滤波器因其结构优势被广泛采用。这种对称结构通过系数复用可减少一半的乘法器数量，显著降低硬件资源消耗。虽然输入信号至乘法器时需要扩展 1 位字长，但由于加法运算的硬件实现相对简单，而乘法运算需要占用更多逻辑资源，这种折中设计方案在 FPGA、DSP 等各类硬件平台上展现出优异的工程适用性。

8.2.2 FIR 数字滤波器的系统构成

FIR 数字滤波器的结构如图 8.6 所示。输入信号首先进入加法器，进行初步的信号合并或调整。随后对预处理信号进行寄存器缓存，同时 Matlab 预计算的滤波器系数执行乘法运算 (暂不考虑符号位)。由于系数存在负值，系统采用减法器进行符号校正处理。所有中间结果经加、减法器累加后作为最终输出。整个架构通过寄存器、乘法器与加、减法器的协同工作，在保证运算精度的同时优化了硬件资源使用。

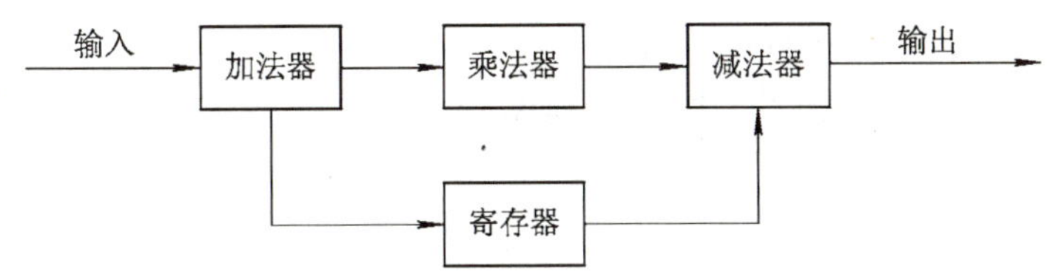

图 8.6 FIR 数字滤波器结构图

8.2.3 FIR 数字滤波器的设计实现

本节设计实现了一个 16 阶 FIR 数字滤波器，采用基于移位 - 累加运算的架构来优化硬件实现。系统由 15 级 10 位 D 触发器构成数据延迟线，实现输入信号的流水处理。运算部分的第一级使用 11 位加法器处理 10 位输入数据并保留符号位，在乘法器运算中采用 2 的幂次分解法处理正数，将系数分解为 2 的整数次幂组合 (如 31 = 16 + 8 + 4 + 2 + 1)，通过数据左移和累加替代传统乘法器，大幅降低硬件复杂度，最后将这些移位后的数相加，即可实现已知系数的乘法器。针对负系数问题，系统设置专用减法器进行符号校正。数据位已扩展至 20 位，但最终输出数据为 10 位，因此在减法器的计算中需要舍去低 10 位数据。这种架构在 FPGA 等可编程器件中具有硬件复杂度低、逻辑资源占用少、运算效率高等优势。

当时钟信号 (clk) 的上升沿触发时，开始执行计算过程，在计算过程中，定义一个长度为 20 位的临时信号 (temp)，初始值全为 0。然后将 sub2 的最高位 (sub2(17)) 复制 2 次并与 sub2 进行拼接 (即 sub2(17)&sub2(17)&sub2)，得到一个 20 位的值。将这个 20 位的值和 sub1 进行减法运算，结果存储在 temp 中。最后，将 temp 的高 10 位 (temp(19 DOWNTO 10)) 赋值给输出信号 q。

8.2.4 FIR 数字滤波器的 VHDL 程序设计

抽样频率：80 kHz；截止频率：10 kHz；输入 / 输出位宽：10 位 (最高位为符号位)；Kaiser 窗函数：Beta = 0.5。

FPGA 实现的 FIR 滤波器设计主要基于乘累加运算架构，通过乘法器、加法器和移位寄存器的协同工作完成数字信号处理。模拟输入信号首先经过 ADC 模数转换变为数字信号，随后进入 FPGA 处理单元，在 FPGA 内部通过可编程逻辑实现的抽头延迟线结构完成数字滤波运算，最后经过 DAC 数模转换输出模拟信号。根据 MATLAB 工具可以求出此 FIR 低通滤波器的系数，分别为：−31，−88，−106，−54，70，239，401，499，499，401，70，−54，−106，−88，−31。

以下 VHDL 代码为低通 16 阶低通的 FIR 滤波器。

1. D 寄存器

```
LIBRARY IEEE;
USE IEEE.STD_LOGIC_1164.ALL;
ENTITY df IS
PORT ( d:IN STD_LOGIC_VECTOR(9 DOWNTO 0);
```

```
            clk,reset : IN STD_LOGIC;
            q:OUT STD_LOGIC_VECTOR(9 DOWNTO 0));
END df;

ARCHITECTURE df OF df IS
BEGIN
PROCESS(clk,reset)
BEGIN
        -- 如果复位信号为高电平
        IF (reset='1') THEN
            q<=(OTHERS=>'0');                -- 输出向量 q 被清零
            -- 如果时钟到达上升沿
            ELSIF (clk'EVENT AND clk='1') THEN
            q<=d;                            -- 将输入向量 d 直接赋值给输出向量 q
        END IF;
END PROCESS;
END df;
```

2. 加法器

```
LIBRARY IEEE;
USE IEEE.STD_LOGIC_1164.ALL;
USE IEEE.STD_LOGIC_ARITH.ALL;
ENTITY ad IS
PORT (clk:IN STD_LOGIC;
      ad1,ad2:IN SIGNED (9 DOWNTO 0);
      q:OUT SIGNED (10 DOWNTO  0));
END ad;
ARCHITECTURE ad OF ad IS
BEGIN
ROCESS(clk,ad1,ad2)
BEGIN
        IF (clk'EVENT AND clk='1') THEN
            q<=(ad1(9)&ad1)+(ad2(9)&ad2);        -- 将输入信号与权重按位相加
        END IF;
END PROCESS;
END ad;
```

3. 乘法器

```
LIBRARY IEEE;
USE IEEE.STD_LOGIC_1164.ALL;
```

```
USE IEEE.STD_LOGIC_ARITH.ALL;

ENTITY cheng IS
PORT( clk : IN STD_LOGIC;
        din : IN SIGNED (10 DOWNTO 0);
        dout : OUT SIGNED  (15 DOWNTO 0));
END cheng;

ARCHITECTURE cheng OF chengIS
          SIGNAL temp1 : SIGNED (15 DOWNTO 0):="0000000000000000";
          SIGNAL temp2 : SIGNED (14 DOWNTO 0):="000000000000000";
          SIGNAL temp3 : SIGNED (12 DOWNTO 0):="0000000000000";
          SIGNAL temp4 : SIGNED (11 DOWNTO 0):="000000000000";
BEGIN
PROCESS(din,clk)
BEGIN
          temp1(15 DOWNTO 5)<=din;     -- 将 din 赋值给 temp1 的 (15 - 5)位
          temp2(14 DOWNTO 4)<=din;     -- 将 din 赋值给 temp2 的 (14 - 4)位
          temp3(12 DOWNTO 2)<=din;     -- 将 din 赋值给 temp3 的 (12 - 2)位
          temp4(11 DOWNTO 1)<=din;     -- 将 din 赋值给 temp4 的 (11 - 1)位
IF clk'EVENT AND clk='1' THEN
     IF (din(10)='0') THEN                 -- 如果 din 的最高位为 0
          dout<=temp1 + ("0"& temp2) + ("000"& temp3)+("0000"& temp4);
     ELSE
                                           -- 如果 din 的最高位为 1
          dout<=temp1 + ("1"& temp2)+ ("111"& temp3)+("1111"& temp4);
     END IF;
END IF;
END PROCESS;
END cheng;
```

4. 减法器

```
LIBRARY IEEE;
USE IEEE.STD_LOGIC_1164.ALL;
USE IEEE.STD_LOGIC_ARITH.ALL;

ENTITY sub IS
PORT (clk:IN STD_LOGIC
        sub1:IN SIGNED (19 DOWNTO 0);
        sub2:IN SIGNED (17 DOWNTO 0);
```

```
        q:OUT SIGNED (9 DOWNTO 0));
END sub;
ARCHITECTURE sub OF sub IS
        SIGNAL temp:SIGNED (19 DOWNTO 0):="00000000000000000000";
BEGIN
        PROCESS(clk,sub1,sub2)
BEGIN
        IF clk'EVENT AND clk='1' THEN
-- 将 sub2的第 18位重复 2次与 sub2相连，并与 sub1相减
            temp<=sub1-(sub2(17)&sub2(17)&sub2);
        END IF;
END PROCESS;
        q<=temp(19 DOWNTO 10);          -- 把信号 temp 的 (19 - 10)位赋给 q
END sub;
```

8.2.5 FIR 数字滤波器的仿真波形

图 8.7 展示了 D 寄存器模块的仿真波形时序特性。在该设计中，9 位输入数据首先进入寄存器进行暂存，其工作时序严格遵循时钟上升沿触发机制，在时钟信号 (Clock Pulse，CLK 上升沿) 正跳变沿到来前的建立时间内接收输入数据，当时钟上升沿到达时立即进行数据锁存，而在上升沿后的保持阶段则自动阻断输入信号变化，确保数据采样的准确性和稳定性。

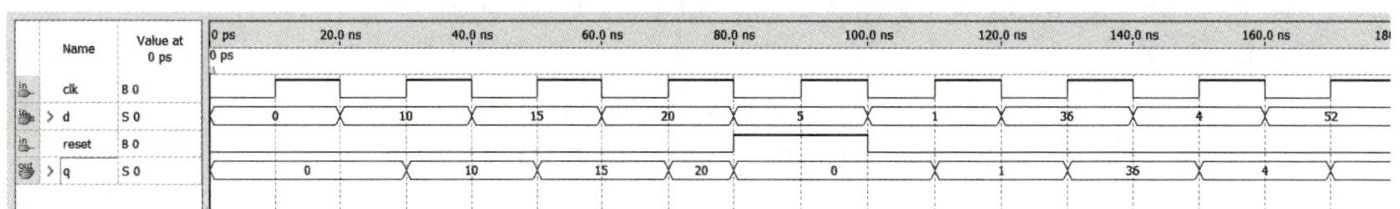

图 8.7 D 寄存器仿真波形图

图 8.8 展示了加法器的仿真波形图。该模块实现两个二进制数值的加法运算，当系统时钟上升沿触发时，加法器同步采集两个输入操作数，经过组合逻辑运算后输出结果。这种同步设计确保了在每一个时钟周期内都能完成一次完整的加法运算，同时维持了数据通路的时序一致性，为后续处理环节提供了稳定的数据输出。

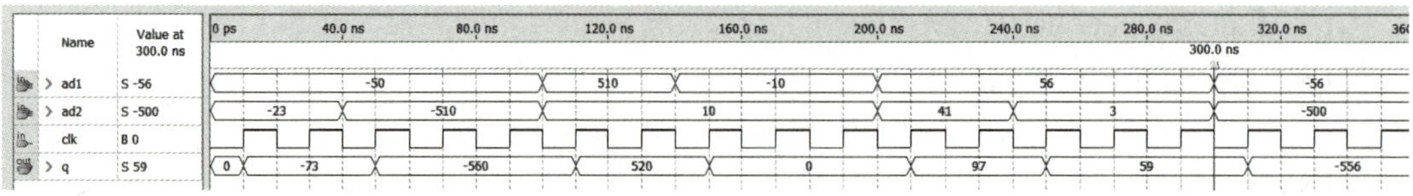

图 8.8 加法器仿真波形图

图 8.9 所示为乘法器的仿真波形图。该模块实现了带符号二进制数与固定系数 (如 54) 的高效乘法运算，在每个时钟上升沿触发时刻，乘法器同步锁存两个输入操作数，通过优

化的硬件乘法电路完成运算，并在当前时钟周期内输出乘积结果。

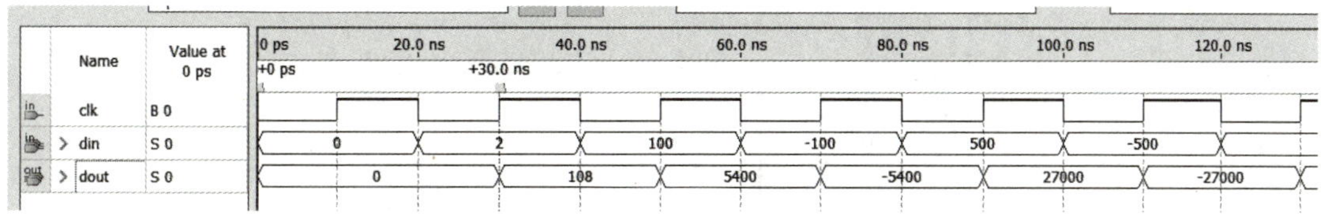

图 8.9 乘法器仿真波形图

减法器的仿真波形如图 8.10 所示。当乘法器系数为负数时，系统先取其绝对值进行乘法运算，再将结果作为减法器的 sub2 输入。减法器主要执行 sub1 − sub2 运算，并通过截取 temp[19:10] 位 (即等效算术右移 10 位) 输出有效结果。这种设计通过将负数系数的乘法转化为减法操作，右移 10 位的输出方式相当于对运算结果进行 1024 分频取整，可以有效控制数据位宽。

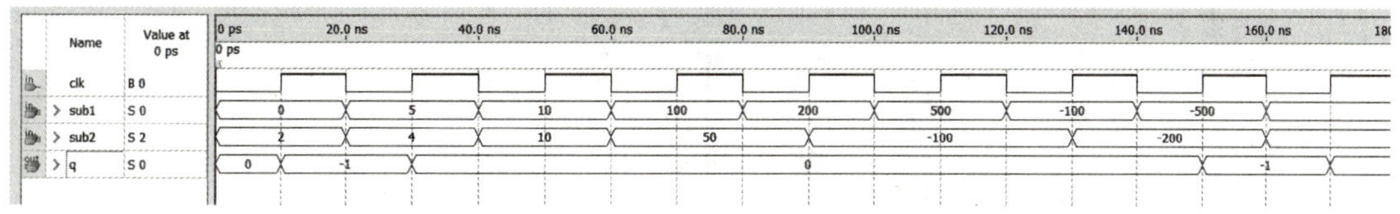

图 8.10 减法器仿真波形图

8.2.6 IIR 数字滤波器的基本理论

IIR 数字滤波器是一类具有无限长冲激响应的数字滤波器，其设计通常基于模拟滤波器的逼近理论，首先需要选择模拟滤波器的逼近函数，如巴特沃斯滤波器 (在通带和阻带均具有最大平坦特性) 或切比雪夫滤波器 (通带或阻带等波纹，过渡带更陡峭)。基于这些函数设计出模拟低通滤波器后，再进行频率变换，得到所需的高通、带通或带阻滤波器。随后，通过冲激响应不变法以保持模拟冲激响应的采样值，或者通过双线性变换法将模拟滤波器转换为数字滤波器。IIR 数字滤波器的构成形式主要有直接型、级联型、并联型等，下面分别加以讨论。

1. 直接型

直接型 IIR 数字滤波器采用最直观的实现方式，直接根据系统差分方程构建滤波器结构。以一个 4 阶 IIR 数字滤波器为例，其系统函数可以表示为

$$H(z)=\frac{Y(z)}{X(z)}=\frac{\sum_{i=0}^{4}b_iz^{-i}}{1+\sum_{i=1}^{4}a_iz^{-i}} \tag{8.10}$$

直接型数字 IIR 滤波器主要有两种基本结构：直接 I 型和直接 II 型。图 8.11 所示的直接 I 型结构采用分离的前向通路和反馈通路延迟单元，完整地保留了差分方程的运算过程。图 8.12 展示的直接 II 型结构则通过共享延迟单元，将前向和反馈通路合并，在保持相同滤波功能的同时显著减少了硬件资源消耗。

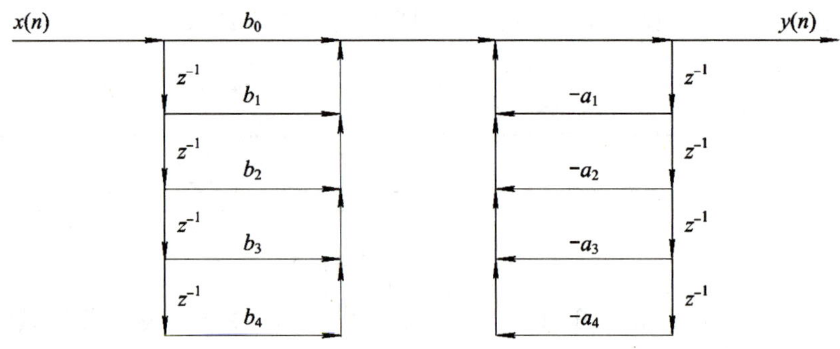

图 8.11　直接 I 型 IIR 数字滤波器

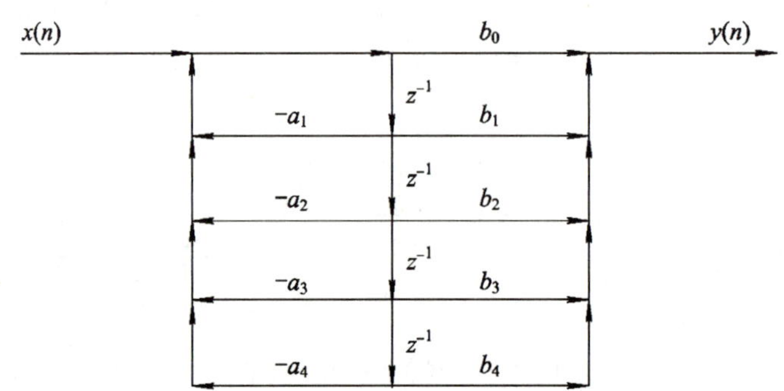

图 8.12　直接 II 型 IIR 数字滤波器

2. 级联型

级联型 IIR 数字滤波器通过将系统函数 $H(z)$ 分解为多个 2 阶节（双 2 阶型）的乘积形式来实现。每个二阶型传递函数为

$$H_k(z)=\frac{1+B_{k,1}z^{-1}+B_{k,2}z^{-2}}{1+A_{k,1}z^{-1}+A_{k,2}z^{-2}},\quad k=1,2,\cdots,K \tag{8.11}$$

级联型 IIR 数字滤波器如图 8.13 所示。

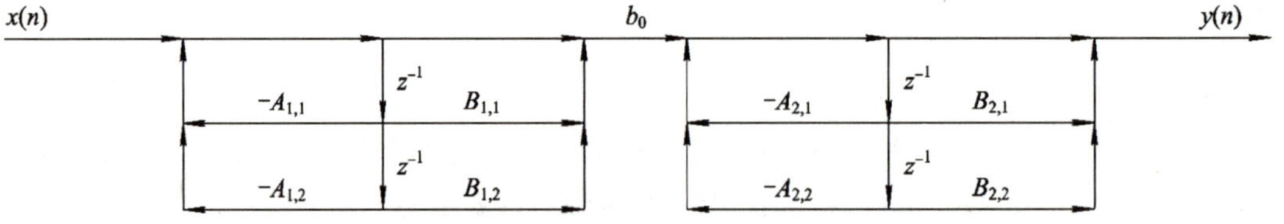

图 8.13　级联型 IIR 数字滤波器

3. 并联型

并联型 IIR 数字滤波器是将系统函数 $H(z)$ 通过部分分式展开分解为多个双 2 阶 (2 阶节) 子系统的和。每个二阶型传递函数为

$$H_k(z)=\frac{B_{k,0}+B_{k,1}z^{-1}}{1+A_{k,1}z^{-1}+A_{k,2}z^{-2}},\quad k=1,2,\cdots,K \tag{8.12}$$

并联型 IIR 数字滤波器如图 8.14 所示。

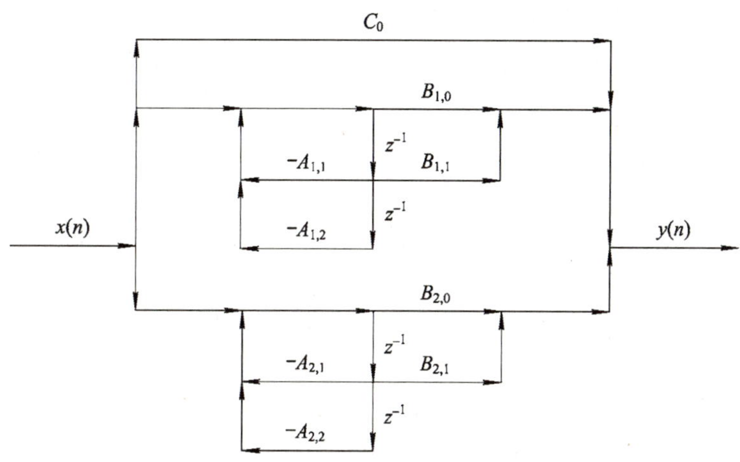

图 8.14　并联型 IIR 数字滤波器

8.2.7　IIR 数字滤波器的系统构成

本节设计采用 2 阶级联结构实现 4 阶 IIR 数字低通滤波器。相比直接型结构，级联方式不仅减少了所需的乘法器和延迟单元数量，还能有效降低系统对二进制位数的要求。IIR 数字滤波器由时序控制、数据延时、乘法累加和顶层模块协同工作。这种实现方案在保证滤波性能的同时，显著优化了硬件资源利用效率，大大提高了滤波器设计的灵活性和可实现性。

8.2.8　IIR 数字滤波器的设计实现

4 阶 IIR 数字滤波器的实现框图如图 8.15 所示。

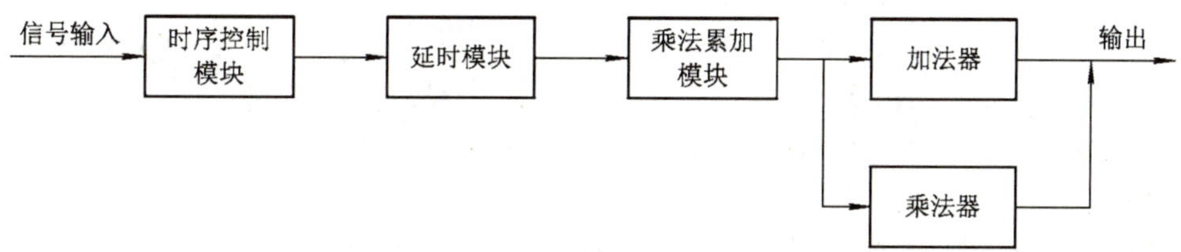

图 8.15　4 阶 IIR 数字滤波器的实现框图

时序控制模块主要负责协调各功能模块的同步运行。该模块在全局复位信号 res 为“1”时对系统进行清零初始化，当 res 为“0”后，主时钟 clk 的上升沿触发工作。模块主要生成两个关键控制信号：clk_reg 作为延时模块和乘法累加模块的工作时钟，确保数据处理与时钟严格同步；clk_regbt 则提供周期性复位功能，每 6 个时钟周期产生一个高电平脉冲，用于同步复位延时模块、乘法累加模块和累加器，防止运算过程中的数据累积误差，为整个系统提供可靠的时序控制基础。

延时模块在时序控制模块提供的 clk_reg 时钟驱动下工作，采用移位寄存器结构对输入数据进行延迟处理。当输入信号进入该模块后，会在每个时钟上升沿被采样并存储，经过一个完整的时钟周期延迟后输出。即输入为 $x(n)$ 和 $y(n)$ 时，经过一次延时后其输出分别为 $x(n-1)$ 和 $y(n-1)$。

乘法累加模块首先将输入数据与预存的系数 a_i、b_i 进行并行乘法运算，然后采用多级加法器结构实现 $y(n)=b_0x_n+b_1x_{n-1}+b_2x_{n-2}+a_1y_{n-1}+a_2y_{n-2}$。运算结果输出至累加器模块，在累加器中与存储的中间结果进行二次累加，最终生成运算输出。

8.2.9 IIR 数字滤波器的 VHDL 程序设计

本节实现了一个模块化 IIR 数字滤波器，采用两个直接Ⅱ型 2 阶节级联结构。系统包含时钟“clk”、复位“res”、使能控制和数据输入输出接口。工作时，“res = 1”时，初始化系统；“res = 0”时，时序模块产生工作时钟“clk_reg”和周期复位信号“clk_regbt”(每 6 个时钟周期一次)。输入数据经缓存后，由延时模块实现单周期延迟，再与系数在乘法累加模块中进行 6 个周期的运算。乘法累加模块的输出一部分用于信号的反馈，另一部分送入累加模块中进行结果累加后输出。通过各模块的综合集成，最终得到滤波结果。

以下 VHDL 代码为 IIR 滤波器一种可行实现。

1. 时序控制模块程序

```
LIBRARY IEEE;
USE IEEE.STD_LOGIC_1164.ALL;
USE IEEE.STD_LOGIC_ARITH.ALL;
USE IEEE.STD_LOGIC_SIGNED.ALL;
ENTITY time_control IS
PORT(clk,res:IN STD_LOGIC;
        clk_reg,clk_regbt:OUT STD_LOGIC );
END time_control;
ARCHITECTURE bhv OF time_control IS
        SIGNAL counter:INTEGER;
        SIGNAL clk_en:STD_LOGIC;
        SIGNAL en: STD_LOGIC;
BEGIN
-- 使用时钟信号和启用信号，计算下降沿，并将结果赋给 clk_regbt
        clk_regbt<=not clk AND clk_en AND en;
-- 使用时钟信号和启用信号，计算上升沿，并将结果赋给 clk_reg
        clk_reg<=not clk AND NOT clk_en AND en;
PROCESS(clk,res)
BEGIN
   IF(res='1')THEN
          counter<=0;
          clk_en<='0';
          en<='0';
ELSIF(clk'event AND clk='1')THEN
   IF( counter<6) THEN                    -- 如果计数器小于 6
```

```
            clk_en<='1';
            en<='1';
            counter<=counter+1;
    ELSE
            counter<=0;                         -- 重置计数器
            clk_en<='0';                        -- 禁用时钟
            en<='1';                            -- 仍然使能
    END IF;
END IF;
END PROCESS;
END bhv;
```

2. 延时模块程序

```
LIBRARY IEEE;
USE IEEE.STD_LOGIC_1164.ALL;
USE IEEE.STD_LOGIC_SIGNED.ALL;
USE IEEE.STD_LOGIC_ARITH.ALL;
ENTITY time_delay IS
PORT (clk,res:IN STD_LOGIC;
        xn,yout:IN STD_LOGIC_VECTOR(11 DOWNTO 0);
        x0,x1,x2,y1,y2:OUT STD_LOGIC_VECTOR(11 DOWNTO 0));
END time_delay;
ARCHITECTURE bhv OF time_delay IS
    SIGNAL reg_x0,reg_x1,reg_x2,reg_y1,reg_y2:STD_LOGIC_VECTOR(11 DOWNTO 0);
BEGIN                                           -- 输出寄存器的值
        x0<=reg_x0;
        x1<=reg_x1;
        x2<=reg_x2;
        y1<=reg_y1;
        y2<=reg_y2;
PROCESS(res,clk)
BEGIN                                           --实现延时
IF (res='1') THEN                               -- 寄存器 reg_x被重置为 0
            reg_x0<="000000000000";
            reg_x1<="000000000000";
            reg_x2<="000000000000";
            reg_y1<="000000000000";
            reg_y2<="000000000000";
ELSIF (clk'EVENT AND clk='1') THEN              -- 寄存器 reg_x2 赋值为 reg_x1 的值
            reg_x2<=reg_x1;
```

```
            reg_x1<=reg_x0;
            reg_x0<=xn;
            reg_y2<=reg_y1;
            reg_y1<=yout;           -- 寄存器 reg_y1 赋值为输出信号 yout 的值
END IF;
END PROCESS;
END bhv;
```

3. 一阶乘法累加模块程序

```
LIBRARY IEEE;
USE IEEE.STD_LOGIC_1164.ALL;
USE IEEE.STD_LOGIC_ARITH.ALL;
USE IEEE.STD_LOGIC_SIGNED.ALL;
ENTITY mult_add1 IS
PORT(clk_regbt,clk_reg,res: IN STD_LOGIC;
      x0,x1,x2,y1,y2: IN STD_LOGIC_VECTOR(11 DOWNTO 0);
      yout: OUT STD_LOGIC_VECTOR(11 DOWNTO 0));
END mult_add1;
ARCHITECTURE behav OF mult_add1 IS
      SIGNAL cnt: INteger range 0 to 5;
      SIGNAL tmpa,tmpb: STD_LOGIC_VECTOR(11 DOWNTO 0);
      SIGNAL ytmp,p:STD_LOGIC_VECTOR(23 DOWNTO 0);
      CONSTANT b0: STD_LOGIC_VECTOR(11 DOWNTO 0):="000000001011";
      CONSTANT b1: STD_LOGIC_VECTOR(11 DOWNTO 0):="000000010111";
      CONSTANT b2: STD_LOGIC_VECTOR(11 DOWNTO 0):="000000001011";
      CONSTANT a1: STD_LOGIC_VECTOR(11 DOWNTO 0):="011100100001";
      CONSTANT a2: STD_LOGIC_VECTOR(11 DOWNTO 0):="110011000101";
BEGIN                    --通过一个多路选择器，根据计数器 (cnt)的值选择不同的输入值。
      tmpa<=b0 WHEN cnt=0  ELSE
            b1 WHEN cnt=1 ELSE
            b2 WHEN cnt=2 ELSE
            a1 WHEN cnt=3 ELSE
            a2 WHEN cnt=4 ELSE (OTHERS=>'0');
      tmpb<=x0 WHEN cnt=0 ELSE
            x1 WHEN cnt=1 ELSE
            x2 WHEN cnt=2 ELSE
            y1 WHEN cnt=3 ELSE
            y2 WHEN cnt=4 ELSE (OTHERS=>'0');
    p<=tmpa * tmpb;
```

```
PROCESS (clk_reg, clk_regbt,res)
BEGIN
IF res='1' THEN
        cnt<=0;
        ytmp<=(OTHERS=>'0');
        yout<=(OTHERS=>'0');
ELSIF  clk_reg='1' THEN
        cnt<=0;
        ytmp<=(OTHERS=>'0');
ELSIF (clk_regbt'event
        AND clk_regbt='1') THEN
    IF cnt<5 THEN
            ytmp<=ytmp+p;
            cnt<=cnt+1;
    ELSIF (cnt=5) THEN
          yout(11 DOWNTO 0)<=ytmp(21 DOWNTO 10);
    END IF;
END IF;
END PROCESS;
END behav;
```

4. 二阶乘法累加模块程序

```
LIBRARY IEEE;
USE IEEE.STD_LOGIC_1164.ALL;
USE IEEE.STD_LOGIC_ARITH.ALL;
USE IEEE.STD_LOGIC_SIGNED.ALL;
ENTITY mult_add2 IS
PORT(clk_regbt,clk_reg,res: IN STD_LOGIC;        -- 输入信号 clk_regbt，clk_reg，res,
      x0,x1,x2,y1,y2: IN STD_LOGIC_VECTOR(11 DOWNTO 0);
      yout: OUT STD_LOGIC_VECTOR(11 DOWNTO 0));
END mult_add2;
ARCHITECTURE behav OF mult_add2 IS
      SIGNAL cnt: INteger range 0 to 5;
      SIGNAL tmpa,tmpb: STD_LOGIC_VECTOR(11 DOWNTO 0);
      SIGNAL ytmp,p:STD_LOGIC_VECTOR(23 DOWNTO 0);
      CONSTANT d0: STD_LOGIC_VECTOR(11 DOWNTO 0):="000000001011";
      CONSTANT d1: STD_LOGIC_VECTOR(11 DOWNTO 0):="000000010111";
      CONSTANT d2: STD_LOGIC_VECTOR(11 DOWNTO 0):="000000001011";
      CONSTANT c1: STD_LOGIC_VECTOR(11 DOWNTO 0):="011101001100";
      CONSTANT c2: STD_LOGIC_VECTOR(11 DOWNTO 0):="110001010101";
```

```
BEGIN                                   -- 根据计数值选择 tmpa 的值
        tmpa<=d0 WHEN cnt=0 ELSE
        d1 WHEN cnt=1 ELSE
        d2 WHEN cnt=2 ELSE
        c1 WHEN cnt=3 ELSE
        c2 WHEN cnt=4 ELSE
    (OTHERS=>'0');
        tmpb<=x0 WHEN cnt=0 ELSE
        x1 WHEN cnt=1 ELSE
        x2 WHEN cnt=2 ELSE
        y1 WHEN cnt=3 ELSE
        y2 WHEN cnt=4 ELSE
    ( OTHERS=>'0');
        p<=tmpa * tmpb;
PROCESS (clk_reg, clk_regbt,res)
BEGIN                                   -- 复位信号 res 为 '1'时，重置计数 cnt 和输出信号 ytmp 和 yout
IF res='1' THEN
          cnt<=0;
          ytmp<=(OTHERS=>'0');
          yout<=(OTHERS=>'0');
ELSIF  clk_reg='1' THEN
          cnt<=0;
          ytmp<=(OTHERS=>'0');
          -- 当 clk_regbt 的事件发生且 clk_regbt 为 '1' 时，进行累加运算和输出结果
ELSIF (clk_regbt'EVENT AND clk_regbt='1') THEN
IF cnt<5 THEN ytmp<=ytmp+p;             -- 若 cnt<5，进行累加，并更新 cnt
          cnt<=cnt+1;
          ELSIF (cnt=5) THEN            -- 当 cnt=5时，将累加结果的低 12位作为输出结果
                    yout(11 DOWNTO 0)<=ytmp(21 DOWNTO 10);
          END IF;
END IF;
END PROCESS;
END behav;
```

5. 顶层程序

```
LIBRARY IEEE;
USE IEEE.STD_LOGIC_1164.ALL;
USE IEEE.STD_LOGIC_ARITH.ALL;
USE IEEE.STD_LOGIC_SIGNED.ALL;
```

```
ENTITY IIR IS
PORT(clk,res: IN STD_LOGIC;
        a0,a1,a2,b1,b2,xn: IN STD_LOGIC_VECTOR(4 DOWNTO 0);
        yout: OUT STD_LOGIC_VECTOR(8 DOWNTO 0));
END IIR;
ARCHITECTURE behav OF IIR IS
component  control
PORT(     clk,res:IN STD_LOGIC;
             clk_reg,clk_regbt:OUT STD_LOGIC );
END component;
component time_delay
PORT (clk,res:IN STD_LOGIC;
        xn,yout:IN STD_LOGIC_VECTOR(11 DOWNTO 0);
        x0,x1,x2,y1,y2:OUT STD_LOGIC_VECTOR(11 DOWNTO 0));
END component;
component mult_add1 IS
PORT(clk_regbt,clk_reg,res: IN STD_LOGIC;
        x0,x1,x2,y1,y2: IN STD_LOGIC_VECTOR(11 DOWNTO 0);
        yout: OUT STD_LOGIC_VECTOR(11 DOWNTO 0));
END component;
component mult_add2 IS
PORT(clk_regbt,clk_reg,res: IN STD_LOGIC;          -- 输入信号
        x0,x1,x2,y1,y2: IN STD_LOGIC_VECTOR(11 DOWNTO 0);
        yout: OUT STD_LOGIC_VECTOR(11 DOWNTO 0));
END component;
SIGNAL   x0,x1,x2: IN STD_LOGIC_VECTOR(11 DOWNTO 0);
SIGNAL   y1,y2,e,g: IN STD_LOGIC_VECTOR(11 DOWNTO 0);
SIGNAL   clk_regbt,clk_reg: STD_LOGIC;
BEGIN
U1:control  PORT  map(clk,clk_reg,clk_regbt);
U2:time_delay PORT  map(clk,res,xn,x0,x1,x2,y1,y2);
U3:mult_add1 PORT  map(clk_regbt,clk_reg,res,b0,b1,b2,a1,a2,x0,x1,x2,y1,y2,yout);
U4:mult_add2PORT  map(clk_reg,res,e,yout);
ENDbehav;
```

8.2.10　IIR 数字滤波器的仿真波形

图 8.16 所示为时序控制模块仿真波形。clk 上升沿触发时，内部 counter 进行 6 个周期循环计数。模块生成的 clk_regbt 每 6 个周期输出 1 个低电平脉冲，clk_reg 同步输出高电平脉冲。仿真验证该设计能精确协调延时模块和乘法累加模块的时序。

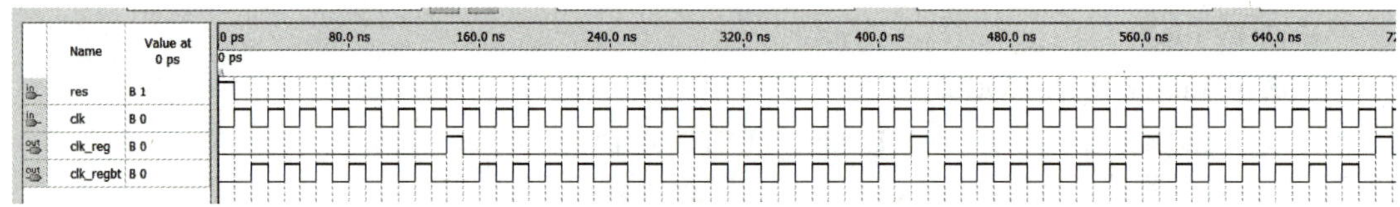

图 8.16　时序控制模块仿真波形图

图 8.17 为延时模块仿真波形图。当输入信号 yout 为 {0，1，2，3，4，5} 时，在时钟信号上升沿的作用下产生延时。第一个时钟周期后，输出 y1 和 y2 分别为 1 和 0；第二个时钟周期后，y1、y2 的值分别为 1、1；第三个时钟周期后，y1 更新为 2，y2 仍为 1。验证了延时模块能够正确实现信号延迟功能。

图 8.17　延时模块仿真波形图

图 8.18 为第一级乘法累加模块仿真波形。在时序控制模块提供的 clk_regbt 和 clk_reg 信号驱动下，输入信号 x0、x1、x2、y1、y2 与相应系数完成相乘并累加，最终输出结果 yout。

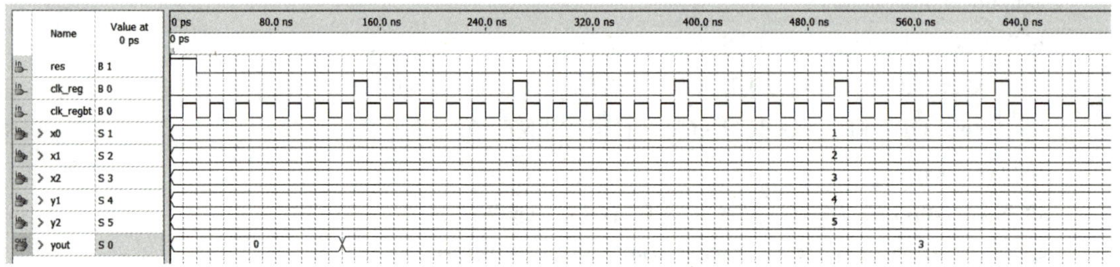

图 8.18　第一级乘法累加模块仿真波形图

第二级乘法累加模块与第一级乘法累加模块的结果相同，如图 8.19 所示。

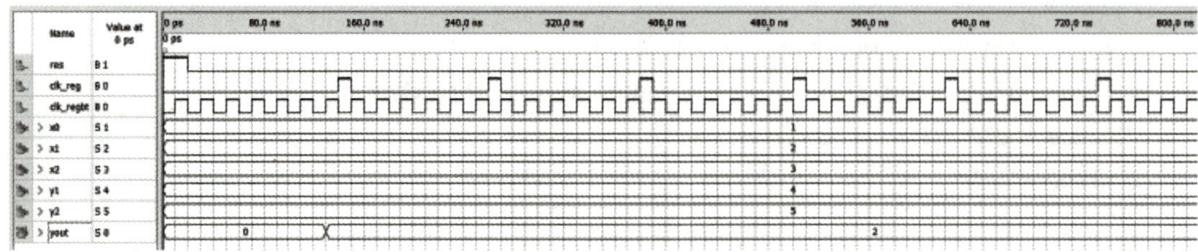

图 8.19　第二级乘法累加模块仿真波形图

图 8.20 为顶层设计仿真波形。系统初始状态下，res 信号置“1”时全局清零；res 置“0”后，时序控制模块生成周期性的 clk_reg(工作时钟) 和 clk_regbt(6 周期复位信号)。延时模块在 clk_reg 有效时进行延时运算，其输出与系数信号在乘法累加模块完成 6 个时钟周

期的乘累加运算。运算结果部分反馈至延时模块，部分送至累加模块输出最终结果。各模块时序严格匹配，功能验证正确。

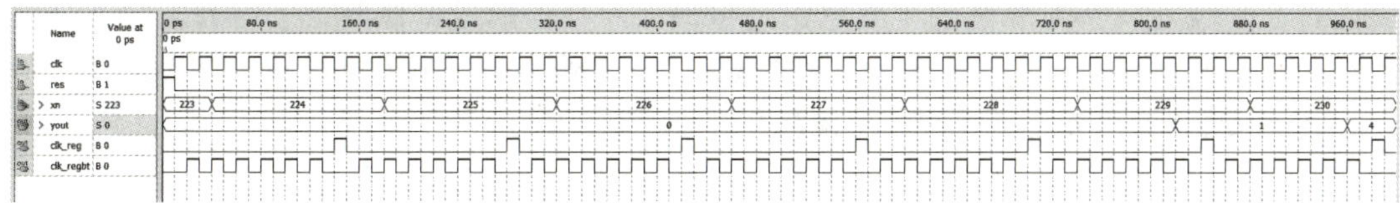

图 8.20　顶层设计仿真波形图

8.3　时频信号变换——快速傅里叶变换

8.3.1　傅里叶变换基本理论

随着计算机技术、微电子集成电路技术和数字技术的迅速发展，数字信号处理技术已经深入到各个领域。数字信号处理中最重要的数学变换是离散傅里叶变换 (Discrete Fourier Transform，DFT)，DFT 在时域和频域上都呈现离散的形式，将时域信号的采样变换为在离散时间傅里叶变换 (DTFT) 频域的采样。从而实现频域离散化，使数字信号处理中的频域采样按照数字运算的方法进行。快速傅里叶变换 (Fast Fourier Transform，FFT) 是一种在数字信号处理领域中常用的算法。它通过将时域信号转换为频域信号，将信号分解为不同频率的成分，从而在信号处理过程中起到重要的作用。

FFT 算法基于傅里叶变换的思想，通过将信号分解为由不同频率的正弦波和余弦波形成的复数系数来描述其频域特征。与离散傅里叶变换相比，FFT 算法具有更高的计算效率和速度。它的核心思想是将信号分解为多个小规模的傅里叶变换，再将结果组合在一起得到完整的频谱。

通过 FFT 算法，可以从信号中提取出各种频率成分的信息，如音频信号中的频谱、图像信号中的频率内容等。这使得 FFT 在音频处理、图像处理、通信系统、生物医学工程等领域中得到了广泛应用。

FFT 算法的主要优势在于其高效性。传统的傅里叶变换算法的时间复杂度为 $O(N^2)$，而 FFT 算法的时间复杂度仅为 $O[N\log(N)]$，其中 N 是信号的长度。这使得 FFT 算法在实时信号处理和大规模信号处理方面具有显著的优势。

总的来说，FFT 是一种强大的离散傅里叶变换算法，可以在短时间内将信号从时域转换到频域，提取出信号的频谱特征。它的高效性使得它成为各种数字信号处理及应用中不可或缺的重要工具。

DFT 对数据进行处理所需的时间与 N^2 线性有关，当信号序列长度 N 较大时，会导致输出 DFT 的计算结果需要非常长的时间。FFT 算法是解决这一问题基本方法之一，因此对 FFT 算法及其处理方法研究很有意义。本书使用 FPGA 实现 FFT 算法设计，以 FFT 算法在 FPGA 器件上的实现作为研究目的，验证设计的 FFT 处理器输出结果是否符合理论计算值。FFT 算法就是利用 DFT 的对称性和周期性特性，不断地把长序列的 DFT 运算分解成短序列的 DFT 运算，既可减少重复运算，又可提高运算效率。这种分解方法很多，本节设计采用基 2 时域抽取 FFT 算法。

基 2 时域抽取 FFT 算法的主要思路是将输入序列分解成奇偶两个子序列，然后分别对这两个子序列进行计算。为简化表示方式，仅在二维索引变换内讨论基 2 FFT 算法。

将 (时域) 索引 n 用下式进行变换：

$$n=(An_1+Bn_2)\bmod N\begin{cases}0\leqslant n_1\leqslant N_1-1\\0\leqslant n_2\leqslant N_2-1\end{cases}\tag{8.13}$$

构造数据的二维映射 $f:C^N:\to C^{N_1\times N_2}$。将另一个索引映射 k 应用到输出 (频) 域，得到：

$$k=(Ck_1+Dk_2)\bmod N\begin{cases}0\leqslant k_1\leqslant N_1-1\\0\leqslant k_2\leqslant N_2-1\end{cases}\tag{8.14}$$

其中，$C,D\in Z$ 是常数。由于 DFT 是双射，因此常数 A、B、C 和 D，保证了双射投影的唯一性。Burrus 已经确定了如何为具体的 N_1 和 N_2 选择 A、B、C 和 D 的情形，这样映射就是唯一的双射了。本节给出的变换都是唯一的。

区别不同 FFT 算法的重要一点就是看其是否允许 N_1 和 N_2 具有公因数的问题，也就是 $\gcd(N_1,N_2)>1$(gcd 是 greatest common divisor 的缩写，即最大公约数)，或者说 N_1 和 N_2 必须是互质的。有时，$\gcd(N_1,N_2)>1$ 的算法指的是公因数算法 (Common factor algorithm，CFA)，而 $\gcd(N_1,N_2)=1$ 就称为质因数算法 (Prime Factor algorithm，PFA)。

Cooley-Tukey FFT 算法可以真正地用因数 $N=N_1N_2$ 实现，N_1 和 N_2 彼此之间是互质的。而对于 PFA 算法，这些因子也必须是互质的，但它们本身不一定是质数。例如，长度为 $N=12$ 的变换能因数分解成 $N_1=4$ 和 $N_2=3$，因此它既可以用于 CFA FFT，也可以用于 PFA FFT 算法。

8.3.2 CooleyTukey FFT 算法实现

目前，广泛使用的 Cooley-Tukey FFT 就是变换长度 N 是 r 基的幂的形式，也就是 $N=r$，因为 N 可以任意分解因数，通常称作基 r 算法。

Cooley 和 Tukey 提出的索引变换也是最简单的索引映射。在式 (8.13) 中，令 $A=N_2$ 和 $B=1$，就得到新的映射结果：

$$n=N_2n_1+n_2\begin{cases}0\leqslant n_1\leqslant N_1-1\\0\leqslant n_2\leqslant N_2-1\end{cases}\tag{8.15}$$

从 n_1 和 n_2 有效范围可以得出结论：式 (8.15) 的模运算不需要显式计算。

对于式 (8.14) 的逆映射，设置 $C=1$ 和 $D=N_1$，得到下面的映射结果如下：

$$k=k_1+N_1k_2\begin{cases}0\leqslant k_1\leqslant N_1-1\\0\leqslant k_2\leqslant N_2-1\end{cases}\tag{8.16}$$

这种情况也可以省略取模计算。如果这时根据式 (8.15) 和 (8.16) 分别将 n 和 k 代入 W_N^{nk}，就会得到：

$$W_N^{nk}=W_{N_1}^{N_2k_1n_1+N_1N_2k_2n_1+k_1n_2+N_1k_2n_2}\tag{8.17}$$

由于 W 是 $N=N_1N_2$ 阶，因此可以得到 $W_N^{n_1}=W_{N_2}$ 和 $W_N^{n_2}=W_{N_1}$，将式(8.17)化简为

$$W_N^{nk}=W_{N_1}^{N_1k_1}W_N^{N_2k_1}W_{N_2}^{N_2k_2} \tag{8.18}$$

完整的 Cooley-Tukey 算法：

Cooley-Tukey 算法区别于其他 FFT 算法的重要事实就是 N 因子可以任意选取。接着就可以使用 $N=r^s$ 的基 r 算法了。最流行的算法是以 $r=2$ 或 $r=4$ 为基，最简单的 DFT 不需要任何乘法就可以实现。例如，在 s 级且 $r=2$ 的情形下映射结果为

$$n=2^{s-1}n_1+\cdots+2n_{s-1}+n_s \tag{8.19}$$

$$k=k_1+2k_2+\cdots+2^{s-1}k_s \tag{8.20}$$

基 2 且长度为 8 的频域抽取算法如图 8.21 所示。对信号流程图表示方法可作如下简化，添加所有指向一个节点的箭头，常系数乘法通过在箭头上标注因子表示。基 r 算法具有 $\log_r(N)$ 级，每组基 r 算法具有相同类型的旋转因子。

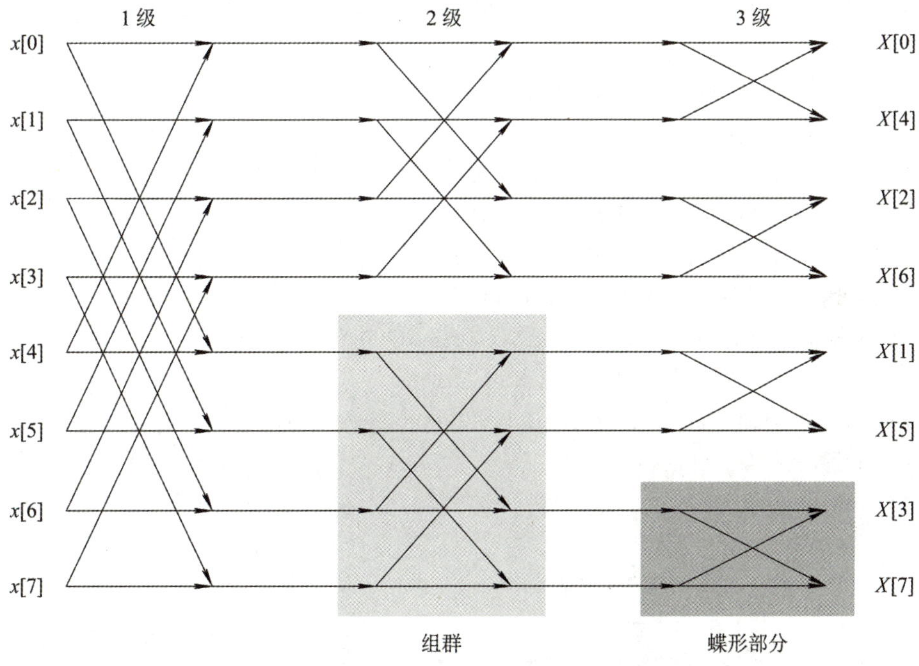

图 8.21　基 2 且长度为 8 的频域抽取算法

从图 8.21 中可以看出，蝶形运算所用的存储位置可被重写，因为后续计算不需要当前数据。基 2 变换的旋转因子乘法总数为 $N/2*\mathrm{lb}N$，因为每两个箭头仅有一个旋转因子。

由于图中的算法在频域中将原始 DFT 分成更短的 DFT，因此这种算法称为频域抽取(Decimation-In-Frequency，DIF) 算法。典型的输入值是按自然顺序出现的，而频率值的索引顺序是按位逆序的。Cooley-Tukey256FFT 算法的实现是利用所有的数据构建起一个全尺寸的 FFT。针对 FFT 算法每个阶段的不同需求，需要编写代码以更新蝶形参数、旋转因子、双节点索引和组大小的增量。因此 FFT 的计算流程概括为：首先，将数据加载到 FFT 机器中；然后，计算每一级的结果；最后，运算结束时，数据通过位反向和 fft_valid 标识指示 FFT 数据转发到输出端口。

8.3.3 程序设计

本小节介绍基 2 FFT 的 VHDL 代码实现，通过状态机控制的蝶形处理器高效完成运算。VHDL 代码中的蝶形处理器核心由复数加法、复数减法和旋转因子复数乘法三部分组成。代码中的蝶形运算遵循经典公式，旋转因子的复数乘法是 FFT 实现的关键。代码中复数乘法采用了标准实现方式通过 4 次实数乘法和 2 次加 / 减法运算完成。虽然理论上可以使用 3 次实数乘法和 5 次加 / 减法的 Gauss 算法进行优化，但当前实现基于 FPGA 架构特点，选择了更直观的标准方法。

该 256 点 FFT 实现充分利用了 FPGA 的并行性和查找表资源，在保持计算精度的同时实现了高效处理。

```
-- 类型定义包，包含 FFT算法所需的数据类型
PACKAGE fft_data_types IS
  -- 无符号 9位整数 (0-511)
  SUBTYPE unsigned_9bit IS INTEGER RANGE 0 TO 2**9-1;
  -- 有符号 16位整数 (-32768 to 32767)
  SUBTYPE signed_16bit IS INTEGER RANGE -2**15 TO 2**15-1;
  -- 有符号 32位整数
  SUBTYPE signed_32bit IS INTEGER RANGE -2147483647 TO 2147483647;
  -- 8元素有符号 16位数组 (用于输出前 8个 FFT结果 )
  TYPE debug_array_8 IS ARRAY(0 TO 7) OF signed_16bit;
  -- 256元素有符号 16位数组 (用于存储 FFT数据 )
  TYPE fft_data_array IS ARRAY (0 TO 255) OF signed_16bit;
  -- 128元素有符号 16位数组 (用于存储三角函数值 )
  TYPE twiddle_factor_array IS ARRAY (0 TO 127) OF signed_16bit;
  -- FFT计算的状态类型
  TYPE fft_state_type IS (
    START,          -- 初始化状态
    LOAD,           -- 加载输入数据
    CALC,           -- 蝶形运算计算
    UPDATE,         -- 更新索引和系数
    REVERSE,        -- 位反转输出
    DONE            -- 计算完成
  );
END fft_data_types;

LIBRARY WORK;
USE WORK.fft_data_types.ALL;
LIBRARY IEEE;
USE IEEE.STD_LOGIC_1164.ALL;
USE IEEE.STD_LOGIC_ARITH.ALL;
```

```
USE IEEE.STD_LOGIC_SIGNED.ALL;

-- 256点 FFT处理器
ENTITY fft_processor_256pt IS
  PORT(
    clock, reset: IN STD_LOGIC;                          -- 时钟和复位信号
    data_real_in, data_imag_in: IN INTEGER;              -- 实部和虚部输入
    -- 输出控制信号
    result_valid: OUT STD_LOGIC;                         -- FFT结果有效信号
    -- 当前 FFT输出值
    fft_real_out, fft_imag_out: OUT signed_16bit;        -- 实部和虚部输出
    bit_reversed_index_out: OUT unsigned_9bit;           -- 位反转后的索引

    -- 调试信号 (前 8个 FFT结果 )
    debug_real_out, debug_imag_out: OUT debug_array_8;

    -- 算法内部状态监视信号
    stage_out, group_count_out: OUT unsigned_9bit;       -- 当前计算阶段和组计数
    butterfly_idx1_out, butterfly_idx2_out: OUT unsigned_9bit;
                                                         -- 蝶形运算的两个索引
    stride1_out, stride2_out: OUT unsigned_9bit;         - 索引步长
    twiddle_idx_out, twiddle_step_out: OUT unsigned_9bit; --旋转因子索引和步长
    debug_state_out: OUT unsigned_9bit                   -- 调试状态值
  );
END fft_processor_256pt;

ARCHITECTURE fft_decimation_in_time OF fft_processor_256pt IS
  -- 常量定义
  CONSTANT FFT_SIZE: unsigned_9bit := 256;               -- FFT点数
  CONSTANT LOG2_FFT_SIZE: unsigned_9bit := 8;            -- log2(FFT_SIZE)
  -- 内部信号定义
  SIGNAL current_state: fft_state_type;                  -- 当前状态
  SIGNAL data_real, data_imag: fft_data_array;           -- FFT数据存储 (实部和虚部 )
  SIGNAL twiddle_index: unsigned_9bit := 0;              -- 旋转因子索引

  -- 三角函数查找表 (旋转因子 )
  CONSTANT cosine_table: twiddle_factor_array := (
    16384, 16379, 16364, 16340, 16305, 16261, 16207, 16143,
    16069, 15986, 15893, 15791, 15679, 15557, 15426, 15286,
    15137, 14978, 14811, 14449, 14256, 14053, 13842, 13623,
```

```
    13395, 13160, 12916, 12665, 12406, 12140, 11866, 11585,
    11297, 11003, 10702, 10394, 10080, 9760, 9434, 9102,
    8765, 8423, 8076, 7723, 7366, 7005, 6639, 6270,
    5897, 5520, 5139, 4756, 4370, 3981, 3590, 3196,
    2801, 2404, 2006, 1606, 1205, 804, 402, 0,
    -402, -804, -1205, -1606, -2006, -2404, -2801, -3196,
    -3590, -3981, -4370, -4756, -5139, -5520, -5897, -6270,
    -6639, -7005, -7366, -7723, -8076, -8423, -8765, -9102,
    -9434, -9760, -10080, -10394, -10702, -11003, -11297, -11585,
    -11866, -12140, -12406, -12665, -12916, -13160, -13395, -13623,
    -13842, -14053, -14256, -14449, -14635, -14811, -14978, -15137,
    -15286, -15426, -15557, -15679, -15791, -15893, -15986, -16069,
    -16143, -16207, -16261, -16305, -16340, -16364, -16379, -16384
  );

  CONSTANT sine_table: twiddle_factor_array := (
    0, 402, 804, 1205, 1606, 2006, 2404, 2801,
    3196, 3590, 3981, 4370, 4756, 5139, 5520, 5897,
    6270, 6639, 7005, 7366, 7723, 8076, 8423, 8765,
    9102, 9434, 9760, 10080, 10394, 10702, 11003, 11297,
    11585, 11866, 12140, 12406, 12665, 12916, 13160, 13395,
    13623, 13842, 14053, 14256, 14449, 14635, 14811, 14978,
    15137, 15286, 15426, 15557, 15679, 15791, 15893, 15986,
    16069, 16143, 16207, 16261, 16305, 16340, 16364, 16379,
    16384, 16379, 16364, 16340, 16305, 16261, 16207, 16143,
    16069, 15986, 15893, 15791, 15679, 15557, 15426, 15286,
    15137, 14978, 14811, 14635, 14449, 14256, 14053, 13842,
    13623, 13395, 13160, 12916, 12665, 12406, 12140, 11866,
    11585, 11297, 11003, 10702, 10394, 10080, 9760, 9434,
    9102, 8765, 8423, 8076, 7723, 7366, 7005, 6639,
    6270, 5897, 5520, 5139, 4756, 4370, 3981, 3590,
    3196, 2801, 2404, 2006, 1606, 1205, 804, 402
  );
  -- 当前旋转因子值
  SIGNAL sine_value, cosine_value: signed_16bit;

BEGIN
  -- 从ROM中读取旋转因子的正弦值
  sine_lookup: PROCESS (clock)
  BEGIN
```

```
    IF FALLING_EDGE(clock) THEN
        sine_value <= sine_table(twiddle_index);
    END IF;
END PROCESS;
-- 从 ROM中读取旋转因子的余弦值
cosine_lookup: PROCESS (clock)
BEGIN
    IF FALLING_EDGE(clock) THEN
        cosine_value <= cosine_table(twiddle_index);
    END IF;
END PROCESS;

-- FFT主计算过程
fft_main_process: PROCESS(clock, reset, twiddle_index)
    -- 蝶形运算中的索引和控制变量
    VARIABLE butterfly_index1, butterfly_index2: unsigned_9bit := 0; -- 蝶形运算的两个数据索引
    VARIABLE group_counter: unsigned_9bit := 0;                       -- 当前组计数
    VARIABLE stride1, stride2: unsigned_9bit := 0;                    -- 索引步长
    VARIABLE stage_counter: unsigned_9bit := 0;                       -- 当前 FFT计算阶段
    VARIABLE twiddle_step: unsigned_9bit := 0;                        -- 旋转因子索引步长
    VARIABLE sample_counter, bit_reversed_index: unsigned_9bit := 0;
                                                                      -- 数据计数和位反转索引
    -- 蝶形运算的临时变量
    VARIABLE temp_real, temp_imag: signed_16bit := 0;
    -- 位反转计算用的变量
    VARIABLE original_bits, reversed_bits: STD_LOGIC_VECTOR(0 TO LOG2_FFT_SIZE-1);
BEGIN
    IF reset = '1' THEN
        -- 系统复位
        current_state <= START;
    ELSIF RISING_EDGE(clock) THEN
        CASE current_state IS
            -- 初始化状态，设置初始参数
            WHEN START =>
                current_state <= LOAD;
                sample_counter := 0;
                group_counter := 0;
                stage_counter := 1;
                -- 初始化索引和步长
```

```
        butterfly_index1 := 0;
        butterfly_index2 := FFT_SIZE/2;
        stride1 := FFT_SIZE;
        stride2 := FFT_SIZE/2;
        twiddle_step := 1;
        result_valid <= '0';
    -- 加载输入数据状态
    WHEN LOAD =>
        -- 保存输入数据
        data_real(sample_counter) <= data_real_in;
        data_imag(sample_counter) <= data_imag_in;
        sample_counter := sample_counter + 1;
        -- 当加载完所有 256个点，开始计算
        IF sample_counter = FFT_SIZE THEN
          current_state <= CALC;
        ELSE
          current_state <= LOAD;
        END IF;
    -- 蝶形运算计算状态
    WHEN CALC =>
        -- 计算蝶形运算 (DIT算法 )
        -- X(k) = A(k) + W*B(k)
        -- X(k+N/2) = A(k) - W*B(k)
        -- 其中 A(k)是 X[butterfly_index1], B(k)是 X[butterfly_index2]
        -- 计算蝶形运算第一步：A - B和 A + B
        temp_real := data_real(butterfly_index1) - data_real(butterfly_index2);
        data_real(butterfly_index1) <= data_real(butterfly_index1) + data_real(butterfly_index2);
        temp_imag := data_imag(butterfly_index1) - data_imag(butterfly_index2);
        data_imag(butterfly_index1) <= data_imag(butterfly_index1) + data_imag(butterfly_index2);
        data_real(butterfly_index2) <= (cosine_value*temp_real + sine_value*temp_imag)/2**14;
        data_imag(butterfly_index2) <= (cosine_value*temp_imag - sine_value*temp_real)/2**14;
        current_state <= UPDATE;
    -- 更新索引状态，准备下一个蝶形运算
    WHEN UPDATE =>
        current_state <= CALC;                    -- 默认进行下一个蝶形运算
        -- 更新蝶形运算索引
        butterfly_index1 := butterfly_index1 + stride1;
        butterfly_index2 := butterfly_index1 + stride2;
        debug_state_out <= 1;                     -- 调试信号
```

```
        -- 检查是否完成当前组的所有蝶形运算
        IF butterfly_index1 >= FFT_SIZE-1 THEN
          -- 移到下一组
          group_counter := group_counter + 1;
          butterfly_index1 := group_counter;
          butterfly_index2 := butterfly_index1 + stride2;
          debug_state_out <= 2;                    -- 调试信号
          -- 检查是否完成当前阶段的所有组
          IF group_counter >= stride2 THEN
            -- 移到下一个计算阶段
            group_counter := 0;
            butterfly_index1 := 0;
            butterfly_index2 := stride2;
            twiddle_step := twiddle_step * 2;    -- 更新旋转因子步长
            stage_counter := stage_counter + 1;
            debug_state_out <= 3;                  -- 调试信号
            -- 检查是否完成所有计算阶段
            IF stage_counter > LOG2_FFT_SIZE THEN
              -- 所有计算阶段完成，进入位反转输出
              current_state <= REVERSE;
              sample_counter := 0;
              debug_state_out <= 4;                -- 调试信号
            ELSE
              -- 更新下一阶段的步长和索引
              stride1 := stride2;
              stride2 := stride2/2;
              butterfly_index1 := 0;
              butterfly_index2 := stride2;
              twiddle_index <= 0;
              debug_state_out <= 5;                -- 调试信号
            END IF;
          ELSE
            -- 同一阶段内移到下一组
            butterfly_index1 := group_counter;
            butterfly_index2 := butterfly_index1 + stride2;
            twiddle_index <= twiddle_index + twiddle_step;
            debug_state_out <= 6;                  -- 调试信号
          END IF;
        END IF;
      -- 位反转输出状态，按位反转顺序输出结果
```

```
            WHEN REVERSE =>
              result_valid <= '1';                          -- 指示 FFT结果数据有效
              -- 计算位反转索引 (如 0b1010 -> 0b0101)
              original_bits := CONV_STD_LOGIC_VECTOR(sample_counter, LOG2_FFT_SIZE);
              -- 位反转计算
              FOR bit_position IN 0 TO LOG2_FFT_SIZE-1 LOOP
                reversed_bits(bit_position) := original_bits(LOG2_FFT_SIZE-bit_position-1);
              END LOOP;
              -- 将位反转后的二进制向量转换回整数
              bit_reversed_index := CONV_INTEGER('0' & reversed_bits);
              -- 输出位反转顺序的 FFT结果
              fft_real_out <= data_real(bit_reversed_index);
              fft_imag_out <= data_imag(bit_reversed_index);

              -- 移至下一个数据点
              sample_counter := sample_counter + 1;

              -- 检查是否输出完所有 FFT点
              IF sample_counter >= FFT_SIZE THEN
                current_state <= DONE;
              ELSE
                current_state <= REVERSE;
              END IF;
            -- 计算完成状态
            WHEN DONE =>
              current_state <= START;                       --返回初始状态，准备下一次 FFT计算
          END CASE;
        END IF;
        -- 将内部变量连接到输出端口 (用于调试和监控 )
        butterfly_idx1_out <= butterfly_index1;
        butterfly_idx2_out <= butterfly_index2;
        stage_out <= stage_counter;
        group_count_out <= group_counter;
        stride1_out <= stride1;
        stride2_out <= stride2;
        twiddle_idx_out <= twiddle_index;
        twiddle_step_out <= twiddle_step;
        bit_reversed_index_out <= bit_reversed_index;
      END PROCESS fft_main_process;
    END fft_decimation_in_time;
```

8.3.4　仿真波形

该设计在实体部分定义了完整的 I/O 接口，包括时钟、复位信号、数据输入端口、结果输出端口和多个调试监控信号。结构体部分定义了处理器内部结构，包括状态机、数据存储数组和旋转因子查找表。六状态机控制计算过程：START 状态初始化所有计数器和控制变量，LOAD 状态顺序读入 256 个复数输入样本，CALC 状态执行蝶形运算，UPDATE 状态管理三层嵌套循环结构 (蝶形、组、阶段) 更新索引和旋转因子，REVERSE 状态通过位反转算法重排输出数据，最后 DONE 状态标记计算完成并准备下一次处理。整个设计通过有效利用查找表和定点运算，在保证精度的同时实现了资源高效的 FFT 计算，并提供丰富的调试接口便于验证。

使用 ModelSim 对设计进行仿真，输入序列为 $x[n]$ = {10、20、30、40、50、60、50、40、30、20、10、…}，其中前 11 个点有非零值，其余点均置零，序列长度为 256，仿真波形图如图 8.22 所示，红框显示了前 5 个输入对应的 FFT 变换实部与虚部值，使用 python 输入测试数据并验证结果如下：

360	350	341	319	301	266	237	196	…	实部
0	−48	−90	−133	−170	−203	−231	−251	…	虚部

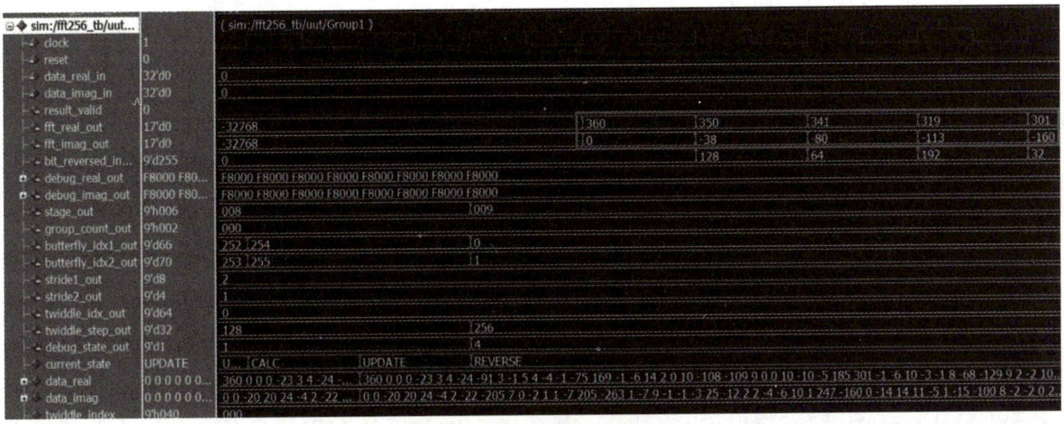

图 8.22　FFT 仿真波形图

注意：与 Python 或 Matlab 中生成的 FFT 相比，本设计实现的 FFT 存在因定点数精度限制、旋转因子量化误差和复数运算截断误差导致的精度差异。

8.4　信号的自适应滤波

8.4.1　自适应滤波概述

自适应滤波是信号处理领域的研究热点之一，该技术根据信号特性实时调整滤波器系数，以此适应不同的环境和噪声条件。这种滤波技术可有效去除信号中的噪声，提高信号的质量和可靠性。其核心在于根据指定的误差标准，通过不断调整滤波器系数，使滤波器输出与期望信号一致,从而最小化误差。这种实时调整过程依赖信号的采样和计算能力,可广泛应用于语音信号处理、图像处理、通信系统等领域。长期以来,自适应滤波算法的实现主要基于 DSP 芯片,利用汇编或高级语言代码完成,由于存在运算量大、抗干扰性能差和实时性不足等问题,这种实现方式已无法满足工程需求。FPGA 为自适应算法的硬件实现提供了新途径。

8.4.2 LMS 算法原理

最小均方 (Least Mean Square,LMS) 自适应滤波算法是一种基于梯度下降的经典自适应信号处理技术,通过动态调整滤波器系数来最小化输出信号与期望信号间的均方误差。该算法的核心流程包括:输入信号采样、滤波输出计算、误差评估及权值迭代更新。图 8.23 所示,自适应滤波器主要由两部分组成,一部分是对期望信号进行处理;另一部分通过自适应算法调整滤波器系数。结合定点量化、流水线处理和 DSP 加速等优化手段,可显著提升运算效率和实时性能。这种低延迟、高并行的硬件实现方式,使其特别适用于心电信号去噪、通信干扰抑制等实时性要求严格的场景。相比传统处理器方案,FPGA 实现具有更优的能效比,为自适应滤波技术的广泛应用提供了可靠解决方案。

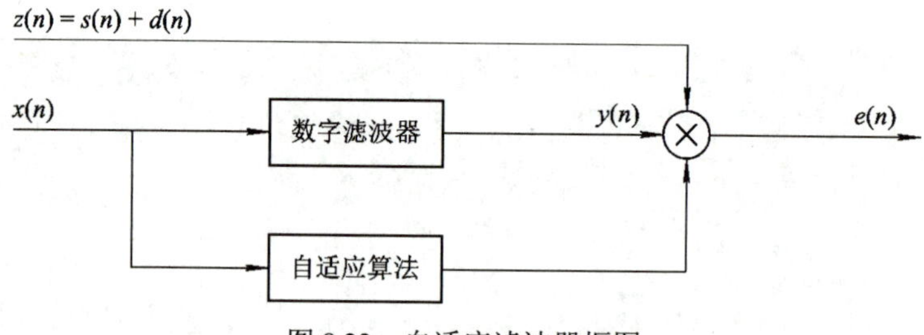

图 8.23 自适应滤波器框图

图 8.25 所示的自适应滤波器系统有两个输入:主通道接收被噪声污染的有用信号 $z(n)$,其中信号分量 $s(n)$ 与噪声分量 $d(n)$ 不相关;参考通道则是 $x(n)$ 用来接收与主通道噪声相关的噪声参考信号。$x(n)$ 经过数字滤波器处理后,生成 $d(n)$ 的噪声估计值 $y(n)$,再通过减法器从 $z(n)$ 中消除该估计噪声 $y(n)$,最终输出增强后的有用信号估计值 $e(n)$。通过自适应算法动态调整滤波器参数,实现最优化的噪声抵消效果。可表示为

$$e(n) = z(n) - y(n) = s(n) + d(n) - y(n) \tag{8.21}$$

在自适应滤波器系统中,数字滤波器通常采用有限冲激响应 (FIR) 结构,其核心特点是具有可编程调节的滤波系数。这种滤波器在时域上的输出可表示为

$$y(n) = \sum_{k=0}^{N-1} h(k)x(n-k) \tag{8.22}$$

那么输出 $y(n)$ 与目标信号 $d(n)$ 之间满足最小均方误差条件,即

$$E[e^2(n)] = E\{[d(n) - y(n)]^2\} \tag{8.23}$$

自适应滤波器本质上是一个噪声消除器,通过实时优化算法动态调整 FIR 滤波器系数,最小化误差信号的均方值。这种自适应机制在噪声特性变化时,仍能保持优异的去噪性能。

8.4.3 自适应滤波器 VHDL 程序设计

从硬件实现角度，自适应滤波器设计需要保证参数和数据处于稳定工作范围。其中，步长因子的选择尤为关键：过小的步长会导致系数更新无法收敛，因此本设计采用 1/4 作为固定步长值。在硬件架构方面，该滤波器由 $2L$ 个乘法器和两个加法器构成。设计中，每个乘法器及加法器都带有 1 个流水线级的额外延迟，通过抽头延迟线实现。各延迟单元的输出分别与对应的滤波器系数相乘，再经加法器累加生成最终输出信号。

以下 VHDL 代码实现了具有 2 个系数 f_0 和 f_1 且步长为 1/4 的自适应滤波器。

```
LIBRARY LPM;
USE LPM.LPM_COMPONENTS.ALL;
LIBRARY IEEE;
USE IEEE.STD_LOGIC_1164.ALL;
USE IEEE.STD_LOGIC_ARITH.ALL;
USE IEEE.STD_LOGIC_SIGNED.ALL;

ENTITY LMS IS
        GENERIC (W1:INTEGER:=8;
        W2:INTEGER:=16;
        L:INTEGER:=2);
PORT (CLK:IN STD_LOGIC;
    X_IN:IN STD_LOGIC_VECTOR(W1-1 DOWNTO 0);
    D_IN:IN STD_LOGIC_VECTOR(W1-1 DOWNTO 0);
    E_OUT,Y_OUT:OUT STD_LOGIC_VECTOR(W2-1 DOWNTO 0);
    F0_OUT,F1_OUT:OUT STD_LOGIC_VECTOR(W1-1 DOWNTO 0));
END LMS;

ARCHITECTURE FLEX OF LMS IS
       SUBTYPE N1BIT IS STD_LOGIC_VECTOR(W1-1 DOWNTO 0);
       SUBTYPE N2BIT IS STD_LOGIC_VECTOR(W2-1 DOWNTO 0);
       TYPE ARRAY_N1BIT IS ARRAY (0 TO L-1) OF N1BIT;
       TYPE ARRAY_N2BIT IS ARRAY (0 TO L-1) OF N2BIT;

       SIGNAL D :N1BIT;
       SIGNAL EMU:N1BIT;
       SIGNAL Y,SXTY:N2BIT;
       SIGNAL E,SXTD:N2BIT;
       SIGNAL X,F:ARRAY_N1BIT;
       SIGNAL P,XEMU:ARRAY_N2BIT;
  BEGIN                                  -- 信号转换进程 DSXT，输入信号为 D
DSXT:PROCESS(D)
```

```
BEGIN
    SXTD(7 DOWNTO 0) <= D;              -- 将 D 的低 8 位赋值给 SXTD 的低 8 位
    FOR K IN 15 DOWNTO 8 LOOP
      SXTD(K) <= D(D'HIGH);             -- 将 D 的最高位赋值给 SXTD 的第 8 位到第 15 位
    END LOOP;
END PROCESS;

  STORE:PROCESS
  BEGIN
     WAIT UNTIL CLK='1';
         D <= D_IN;
         X(0) <= X_IN;
         X(1) <= X(0);
         F(0) <= F(0)+XEMU(0)(15 DOWNTO 8);
         F(1) <= F(1)+XEMU(1)(15 DOWNTO 8);
END PROCESS STORE;

MULGEN1:FOR I IN 0 TO L-1 GENERATE
      FIR:LPM_MULT
GENERIC MAP ( LPM_WIDTHA => W1,LPM_WIDTHB => W1,
                    LPM_REPRESENTATION =>"SIGNED",
                    LPM_WIDTHP => W2,
                    LPM_WIDTHS => W2)
                    PORT MAP ( DATAA =>X(I),DATAB=>F(I),RESULT => P(I));
-- 根据参数映射信号和接口
END GENERATE;
      Y <= P(0)+P(1);
      YSXT:PROCESS (Y)
      -- 信号转换进程 YSXT，输入信号为 Y
BEGIN
         SXTY(8 DOWNTO 0) <= Y(15 DOWNTO 7);
FOR K IN 15 DOWNTO 9 LOOP
         SXTY(K) <= Y(Y'HIGH);
END LOOP;
END PROCESS;
         E<=SXTD - SXTY;
         EMU <= E(8 DOWNTO 1);
         MULGEN2:FOR I IN 0 TO L-1 GENERATE
         FUPDATE: LPM_MULT
```

```
GENERIC MAP (
            LPM_WIDTHA => W1,
            LPM_WIDTHB => W1,
            LPM_REPRESENTATION =>"SIGNED",
            LPM_WIDTHP => W2,
            LPM_WIDTHS => W2)
            PORT MAP (DATAA=>X(I),
                DATAB=>EMU,
                RESULT => XEMU(I));
END GENERATE;
            Y_OUT <= Y;
            E_OUT <= E;
            F0_OUT <= F(0);
            F1_OUT <= F(1);
END FLEX;
```

8.4.4 仿真波形

自适应滤波仿真波形图如图 8.24 所示。由仿真结果可以看出，在正常工作状态下，自适应滤波器的输出波形通过系数调整逐渐与输入波形重合，误差逐渐收敛至零附近。

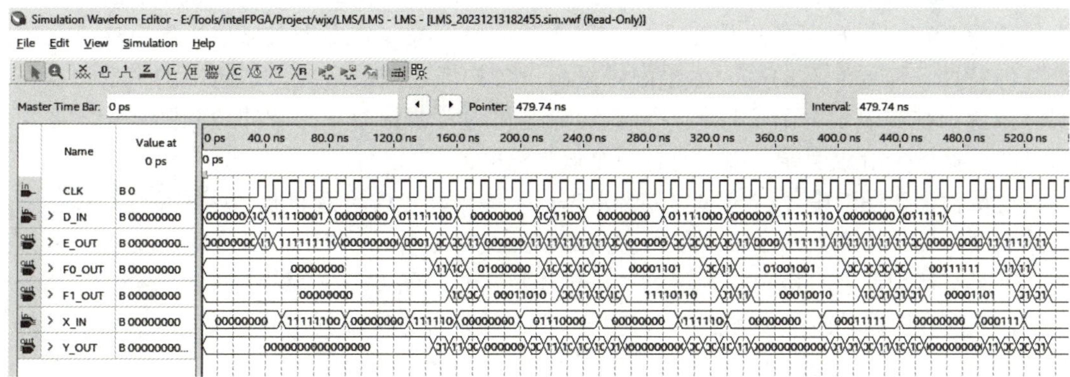

图 8.24　自适应滤波仿真波形图

8.5 数字图像的初步处理

图像的初步处理是数字信号处理领域中的重要环节，包括图像采集、预处理和增强等步骤。其目的是从原始图像中提取有用信息、消除噪声、改善图像质量，并为后续的分析和应用做好准备。图像采集是指通过数字相机、扫描仪等设备将现实世界中的光信号转换为数字形式。这一过程涉及图像感知、模数转换和采集参数设置等，合理的参数设置能够确保图像准确、清晰地传输到后续处理环节。预处理是指对采集到的图像进行背景去除、几何校正和色彩平衡等操作，背景去除用于消除图像中不必要的干扰信息，几何校正用于修正图像因采集设备或物体位置引起的畸变，色彩平衡则用于调整图像色调和亮度，以改善视觉效果。图像增强旨在提高图像的视觉质量和可视化效果，常用技术包括对比度增强、锐化、滤波和直方图均衡等：对比度增强通过增大图像中不同区域的亮度差异；锐化用于突出图像的边缘和细节；滤波可抑制噪声；直方图均衡则通过优化图像的灰度分布。图像初步处理可为后续的图像分析、特征提取和模式识别等任务奠定基础。因此合理选择并优化初步处理的方法与参数，能有效提升图像质量、降低误差，为后续处理提供更高质量的输入。

边缘检测是一种常用的图像处理技术，能够提取图像中的边缘信息，并作为许多计算机视觉和图像处理算法的基础。通过边缘检测，有助于将图像中的目标和背景分离出来，从而更容易进行后续的处理和分析。边缘反映了图像局部区域内灰度、色彩或纹理的突变特性，通常出现在不同物体之间的交界处、目标物体与背景的分界区域，以及不同属性区域(如色彩区域、纹理区域)的过渡边界。这些边缘特征构成了图像内容的基础，因此本节以边缘检测作为数字图像初步处理的切入点。

8.5.1 边缘检测的基本原理

边缘检测 (Edge Detection) 是图像处理研究领域最活跃的课题之一。本小节重点探讨边缘检测的核心原理，并通过典型边缘检测算子分析其关键技术问题。图像边缘本质上是像素灰度值发生突变的区域，这种突变主要体现在两个层面：一种是阶跃型边缘，表现为相邻像素灰度值发生剧烈跳变；另一种是线条型边缘，表现为灰度值短暂突变后快速恢复的特性。需要注意的是，由于图像采集设备的低通滤波效应，理想中的突变边缘在实际成像中往往表现为渐变过程，阶跃边缘退化为斜坡状渐变，脉冲边缘则转化为屋顶状过渡，这种平滑效应导致边缘跨越数个像素宽度。

边缘特征在图像中往往呈现出复合形态，可能同时包含阶跃和线条两种特性。以三维物体表面为例：当观察两个不同法线方向的平面交接处时，会形成典型的阶跃边缘；若该交接处具有镜面反射且棱角呈圆滑过渡，则在特定光照条件下，圆滑表面区域会产生高光条纹，从而在阶跃边缘上叠加线条边缘特征。这种复合边缘现象生动体现了边缘特征的复杂性。

边缘检测是图像处理中识别灰度突变区域的基础运算方法。从数学本质来看，图像可以视为二维离散采样函数，其边缘特征对应着函数的一阶导数极值点。在二维空间中，图像梯度作为变化率的向量表征，其模值反映灰度变化的剧烈程度，方向则指示最大变化率方向，梯度计算如下：

$$G(x,y)=\begin{bmatrix} G_x \\ G_y \end{bmatrix}=\begin{bmatrix} \dfrac{\partial f}{\partial x} \\ \dfrac{\partial f}{\partial y} \end{bmatrix} \tag{8.30}$$

梯度具有以下两个重要性质：

(1) 向量 $G(x, y)$ 的方向就是函数 $f(x, y)$ 增大时的最大变化率方向；

(2) 梯度的幅值由下式给出：

$$|G(x,y)|=\sqrt{G_x^{\ 2}+G_y^{\ 2}} \tag{8.31}$$

为了降低计算复杂度并提高效率，梯度幅值常采用绝对值之和进行近似计算：

$$|G(x,y)|=|G_x|+|G_y| \tag{8.32}$$

或

$$|G(x,y)|\approx \max(|G_x|,|G_y|) \tag{8.33}$$

由向量分析可知，梯度的方向可定义为

$$a(x,y)=\arctan\left(\frac{G_x}{G_y}\right) \tag{8.34}$$

其中，a 角是相对 x 轴的角度。

边缘检测主要基于一阶微分运算实现，其核心是通过计算图像梯度来识别灰度突变区域。常用梯度算子有 Roberts 算子、Sobel 算子和 Prewitt 算子。其中 Sobel 算子因其优异的综合性能成为工程实践中的首选方案。该算子采用独特的双核结构设计，水平卷积核专门用于检测垂直方向边缘，而垂直卷积核则针对水平方向边缘。与 Prewitt 算子相比，Sobel 算子的创新之处在于对中心像素位置进行了加权处理，这种设计显著降低了边缘模糊效应，提升了检测精度，且 3 × 3 的邻域计算方式既避免了像素间插值运算的复杂性，又保证了计算效率。这种兼顾精度与效率的平衡设计，使得 Sobel 算子在实时图像处理系统中展现出卓越的性能优势，成为边缘检测领域应用最广泛的经典算子。

$$M=\sqrt{s_x^{\ 2}+s_y^{\ 2}} \tag{8.35}$$

其中，偏导数用下式计算：

$$s_x=(a_2+ca_3+a_4)-(a_0+ca_7+a_6) \tag{8.36}$$

$$s_y=(a_0+ca_1+a_2)-(a_6+ca_5+a_4) \tag{8.37}$$

其中，常数 $c=2$；s_x 和 s_y 可用卷积模板来实现：

$$s_x=\begin{bmatrix}-1 & 0 & 1\\ -2 & 0 & 2\\ -1 & 0 & 1\end{bmatrix},\ s_y=\begin{bmatrix}1 & 2 & 1\\ 0 & 0 & 0\\ -1 & -2 & -1\end{bmatrix} \tag{8.38}$$

注意：该算子把重点放在接近模板中心的像素点。

8.5.2　Sobel 算法设计实现

由于 Sobel 算法在边缘检测领域应用最为成熟，本小节将基于 Sobel 算子来实现图像的边缘检测，如图 8.25 所示。该图像边缘检测系统包括控制模块、输入图像模块、Sobel 滤波器模块、梯度计算模块以及边缘检测模块。控制模块负责系统控制，生成适当的地址信号以使边缘检测器正常工作，输入图像通过 Sobel 滤波器计算梯度，再经过梯度计算模块得到梯度幅值和方向信息。最后，边缘检测模块根据梯度信息进行边缘检测，并提取图像中的边缘信息。通过边缘检测系统可以实现对图像中的边缘进行准确检测和提取，为图像处理和计算机视觉应用提供可靠支持。

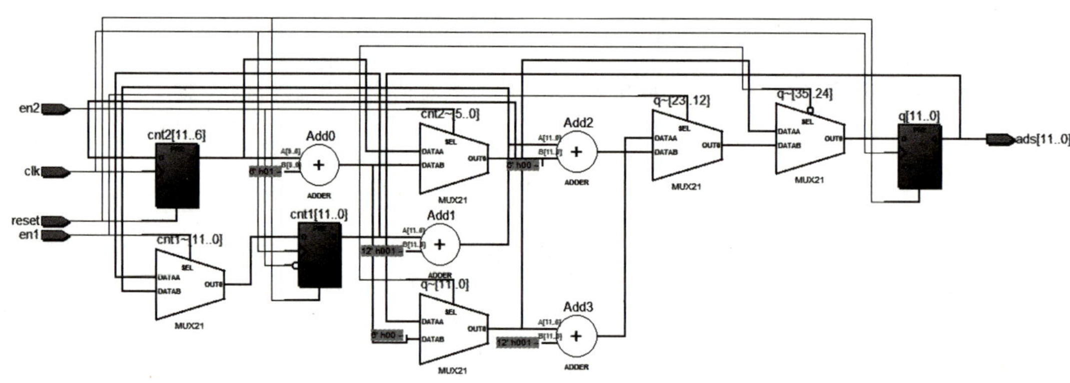

图 8.25　Sobel 算法实现框图

最后，对整个系统进行验证和总结(包括仿真波形验证)。该系统在 FPGA 开发板上成功实现了图像数据的采集、边缘检测和显示功能，其运行稳定且具备较高的实时性能，验证了 FPGA 在高速数据传输方面的能力。

8.5.3　Sobel 算法程序设计

在实现 Sobel 边缘检测算法时，首先需要将 8 个方向的卷积核转换为有符号数表示，并利用 Quartus Ⅱ的 IP 核生成 3 × 3 原始图像窗口。随后，计算各个方向的卷积结果，并对每个梯度值取绝对值。通过比较所有梯度的绝对值，确定其中的最大值 G，作为当前像素点的梯度幅值输出。最后，将梯度最大值 G 与自适应阈值进行动态比较，使阈值能够根据像素特性自适应调整，从而优化边缘检测效果，并确保在不同场景下均能获得稳定的边缘检测效果。

以下 VHDL 代码实现了 Sobel 算子的边缘检测。

1. 控制模块

```
LIBRARY IEEE;
USE IEEE.STD_LOGIC_1164.ALL;
USE IEEE.STD_LOGIC_SIGNED.ALL;
USE IEEE.STD_LOGIC_ARITH.ALL;
ENTITY control IS
PORT(clk,reset : IN STD_LOGIC;
     en1,en2 : IN BIT;
     ads: OUT STD_LOGIC_VECTOR(11 DOWNTO 0));
END control;
ARCHITECTURE execute OF control IS
    CONSTANT as_first :STD_LOGIC_VECTOR( 11 DOWNTO 0):="000000000000";
    CONSTANT adr : STD_LOGIC_VECTOR(11 DOWNTO 0):="000001000000";
BEGIN
PROCESS(clk,reset)
```

```
        VARIABLE cnt1 : STD_LOGIC_VECTOR(11 DOWNTO 0);
        VARIABLE cnt2 : STD_LOGIC_VECTOR(11 DOWNTO 0);
        VARIABLE q :STD_LOGIC_VECTOR(11 DOWNTO 0);
        VARIABLE flag :BIT;
  BEGIN
  IF(reset='1') THEN
        cnt1:="000000000000";
        cnt2:="000000000000";
        q:="000000000000";
  ELSIF clk'EVENT AND clk='1' THEN
     IF en2='1' THEN
              cnt2:=cnt2+adr;
              q:=as_first+cnt2;
              flag:='0';
  ELSE
        flag:='1';
  END IF;
  IF flag='1' THEN
     IF en1='1' THEN
              cnt1:= cnt1+1;
              q:= as_first+cnt1+cnt2;
     ELSE
              q:=q+1;
     END IF;
  END IF;
  END IF;
        ads<=q;
  END PROCESS;
  END execute;

  LIBRARY IEEE;
  USE IEEE.STD_LOGIC_1164.ALL;
  USE IEEE.STD_LOGIC_SIGNED.ALL;
  USE IEEE.STD_LOGIC_ARITH.ALL;
```

2. 实现 Sobel 算法

```
ENTITY edge IS
PORT(clk,reset: IN STD_LOGIC;
          data0,data1,data2 : IN STD_LOGIC_VECTOR(11 DOWNTO 0);
          dout : OUT STD_LOGIC_VECTOR(7 DOWNTO 0);
```

```
            en3: OUT BIT;
            en10: buffer BIT);
END edge;
-- 定义输入输出端口
ARCHITECTURE execute OF edge IS
        type ary3 IS array (0 to 2) OF STD_LOGIC_VECTOR(11 DOWNTO 0);
BEGIN
PROCESS(clk,reset)
-- 进程执行在时钟和重置事件时触发
            VARIABLE  q0,q1,q2 : ary3;
            VARIABLE cnt3,cnt10,d0:INTEGER; --range 0 to 255;
            VARIABLE doutx,douty :STD_LOGIC_VECTOR(11 DOWNTO 0);
            VARIABLE flag : BIT;
BEGIN
IF reset='1' THEN                 -- 如果重置信号为 '1'
            cnt3:=0;
            cnt10:=0;
ELSIF (clk'EVENT AND clk='1') THEN
   IF en10='1' THEN
              en10<= '0';
END IF;
IF cnt3<=2 THEN                   -- 如果计数器 cnt3 小于等于 2
 -- 将输入信号 data 赋值给 q 的当前索引
            q0(cnt3):=data0;
            q1(cnt3):=data1;
            q2(cnt3):=data2;
            cnt3:=cnt3+1;
            flag:='0';
            en3<='0';
      IF cnt3=3 THEN
            cnt3:=0;
            flag:='1';
          en3<='1';
      END IF;
END IF;
IF flag='1' THEN
      IF cnt10<61 THEN            -- 如果计数器 cnt10 小于 61
          cnt10:=cnt10+1;
          en10<='0';
```

```
        ELSE
            cnt10:=0;
            en10<='1';
    END IF;
    -- 计算 dout 的值
        doutx:=(q2(0)+q2(1)+q2(1)+q2(2))-(q0(0)+q0(1)+q0(1)+q0(2));
        douty:=(q0(2)+q1(2)+q1(2)+q2(2))-(q0(0)+q1(0)+q1(0)+q2(0));
        d0:=ABS(CONV_INTEGER(doutx))+ABS(CONV_INTEGER(douty));

    IF d0>=255 THEN                    -- 如果 d0 大于等于 255
            d0:=1;
    ELSIF d0<=0 THEN
            d0:=0;
      END IF;
            dout <= conv_STD_LOGIC_VECTOR(d0,8);
            -- 将 d0 转换为 STD_LOGIC_VECTOR 类型，并赋值给输出信号 dout
    END IF;
    END IF;
    END PROCESS;
    END execute;
```

8.5.4　仿真波形

控制模块仿真波形如图 8.26 所示。当复位信号为高电平时，输出 ads 为全 0 的 12 位向量。当时钟信号上升沿到来时，如果 en2 为高电平，则输出 ads 为 as_first 加上 cnt2 的值。当时钟信号上升沿到来时，如果 en2 为低电平且 flag 为高电平，则输出 ads 为 as_first 加上 cnt1 和 cnt2 的值。当时钟信号上升沿到来时，如果 en2 为低电平且 flag 为低电平，则输出 ads 为 q 加 1 的值。

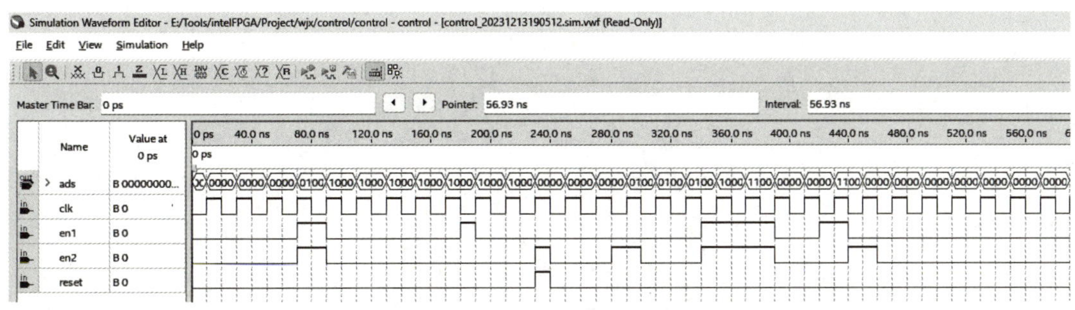

图 8.26　控制模块仿真波形图

Sobel 算子仿真图如图 8.27 所示，当 reset 信号为 '1' 时，cnt3 和 cnt10 将被清零。当 clk 上升沿触发且 en10 为 '1' 时，en10 将被置为 '0'。当 clk 上升沿触发且 cnt3 小于等于 2 时，q0、q1、q2 的对应索引位置将被赋值为 data0、data1、data2，并且 cnt3 将加 1。当

clk 上升沿触发且 cnt3 等于 3 时，cnt3 将被清零，flag 将被置为 '1'，en3 将被置为 '1'。当 flag 为 '1' 时，如果 cnt10 小于 61，则 cnt10 将加 1，en10 将被置为 '0'；否则，cnt10 将被清零，en10 将被置为 '1'。最后，将 d0 转换为 8 位，并赋值给输出信号 dout。

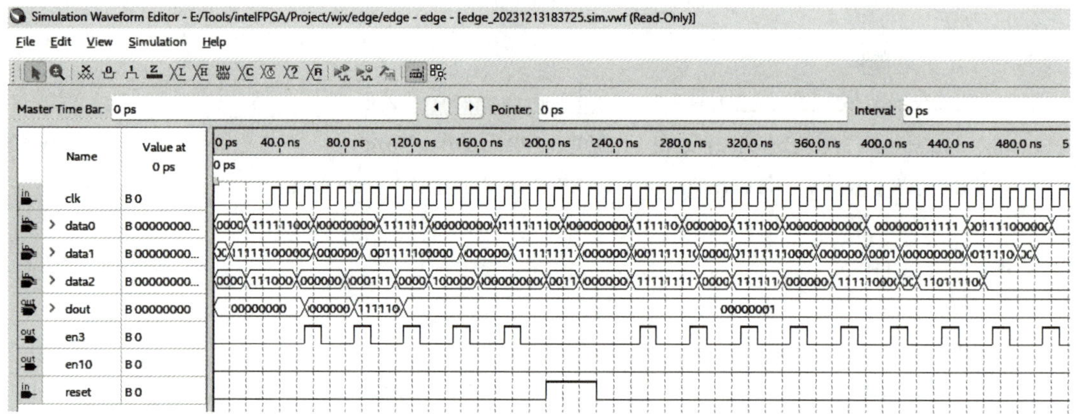

图 8.27　Sobel 算子仿真图

拓展思考题

8-1　简述数字系统的设计方法及流程。

8-2　用 Quartus Prime 软件实现一个极点位于 $z_{\infty 0} = 3/8$ 处且输入宽度为 12 的一阶 IIR 滤波器。

8-3　用 Quartus Prime 软件实现一个极点位于 $z_{\infty 0} = 3/8$ 处，输入宽度为 12 且采用双通路并行设计的一阶 IIR 滤波器。

附录Ⅰ　Quartus Prime 18.0 安装

Quartus Ⅱ是 Altera 提供的 FPGA/CPLD 集成开发环境，支持原理图、VHDL、Verilog HDL 及模拟硬件描述语言 (Altera Hardware Description Language，AHDL) 等多种设计输入形式，内嵌的综合器以及仿真器，能够完成从设计输入、编译与综合、仿真、适配到编程下载的全部设计流程。2015 年，Altera 公司被 Intel 公司收购，FPGA/CPLD 集成开发环境更名为 Quartus Prime。当然，Quartus Prime 继承了 Quartus Ⅱ绝大部分功能，并进行优化。

Quartus Prime 18.0 分为 3 个版本 Pro Edition(专业版)、Standard Edition(标准版)、Literal Edition(精简版)。其中，Pro Edition 和 Standard Edition 版本收费，但是支持的型号和功能较多。精简版免费，支持功能最少，但涵盖了完成设计的基本功能。Quartus Prime 18.0 各版本支持的器件如表 F.1 所示。

表 F.1　Quartus Prime18.0 各版本支持的器件

Quartus Edition	Supported Devices
Pro Edition	Arria(10) Cyclone(10 GX) Stratix(10)
Standard Edition	Arria(10，Ⅴ GZ，Ⅱ GX，Ⅱ GZ) Cyclone(10 LP，Ⅴ，Ⅳ GX，Ⅳ E) MAX(10，Ⅴ，Ⅱ) Stratix(Ⅴ，Ⅳ)
Literal Edition	Arria(Ⅱ GX，Ⅱ GZ) Cyclone(10 LP，Ⅴ，Ⅳ GX，Ⅳ E) MAX(10，Ⅴ，Ⅱ)

在软件安装之前，建议将计算机上的杀毒软件全部关闭。因为杀毒软件可能会将 Quartus Prime 18.0 中的部分文件误认为病毒软件处理，导致软件安装失败。

Quartus Prime 18.0 版的具体安装步骤如下：

(1) 打开下载好的安装文件，双击打开“QuartusSetup-18.0.0.614-Windows.exe”文件，弹出安装向导的第一个界面，如图 F1.1 所示。

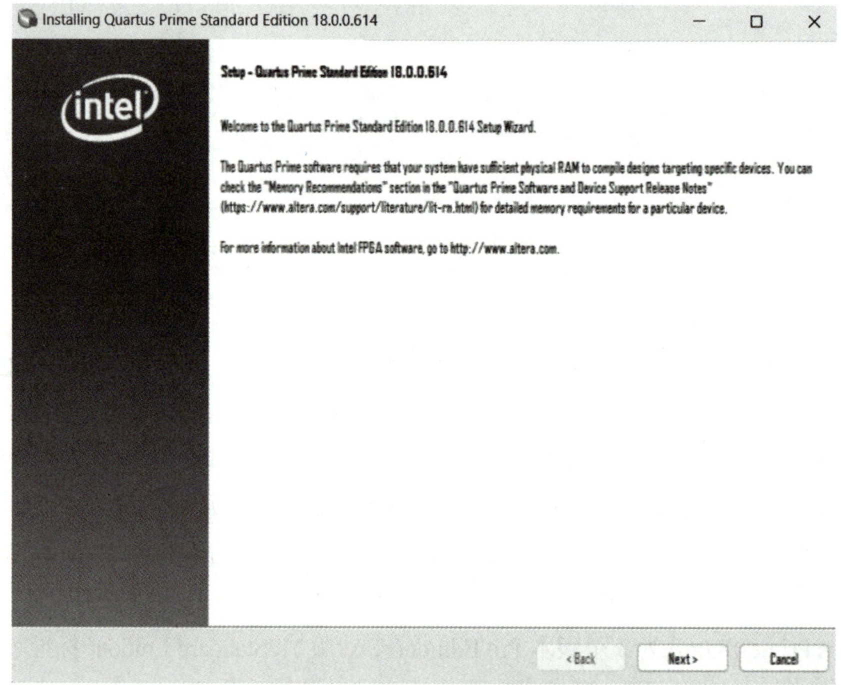

图 F1.1　安装向导的初始界面

(2) 点击“Next”按键进入安装协议界面，选择接受安装协议，如图 F1.2 所示。

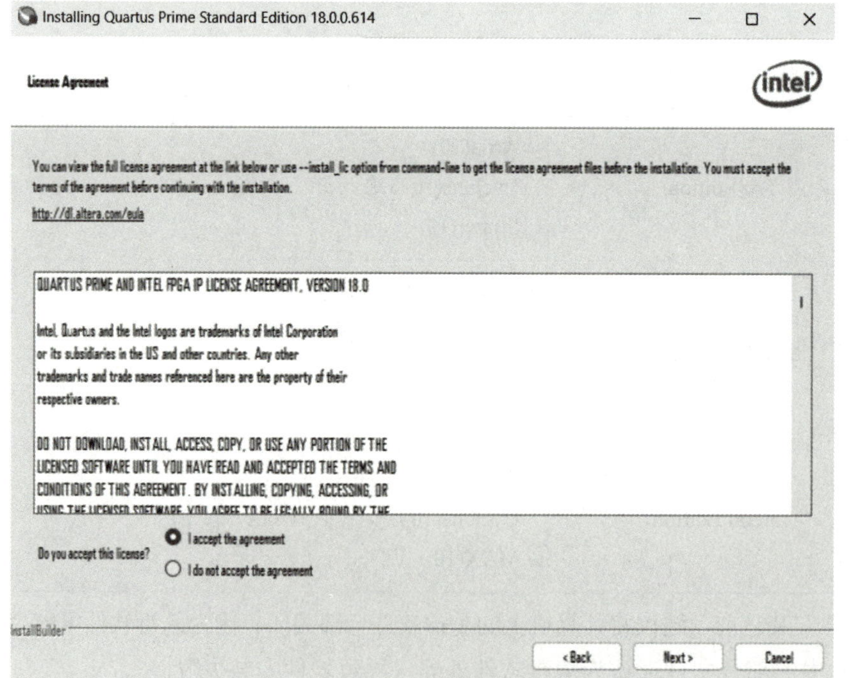

图 F1.2　安装协议界面

(3) 点击“Next”进入设置软件安装路径界面，默认路径如图 F1.3 所示，若需要修改可点击文件图标进行重新选择安装路径。注意：安装路径不能出现汉字和空格。

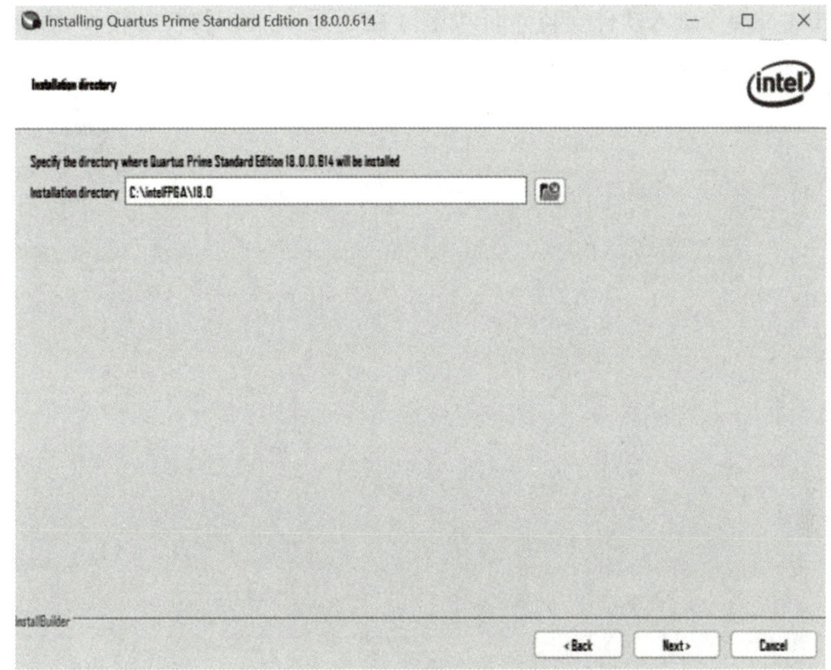

图 F1.3　设置安装路径界面

(4) 点击“Next”进入选择需要安装的组件和元器件界面，如图 F1.4 所示，其中元器件库至少安装一个。这里只需安装 Cyclone Ⅳ系列的元器件库，就能够满足本书的教学需求，对于没有安装的元器件库，后续可以运行“DeviceInstall-18.0.0.614.exe”应用程序独立安装。

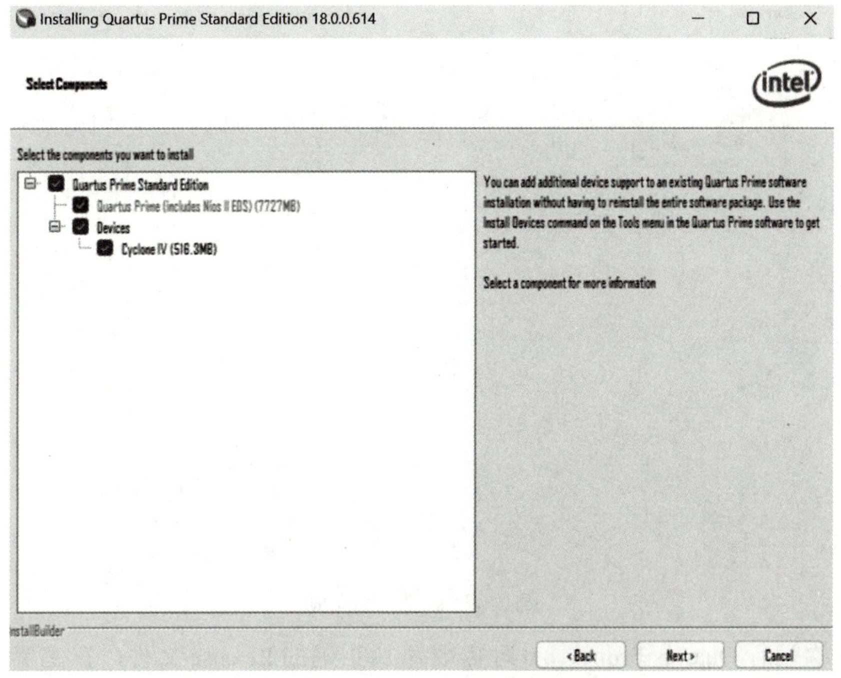

图 F1.4　组件和器件选择界面

(5) 点击“Next”进入软件安装界面，如图 F1.5 所示。此步骤耗时较长，需要耐心等待。

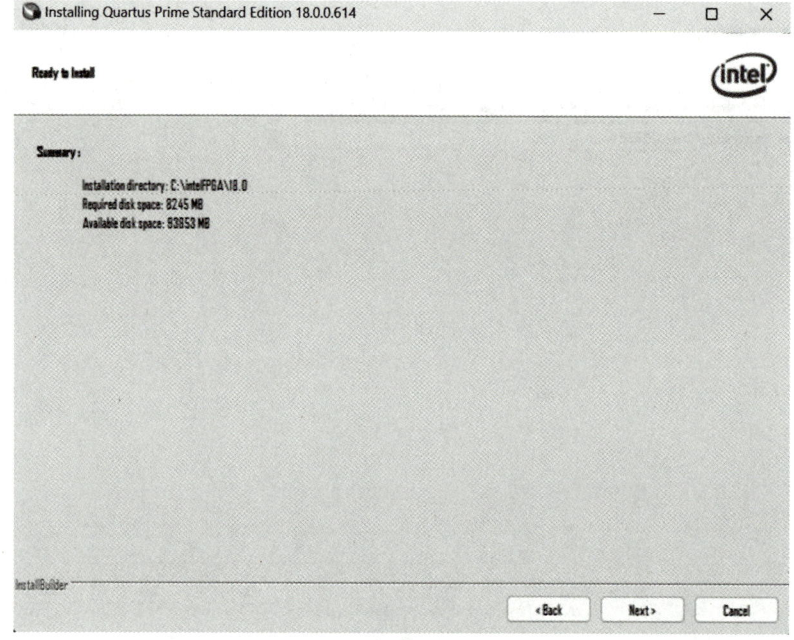

图 F1.5　软件安装界面

(6) 等待软件安装完成，安装完成界面如图 F1.6 所示，勾选“Create shortcuts on Desktop”，生成桌面快捷方式。点击“Finish”完成软件安装。

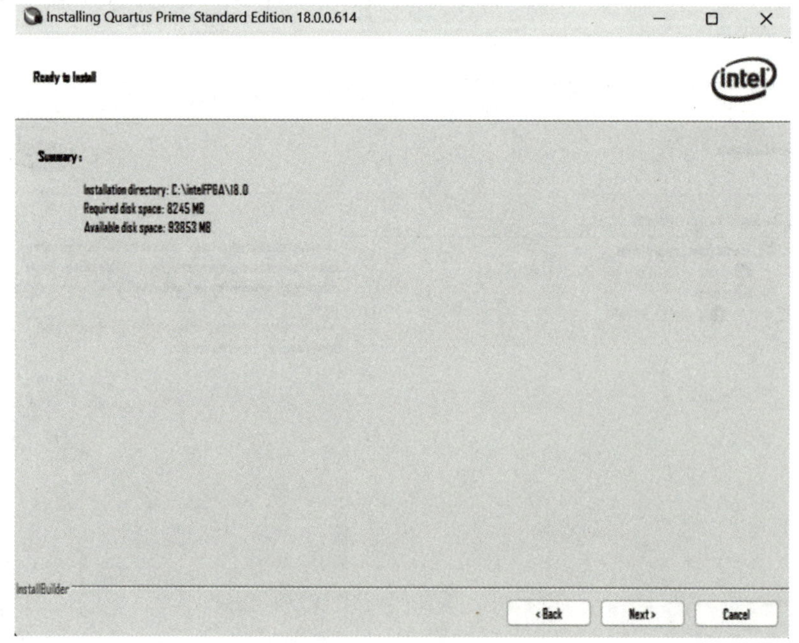

图 F1.6　软件安装完成

(7) 首次运行 Quartus Prime 18.0 时需要添加正确的 License 文件，在主界面中选择“Tools→License Setup”，在 License file 选择正确的 License 文件之后，在 Licensed AMPP/

MegaCore functions 列表中出现 Altera(6AF7)| Nios…，如图 F1.7 所示，即表示 Quartus Prime 18.0 软件已授权成功，可以正常使用。

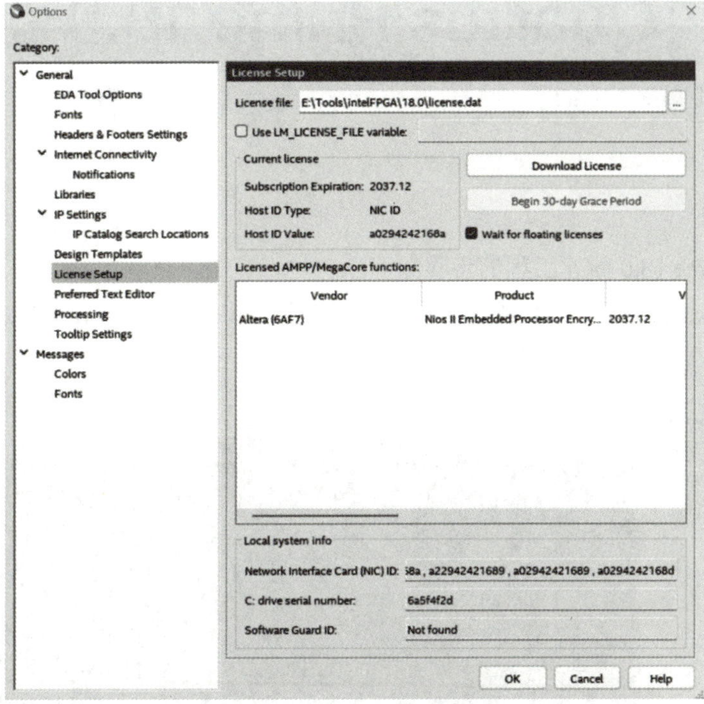

图 F1.7　软件授权成功

(8) 从桌面快捷方式打开 Quartus Prime 18.0 的主界面，如图 F1.8 所示。

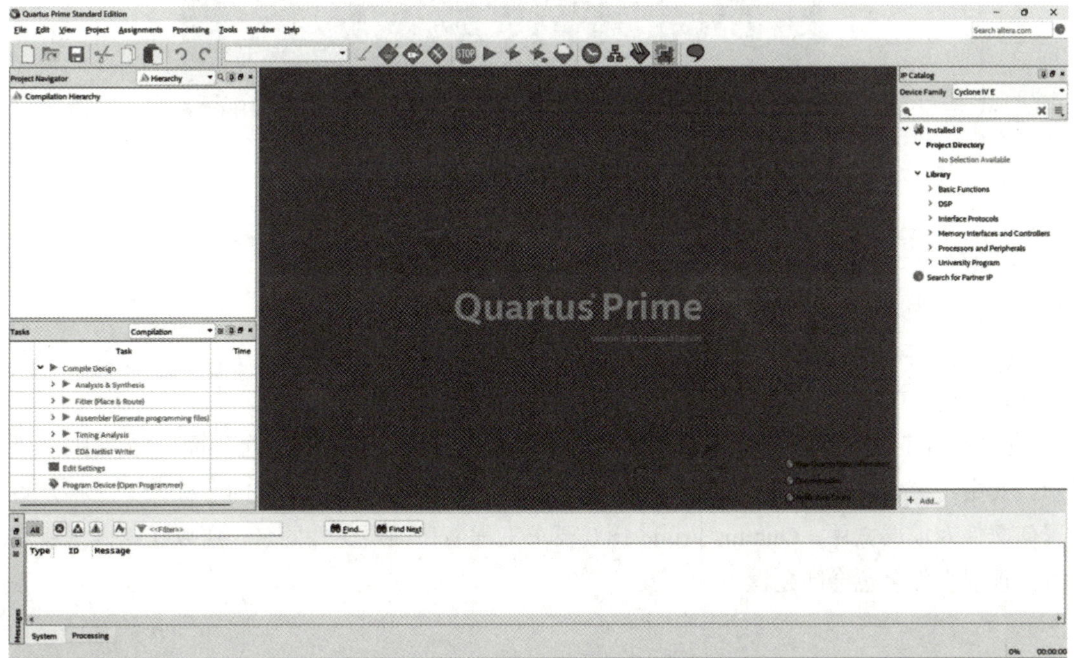

图 F1.8　Quartus Prime 18.0 的主界面

附录Ⅱ Quartus Prime 18.0 新建工程

Quartus Prime 18.0 新建工程的步骤如下：

(1) 使用 Quartus Prime 18.0 新建工程，首先点击“File→New Project Wizard”，如图 F2.1 所示。

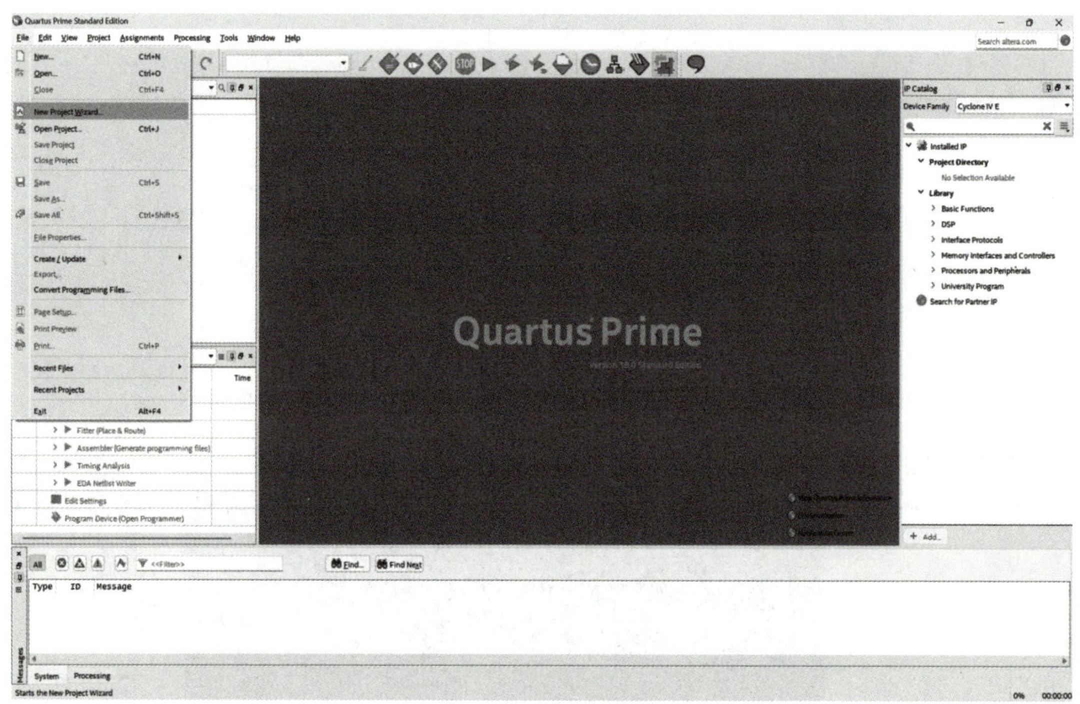

图 F2.1　新建工程的起始界面

(2) 点击后会出现图 F2.2 所示的工程向导介绍界面，若不希望每次新建工程时出现此界面，勾选“Don’t show me this introduction again”选项即可。

(3) 点击工程向导介绍界面底部的“Next”按键进入设置工程信息界面，如图 F2.3 所示。其中，第一栏用于指定工程文件的存放目录；第二栏为新建工程的名称；第三栏是设置何文件为顶层文件。Quartus Prime 18.0 要求工程名和顶层文件同名，所以在输入工程名时，顶层文件名也会随之键入。

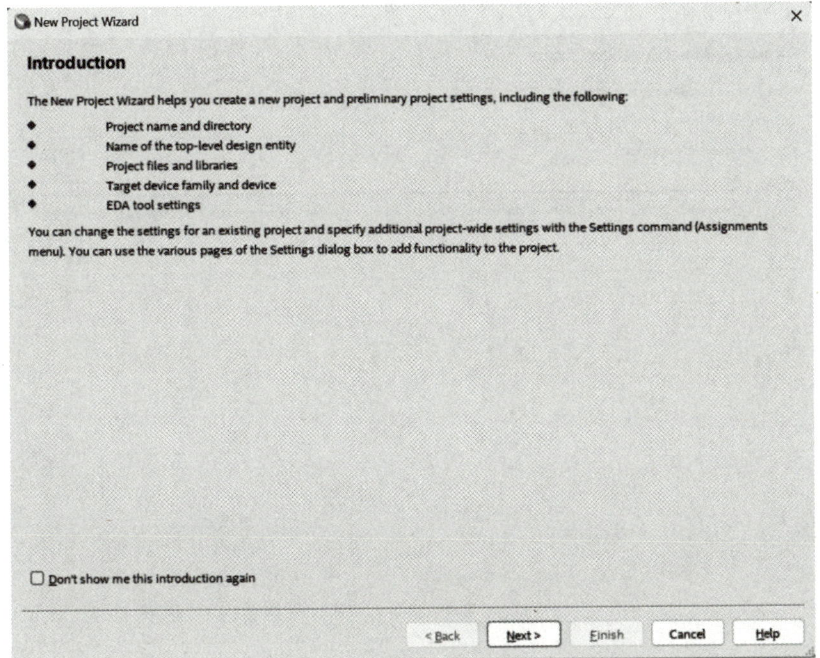

图 F2.2　工程向导介绍界面

图 F2.3　工程信息界面

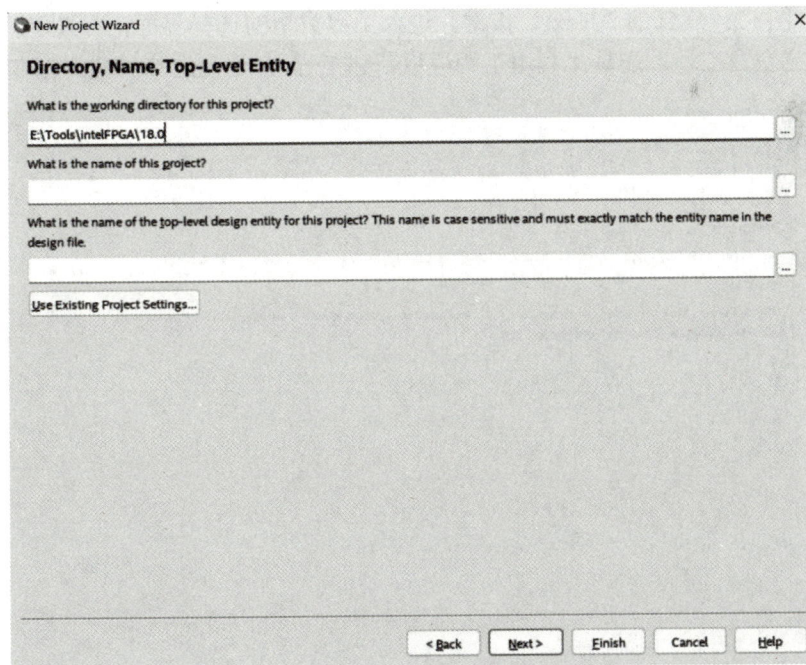

(4) 需要注意的是：指定的工程路径不能含有中文、空格和特殊字符，建议读者在文件系统中提前创建好工程路径，如 E:/Tools/intelFPGA/Project/half_adder，再给定工程名，工程名通常需要表明工程的大致功能。例如，要设计一个正弦信号发生器的程序，工程名就可设置为 sin_gen，设置完成之后如图 F2.4 所示。

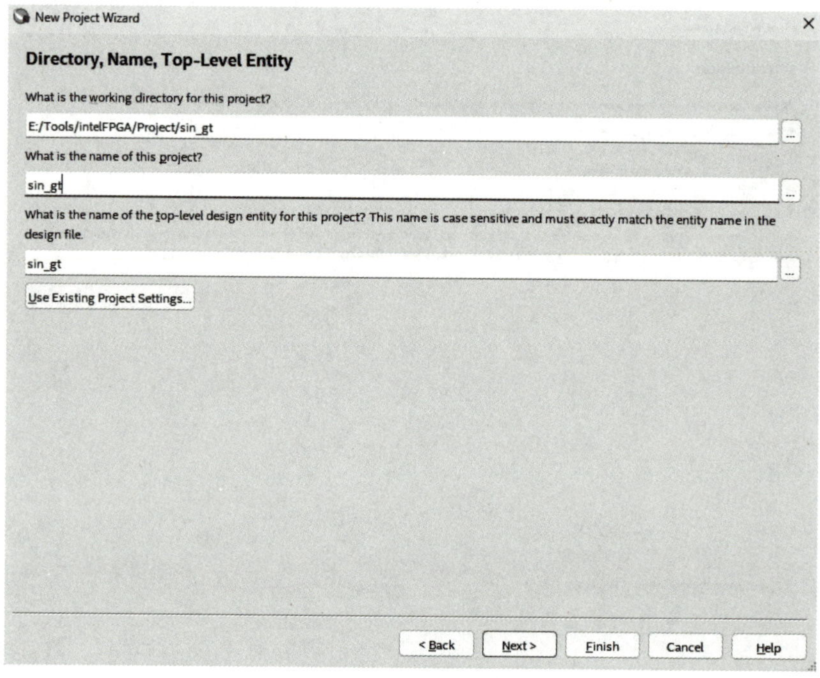

图 F2.4 设置工程信息

(5) 点击图 F2.4 底部的“Next”按键，进入工程类型的选择界面，如图 F2.5 所示。可以选择“建立空白工程”还是“利用工程模板新建工程”，这里选择“建立空白工程”。

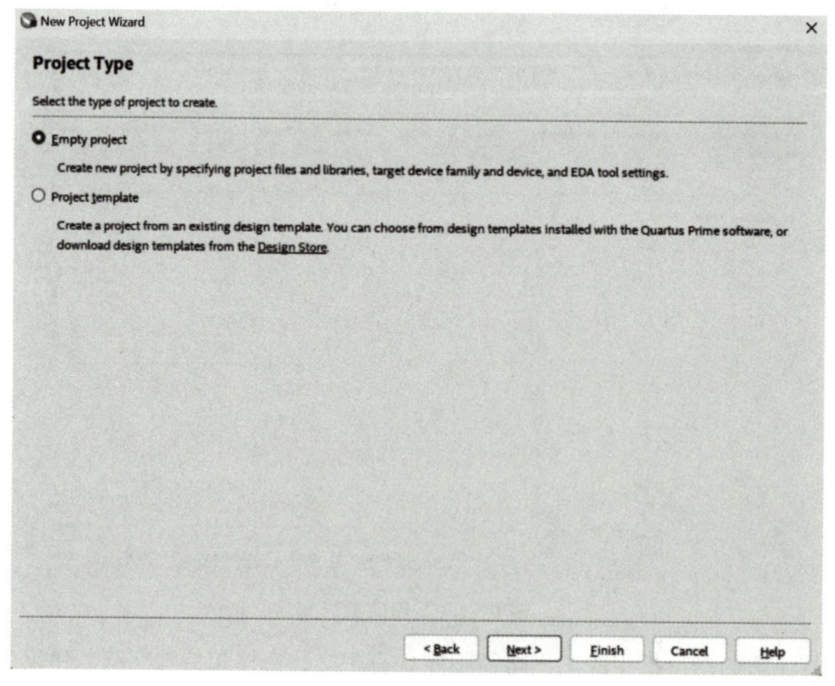

图 F2.5 工程类型选择界面

(6) 点击图 F2.5 底部的“Next”按键，进入添加 / 删除文件界面，如图 F2.6 所示。可以选择添加或者删除文件，新建工程不需要添加删除任何文件，此步不需要操作。

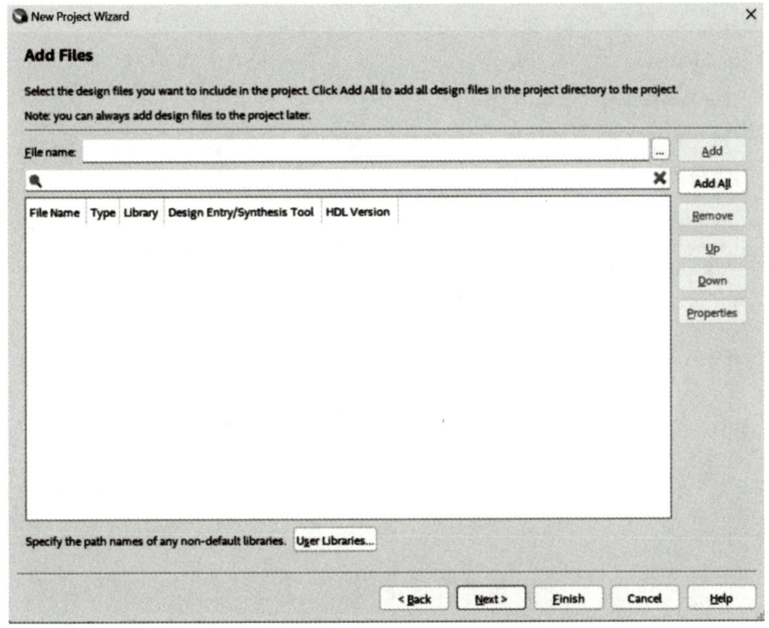

图 F2.6 添加 / 删除文件界面

(7) 点击图 F2.6 底部的“Next”按键，进入建立工程的关键一步，选择所用的 FPGA 元器件，如图 F2.7 所示。首先，选择元器件系列名称 (Family)。其次，在 Available devices 菜单中选取元器件的具体型号，这里选择的元器件型号为 EP4CE115F29C7。

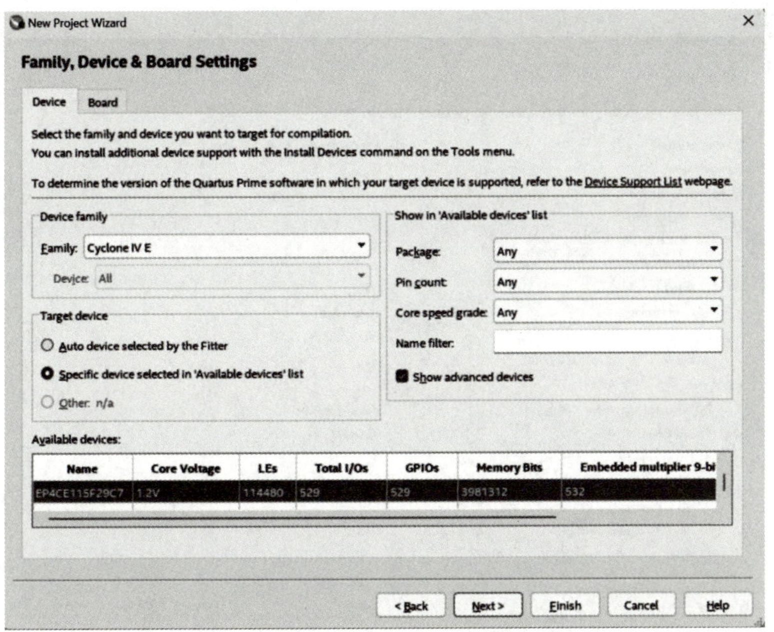

图 F2.7 器件选取界面

(8) 点击图 F2.7 底部的“Next”按键进入 EDA 工具设定界面，如图 F2.8 所示，选择工程的综合工具、仿真工具和时序分析工具。这里选择 Simulation 菜单，使用 Modelsim 仿真工具进行仿真，Intel 公司采用的 Modelsim 名为 Modelsim-Altera，此时选择的硬件描述语言为 VHDL。

New Project Wizard

EDA Tool Settings

Specify the other EDA tools used with the Quartus Prime software to develop your project.

EDA tools:

Tool Type	Tool Name	Format(s)	Run Tool Automatically
Design Entry/Synth...	<None>	<None>	☐ Run this tool automatically to synthesize the current design
Simulation	ModelSim-Altera	VHDL	☐ Run gate-level simulation automatically after compilation
Board-Level	Timing	<None>	
	Symbol	<None>	
	Signal Integrity	<None>	
	Boundary Scan	<None>	

< Back　Next >　Finish　Cancel　Help

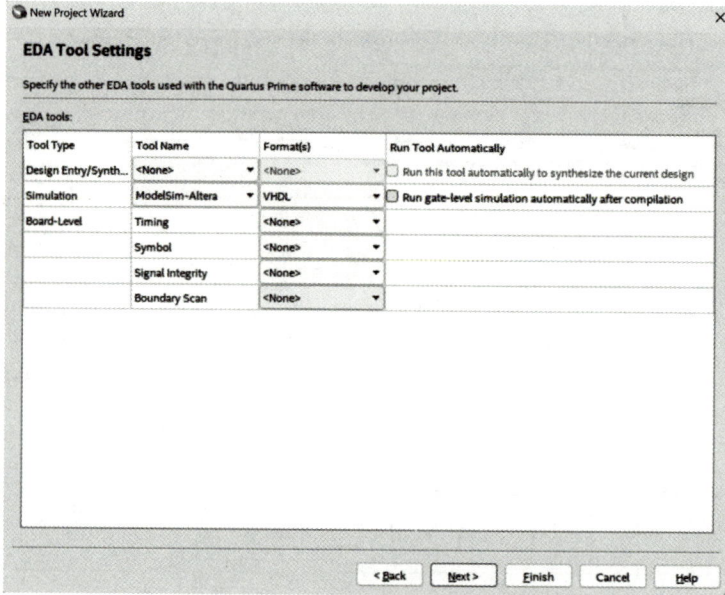

图 F2.8　EDA 工具设定界面

(9) 点击图 F2.8 底部的“Next”按键进入新建工程的梗概界面，如图 F2.9 所示，此时需要仔细核对，检查之前配置的各项是否和梗概界面显示的一致。如若不一致，则需返回前几步进行修改。

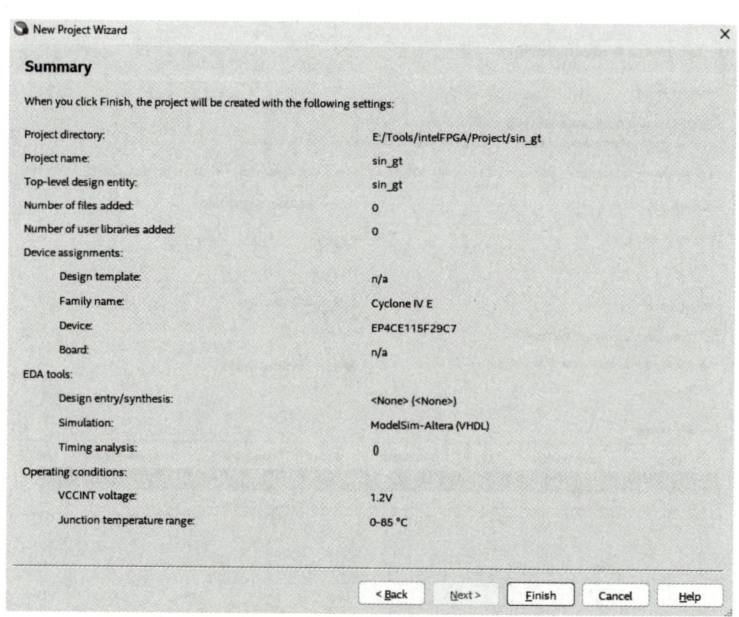

图 F2.9　新建工程的梗概界面

(10) 点击图 F2.9 底部的“Finish”按键完成新建工程向导过程，回到 Quartus Prime 18.0 的主界面，如图 F2.10 所示。在工程导航区，可以看到所建工程，所选元器件型号为 EP4CE115F29C7，顶层文件名为“sin_gt”。

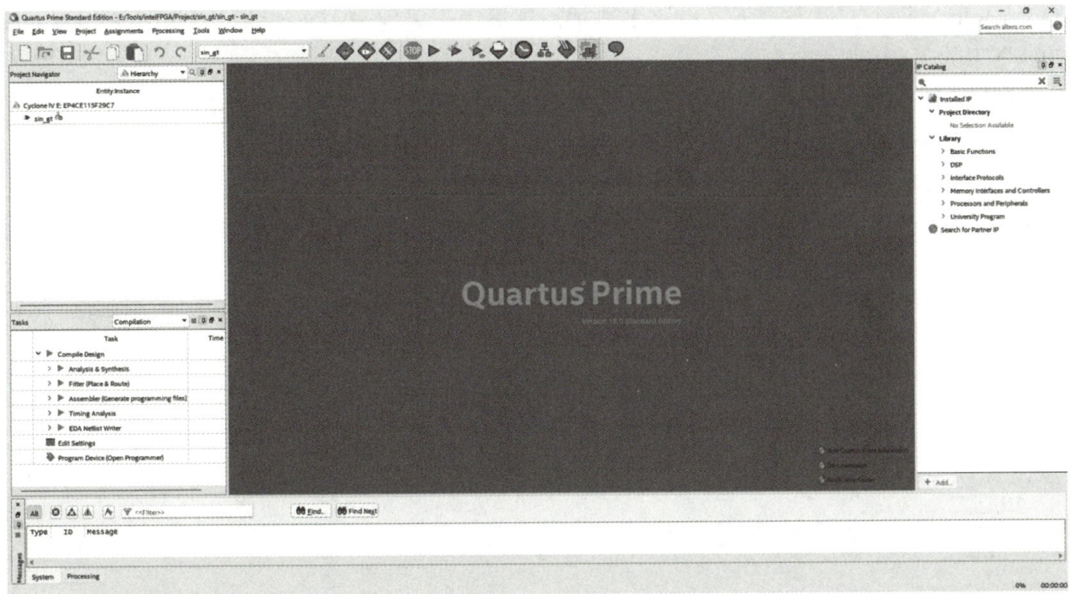

图 F2.10　新建工程空白界面

1. 设计输入

设计输入是将需要的电路或系统以某种软件支持的方式表示出来，Quartus Prime 18.0 支持硬件描述语言、原理图和 IP 核输入等多种输入方式。本书以设计正弦波信号发生器为例讲解 Quartus Prime 18.0 的使用。

基于 HDL 输入的基本步骤如下：

(1) 在 Quartus Prime 主界面中，点击左上角“File→New”，选择“VHDL File”，如图 F2.11 所示，Quartus Prime 支持四种新建文件类型，分别是设计文件 (Design Files)、存储器文件 (Memory Files)、验证与调试文件 (Verification/Debugging Files)，以及其他类型文件

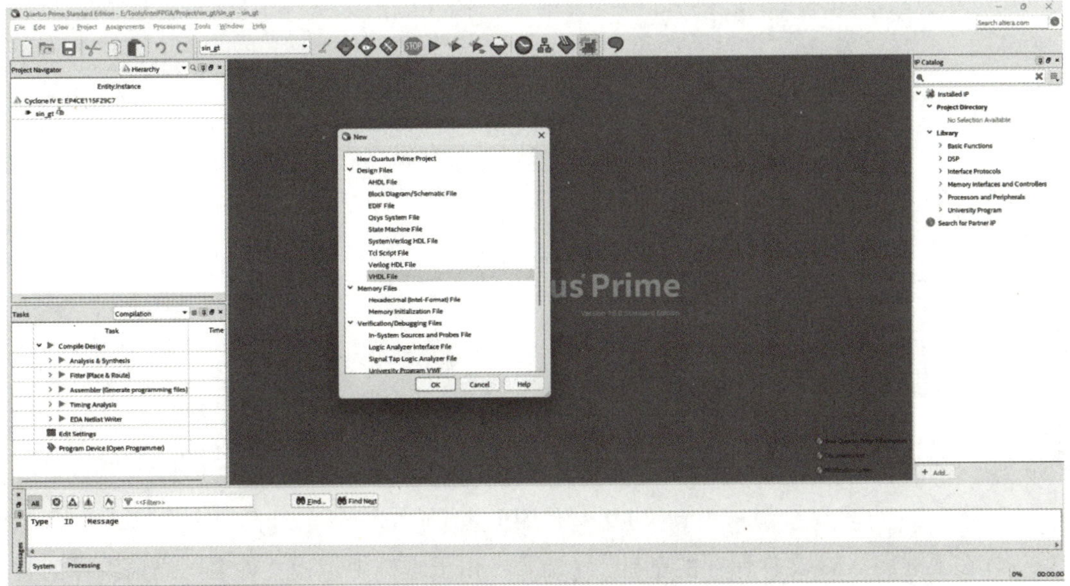

图 F2.11　新建文件界面

(Other Files)，每个文件类型下又有诸多选项。这里由于采用 VHDL 编程，因此选择“Design Files”下的“VHDL File”。

(2) 点击图 F2.11 中的“OK”按键进入 HDL 文件的编辑界面，如图 F2.12 所示。

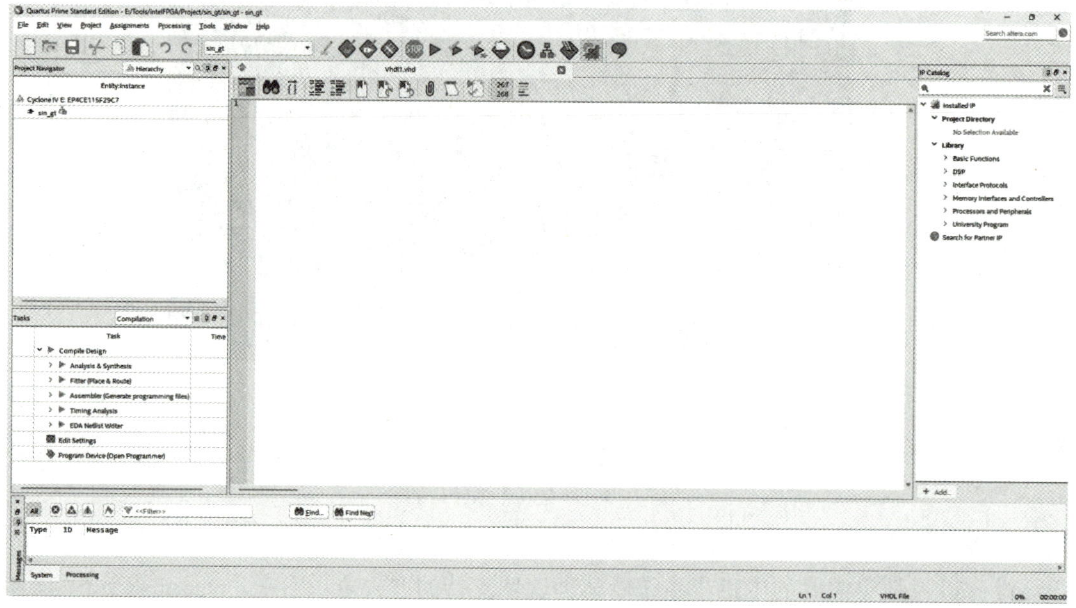

图 F2.12　HDL 文件编辑界面

(3) 在 HDL 文件编辑窗口，输入 VHDL 代码并以模块名命名 (本例中为 counter_6，注意：实体名和工程名必须同名)，文件以 .vhd 结尾，保存成功如图 F2.13 所示。

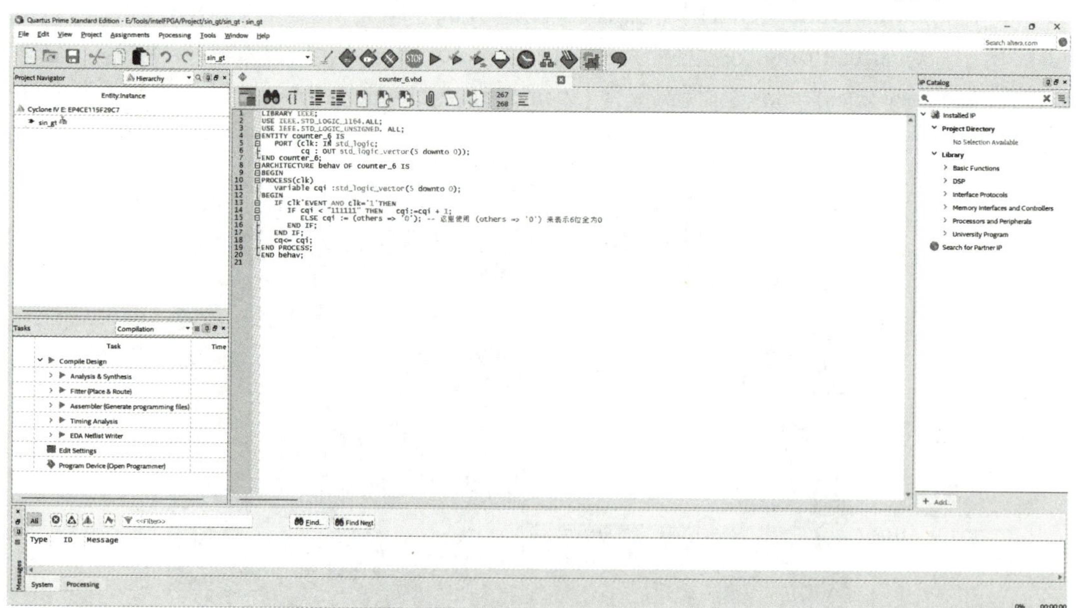

图 F2.13　保存 HDL 文件界面

(4) 在上述将 .vhd 文件保存的基础上 (注意：由于本例中工程文件名与当前编译的文件不同名，需要将当前文件设置为顶层文件。点击“Project→Set as Top-Level Entity”)，然后点击主界面的"Start Complication"(即三角形符号),软件会进行对代码的编译与综合。若此过程出现错误，则需检查消息框中的红色字体，双击错误信息会自动跳转到产生错误信息的代码部分。修改代码并重新编译，直到编译通过，如图 F2.14 所示。

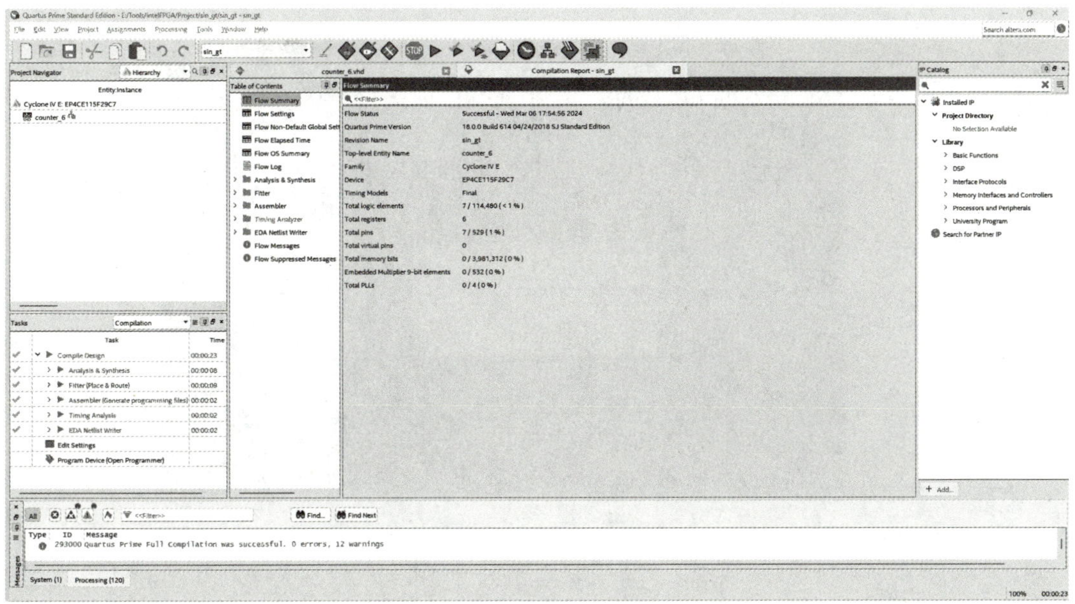

图 F2.14　HDL 文件编译通过界面

(5) 文件通过编译之后需要将 counter_6.vhd 创建为电子元器件，点击"File→Create/Update→CreateSymbol Files for Current File"，就会创建出名为 counter_6 的元器件，如图 F2.15 所示。

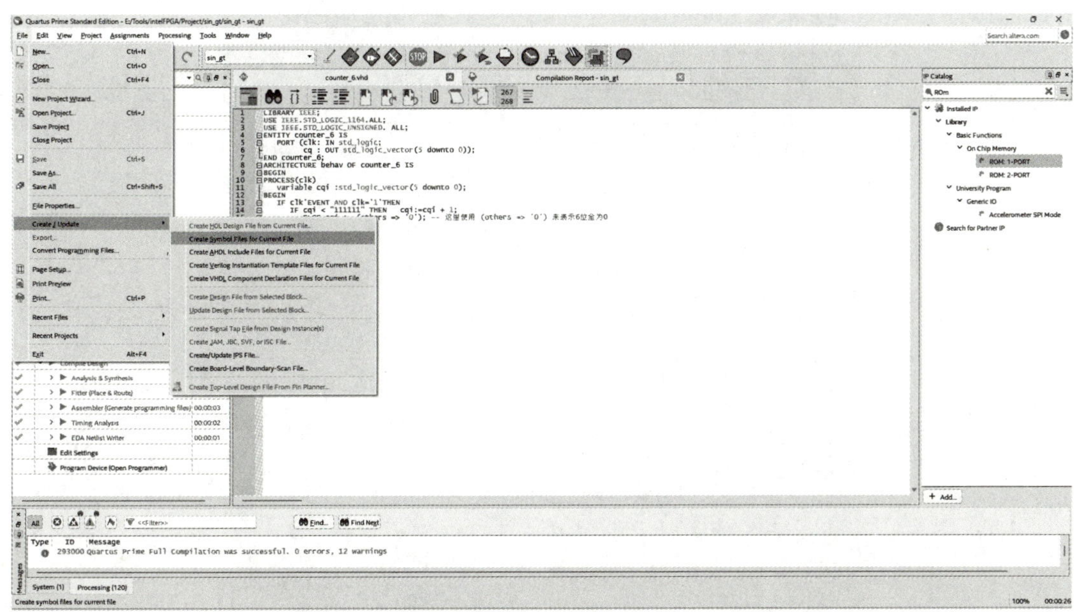

图 F2.15　创建元器件

基于 IP 核定制 ROM 元器件输入的基本步骤如下：

(1) 在 Quartus Prime 主界面中，在右上角的 IP Catalog 搜索框中搜索需要使用的 IP 核，此时输入“ROM”，点击“ROM：1-PORT”，如图 F2.16 所示。选择 VHDL 语言，选择文件存储路径并对此文件进行命名。

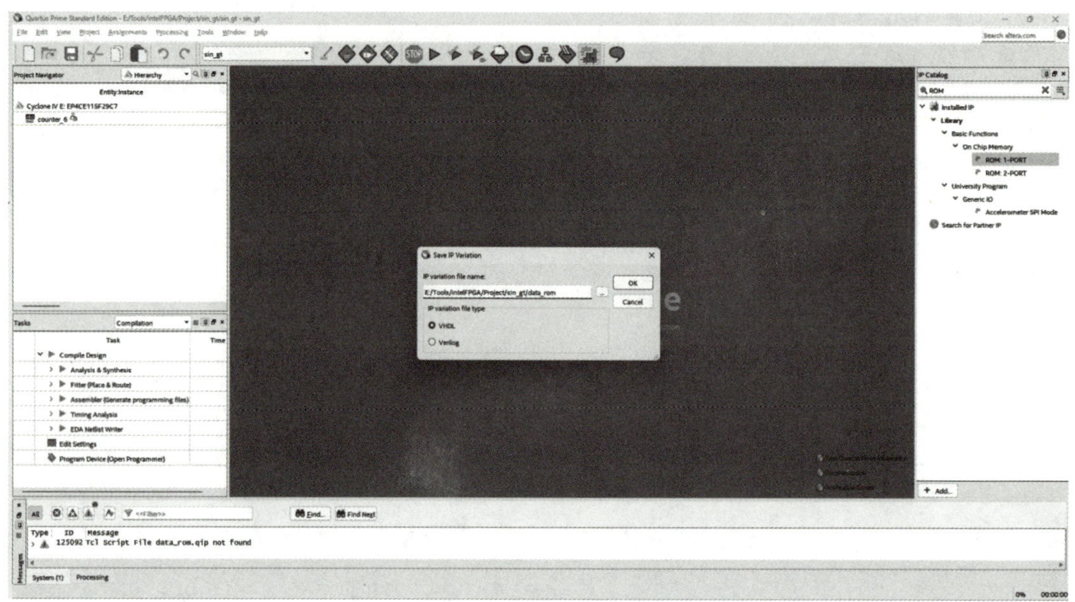

图 F2.16 选择 IP 核、使用器件、输出文件

(2) 点击“OK”按键进入配置 IP 核，选择 ROM 模块存储数据位数和地址线宽 (即存储容量)，此时分别为“64”words 位和“8”bits，如图 F2.17 所示。

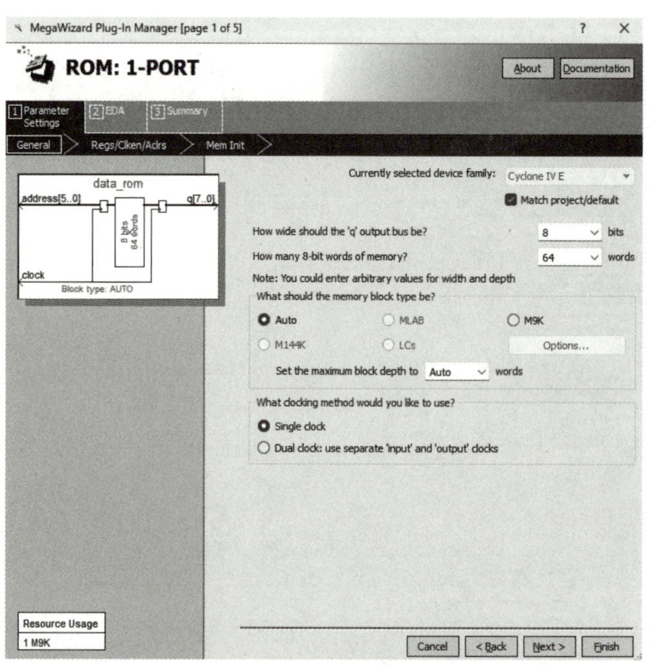

图 F2.17 选择 ROM 模块数据线和地址线宽

(3) 点击“Next”按键进入下一个界面，选择地址锁存信号“inclock”，取消“'q' output

port”勾选框，如图 F2.18 所示。

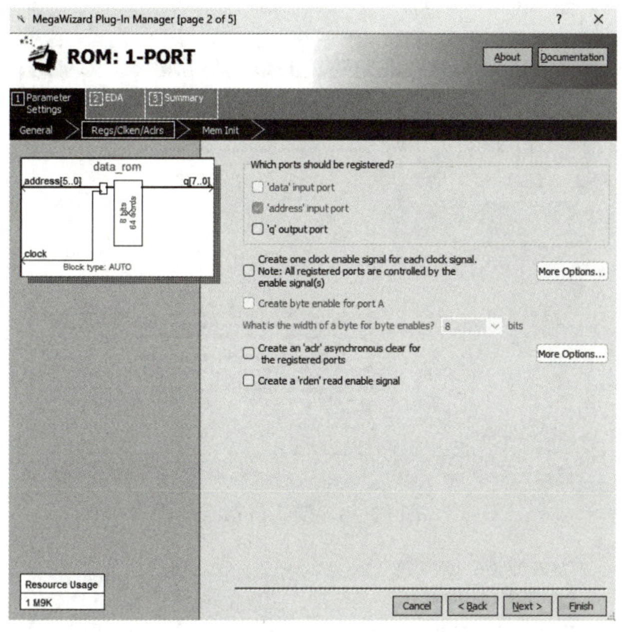

图 F2.18　选择地址锁存信号 inclock

(4) 点击“Next”按键进入下一个界面，点击 Filename 上的“Browse...”按键导入定制的 .mif 文件，如图 F2.19 所示。

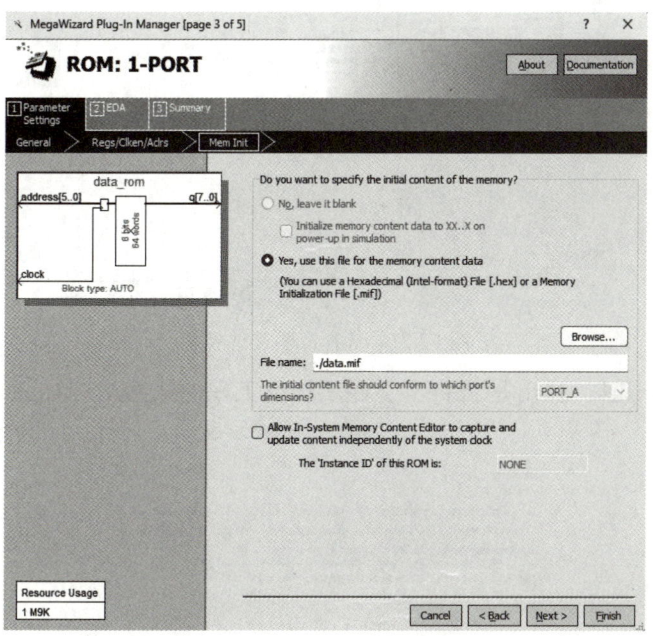

图 F2.19　导入定制的 .mif 文件

(5) 点击“Next”按键进入下一个界面，默认仿真库，如图 F2.20 所示，不做任何选择。

(6) 点击“Next”按键进入下一个界面，选择产生文件类型，默认产生 data_rom.vhd，如图 F2.21 所示。

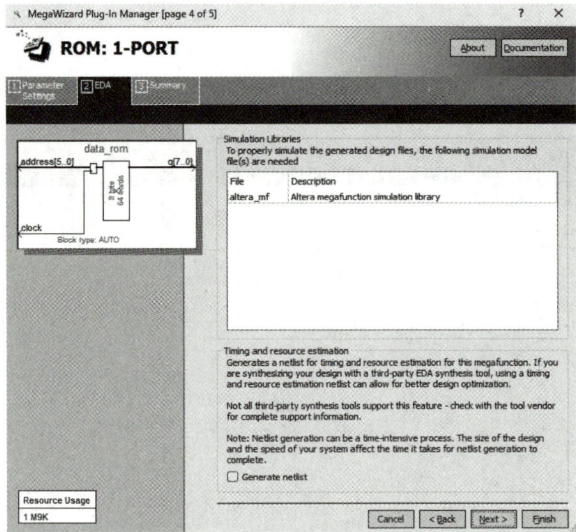

图 F2.20　默认仿真库

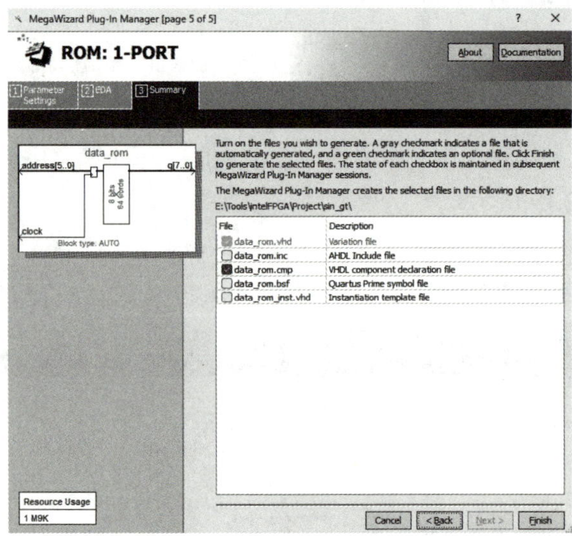

图 F2.21　选择产生文件类型

(7) 点击“Finish”，弹出是否将本文件添加进工程的选择框，如图 F2.22 所示，点击“Yes”即可。

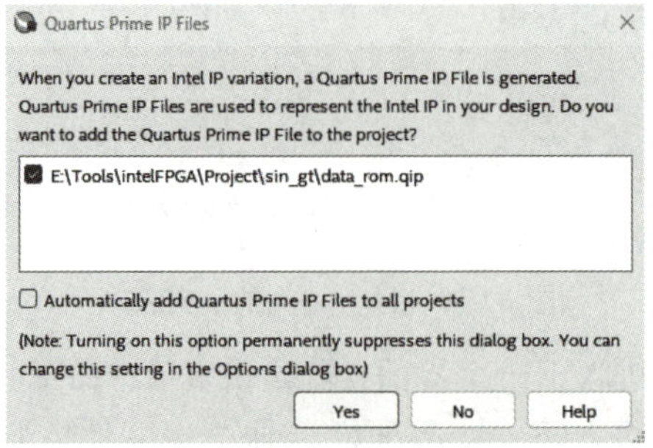

图 F2.22　将 IP 核添加进工程

(8) 打开创建好的 data_rom.vhd 文件，将此文件设置为顶层文件，然后进行编译，如图 F2.23 所示。

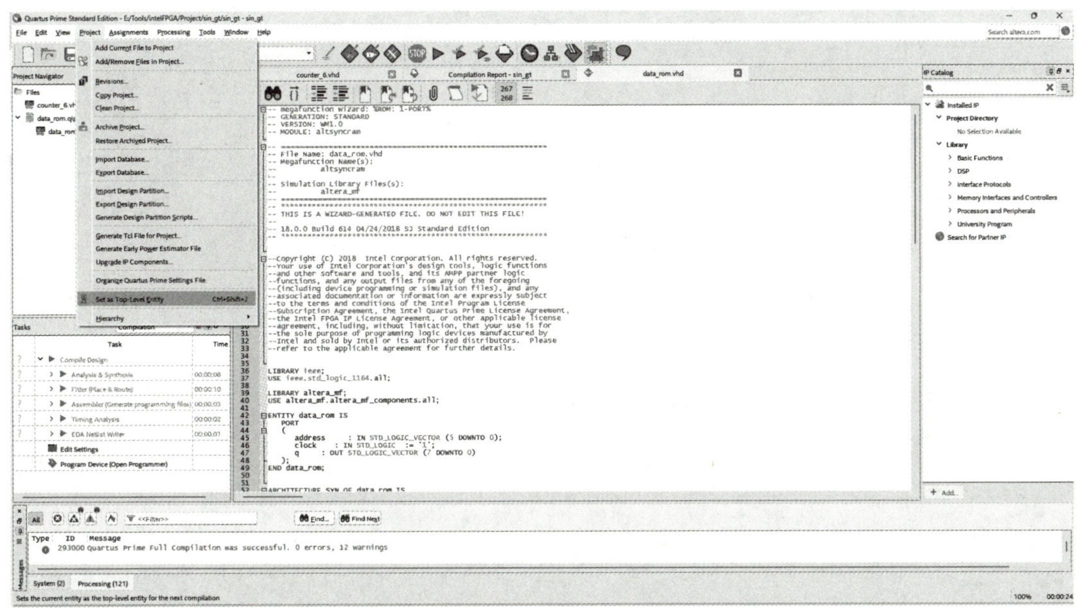

图 F2.23　将 data_rom.vhd 设置为顶层文件

(9) 文件通过编译之后需要将 data_rom.vhd 创建为电子元器件，点击“File→Create/Update→CreateSymbol Files for Current File”就会创建出名为 data_rom 的元器件，如图 F2.24 所示。

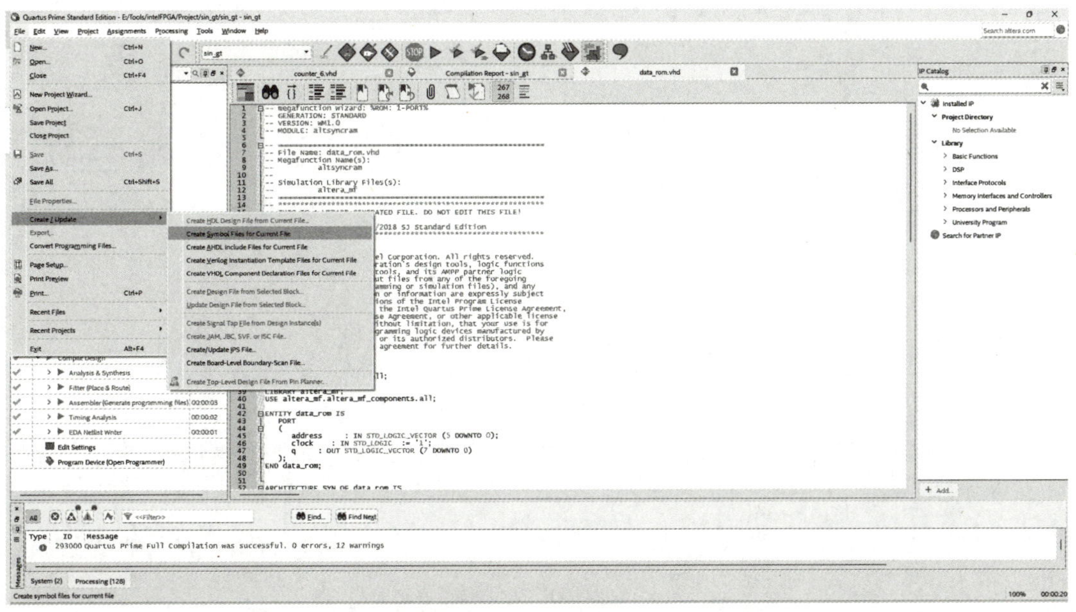

图 F2.24　创建元器件

基于原理图输入的基本步骤如下：

(1) 在 Quartus Prime 主界面中，点击左上角“File→New”，选择“Block Diagram/Schematic

File”，如图 F2.25 所示。

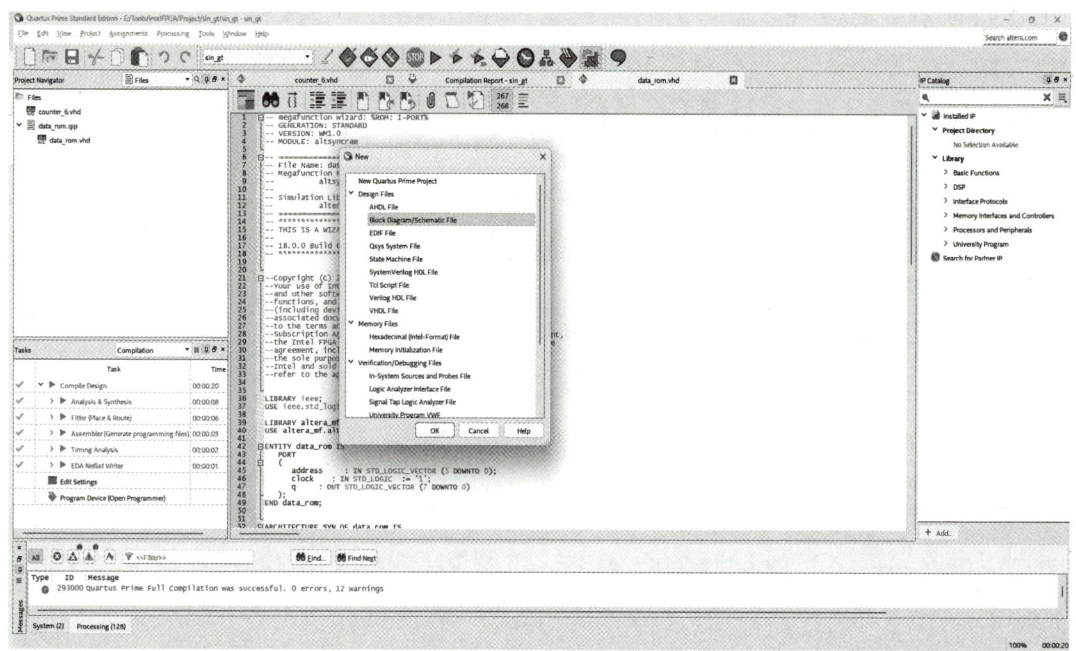

图 F2.25　新建文件界面

(2) 点击图 F2.25 中的“OK”按键进入 BDF 文件的编辑界面，如图 F2.26 所示。

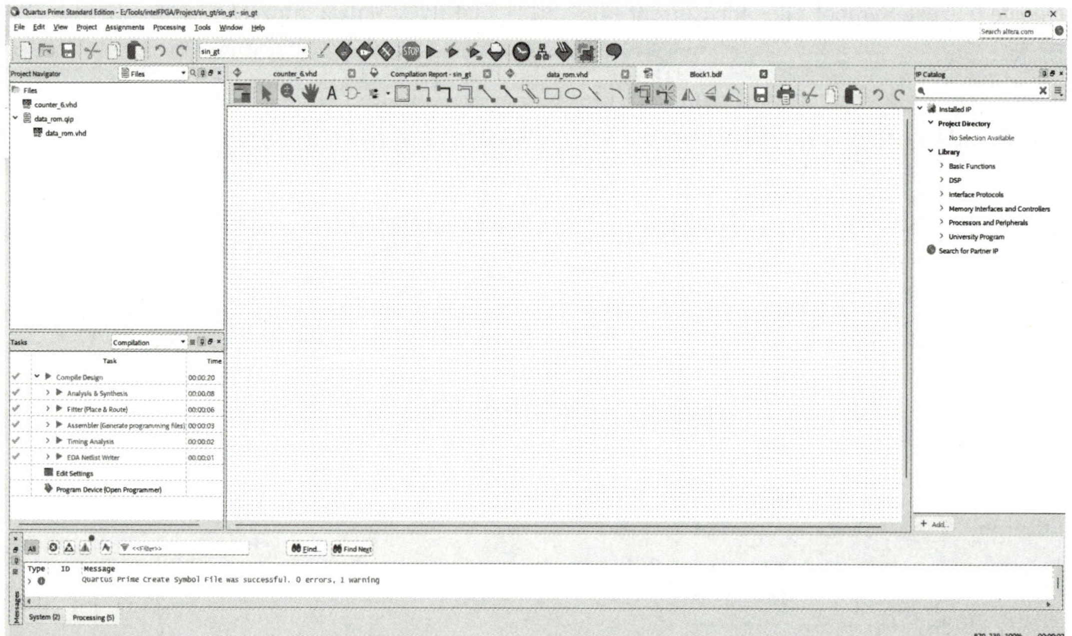

图 F2.26　BDF 文件编辑界面

(3) 在 BDF 文件编辑窗口，双击空白区域可以看到之前步骤中创建的元器件。选中元器件拖进原理图编辑区域，通过连线将各个元器件链接，并选中上方的输入 / 输出模块为本例添加输入 / 输出，将元器件的输入 / 输出的命名进行修改，如图 F2.27 所示。

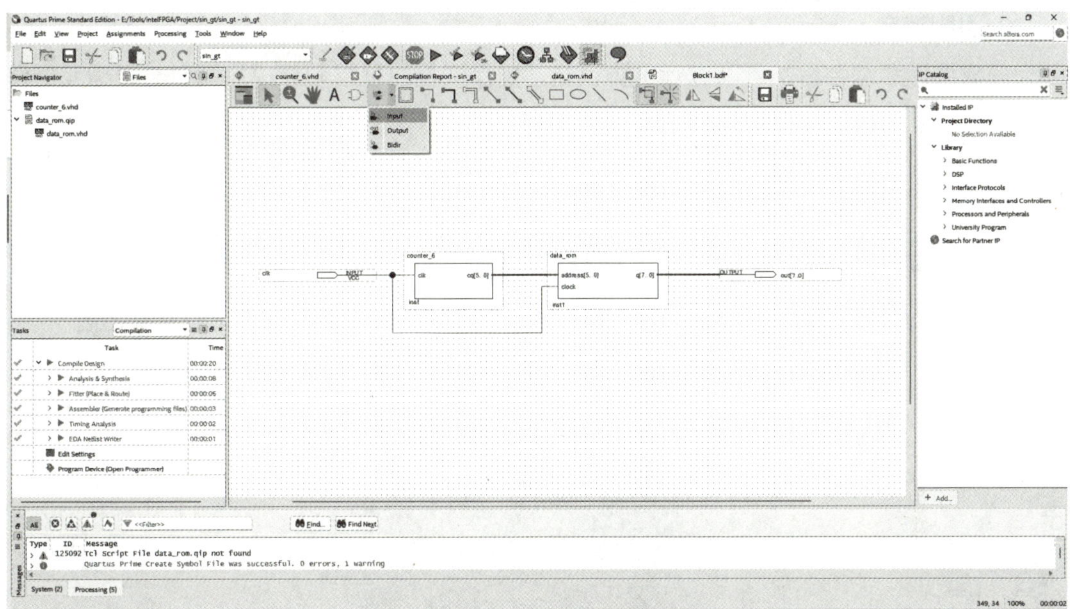

图 F2.27　原理图形式输入

2. 编译与综合

编译代码是检查代码有无语法问题和逻辑错误，综合是将准确的硬件描述语言转换为门电路网表的过程。两者都是将 HDL 转化为硬件电路不可或缺的一部分。

将上述 .bdf 文件进行保存，点击“Project→Set as Top-Level Entity”将本文件设置为顶层文件，然后点击主界面的“Start Complication”（也就是三角形符号），软件会进行对代码的编译与综合。若此过程出现错误，则需检查消息框中的红色字体，双击错误信息会跳转到产生错误信息的代码部分。修改代码并重新编译，直到编译通过，如图 F2.28 所示。

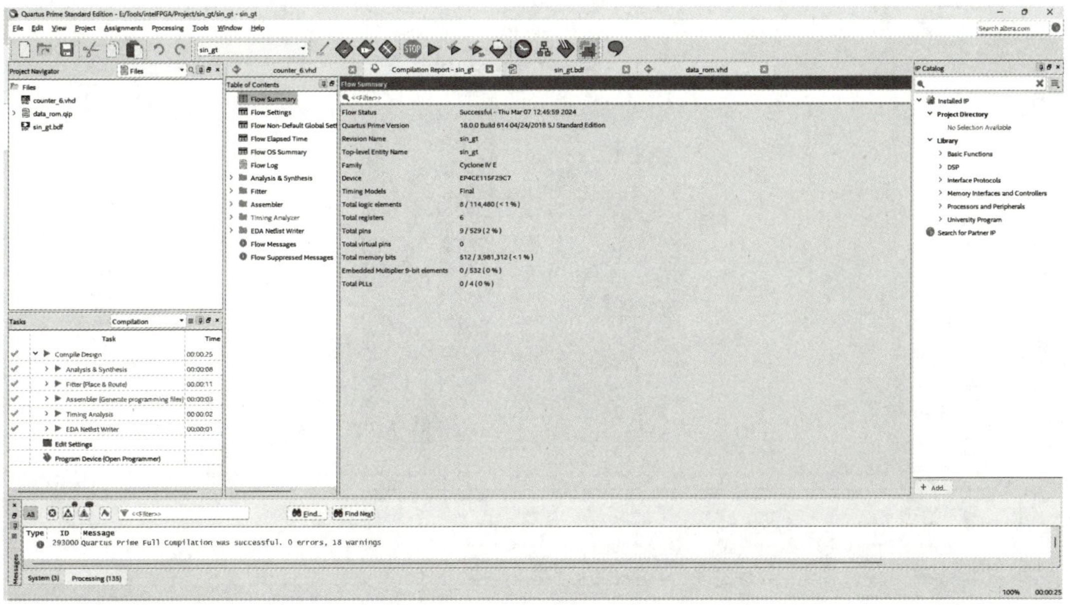

图 F2.28　BDF 文件编译通过界面

3. 引脚锁定

完成编译和综合后，可以进行引脚锁定，确保工程的顶层设计模块端口与目标元器件引脚对应正确。

点击 Quartus Prime 主界面的“Pin Planner”按键，打开如图 F2.29 所示界面，需要在 Location 栏选择绑定引脚的信息。

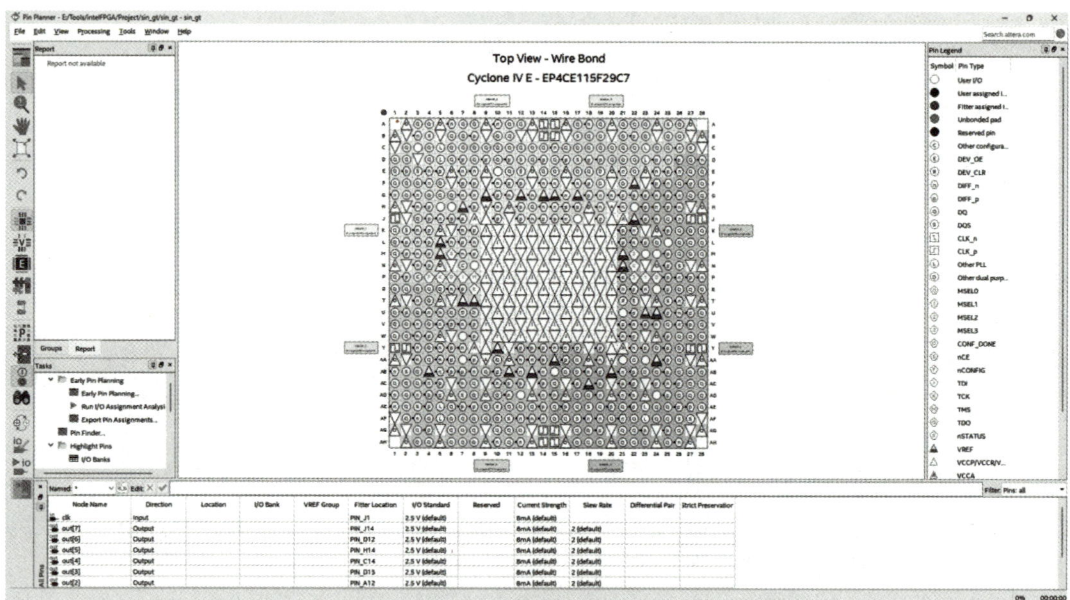

图 F2.29　引脚绑定界面

查询 DE2-115 的数据手册，为模块的 I/O 端口指定对应的引脚，引脚绑定完成，如图 F2.30 所示。

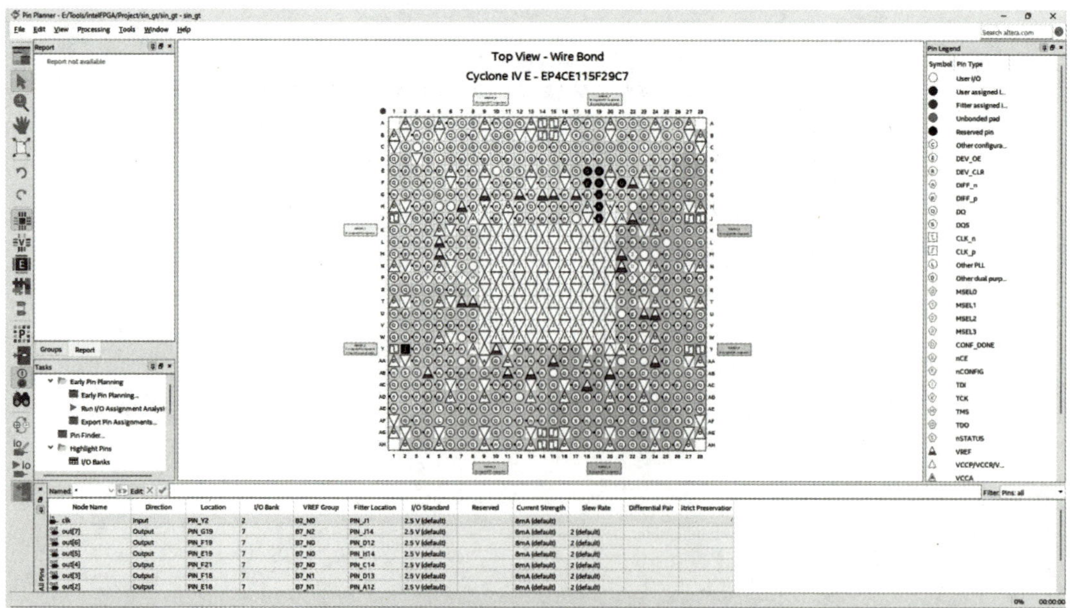

图 F2.30　引脚绑定完成

4. 编程与配置

编程与配置是将编译和综合后生成的文件加载到 PLD 或者固化到外围配置器件的过程。配置指的是将配置文件加载到 FPGA 内部查找表的 SRAM 中，而编程则是将编程文件固化到 FPGA 外部串行存储器 (Erasable Programmable Configurable Serial，EPCS) 配置元器件中的过程。

在执行编程与配置之前，必须通过 USB 设备将装有 Quartus Prime 软件的计算机与 DE2-115 开发板的 USB-Blaster 连接。对于初次使用该开发板的用户，还需进行 USB-Blaster 驱动程序的安装。

(1) 在安装驱动程序时，确保开发板已经上电。打开 Windows 的设备管理器，在通用串行总线控制器找到带有黄色感叹号的 Altera USB-Blaster，单击鼠标右键并选择“更新驱动程序软件”。随后，选择“浏览我的电脑以选择驱动程序”，并将目录设置为 Quartus Prime 的安装目录，如“E:\Tools\intelFPGA\18.0”。点击“下一步”，完成驱动程序的安装。安装完成后，如图 F2.31 所示。

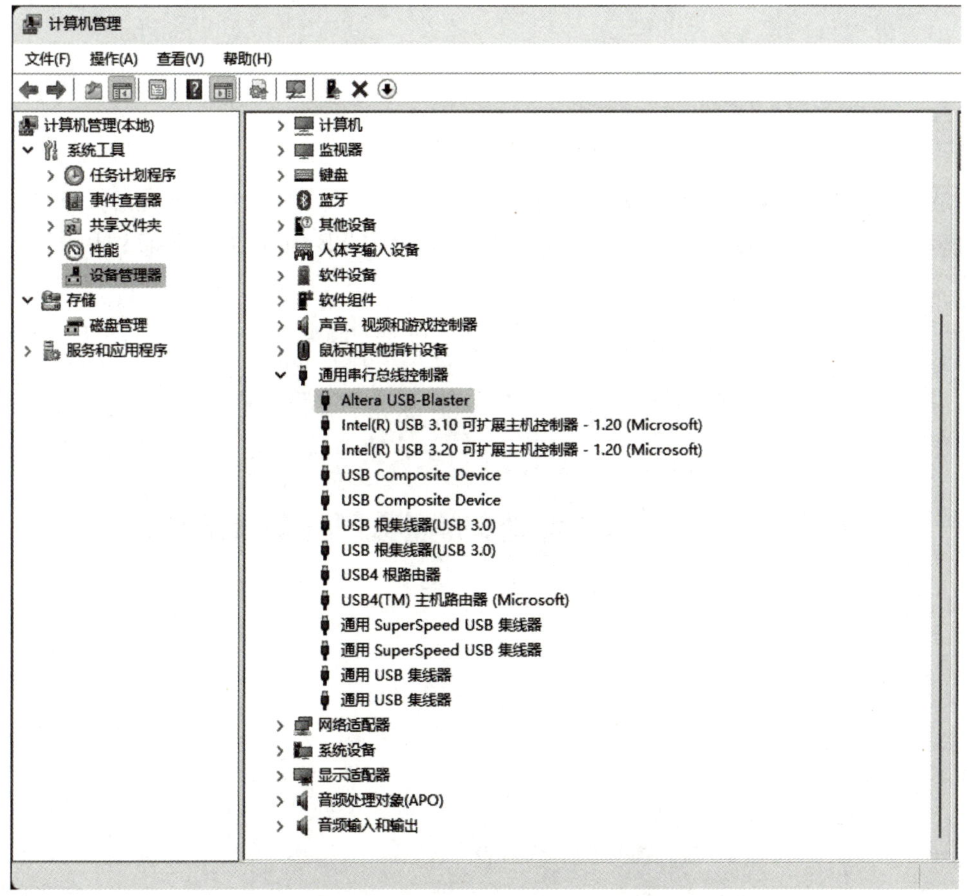

图 F2.31　Altera USB-Blaster 安装完成

(2) 驱动安装完成之后，点击主界面上的“Programmer”，进入编程器，如图 F2.32 所示。

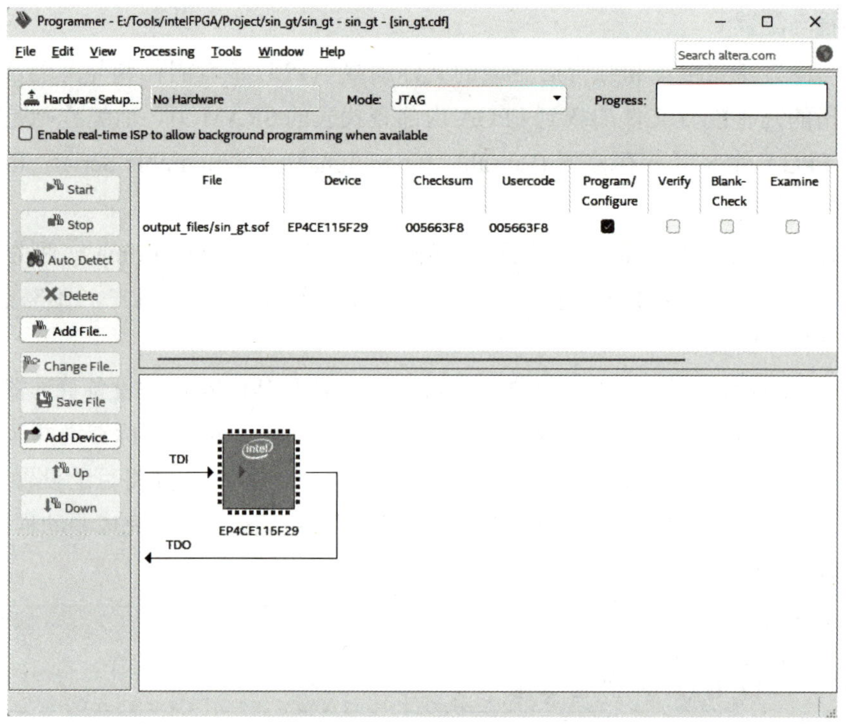

图 F2.32　编程器主界面

(3) 点击编程器左上角“Hardware Setup…”按键，进入硬件编程接口设置，打开 Currently selected hardware 后方的下拉菜单，选择“USB-Blaster[USB-0]”，如图 F2.33 所示。

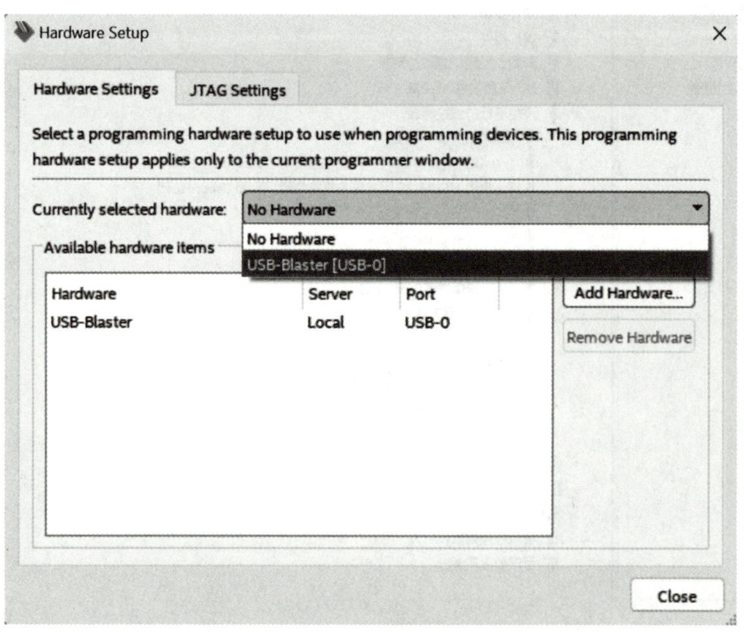

图 F2.33　硬件编程接口设置

(4) 关闭上述接口设置界面，在编程器主界面点击“Start”按键，如图 F2.34 所示，此时程序开始配置。

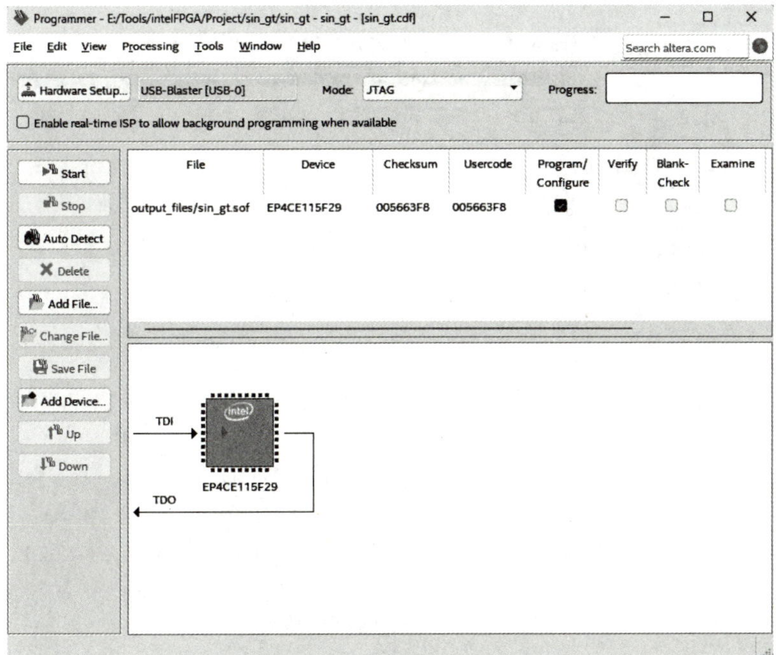

图 F2.34　程序配置界面

(5) 配置完成后，编程器右上角会出现 100%(Successful) 的进度条，如图 F2.35 所示。

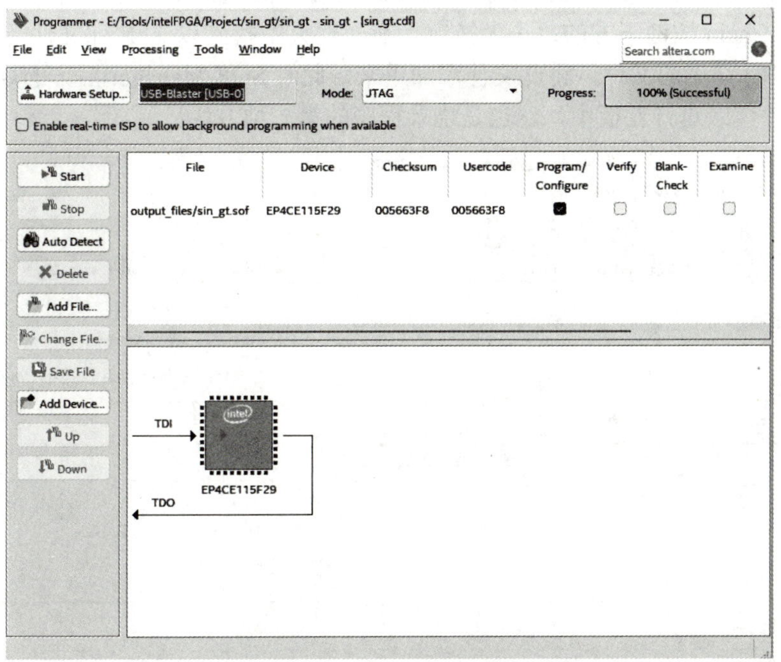

图 F2.35　程序配置完成界面

5. SignalTap 仿真

(1) 在 Quartus Prime 主界面中，点击上方“Tools→Signal Top Logic Analyzer”，打开仿真界面，如图 F2.36 所示。

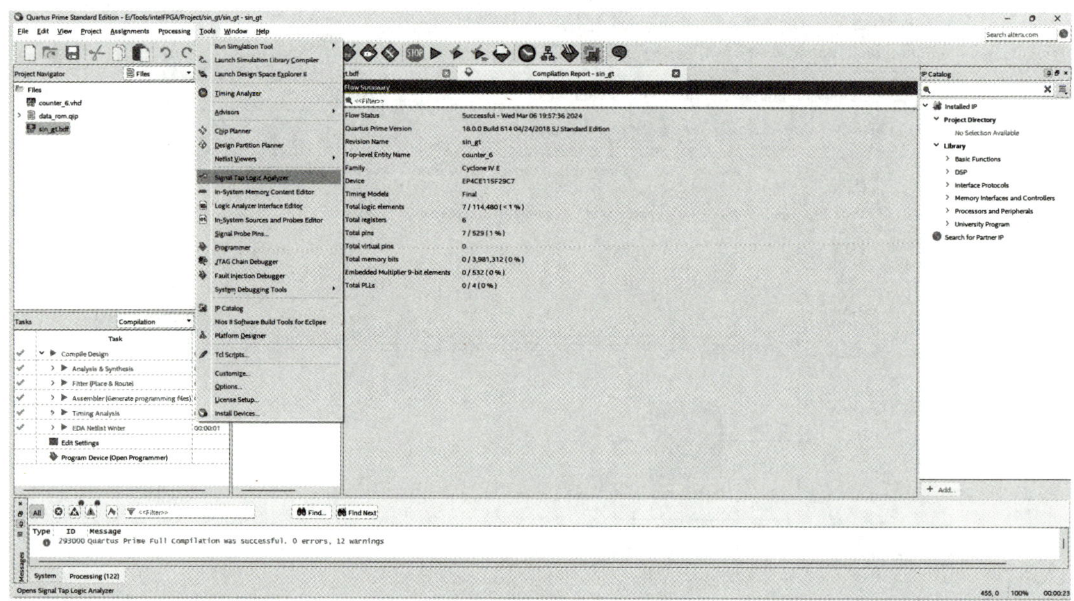

图 F2.36　打开 Signal Tap 仿真界面

(2) 弹出界面如图 F2.37 所示，此步骤必须连接开发板。点击界面右上角的 Hardware 后方的候选框，选择“USB-Blaster[USB-0]”选项，然后点击下方的“Scan Chain”按键，此时程序会查找与电脑相连的开发板，查找成功后在候选框中会显示开发板的信息。最后点击 Scan Chain 按键下方的“…”按键，在文件夹中找到以 .sof(此文件一般在 output_files 文件夹中) 结尾的文件，将此文件添加进来，此时 SOF Manager 后方的烧录按键就可以用来将程序烧录进开发板中，这也是烧录程序的第二种方法。

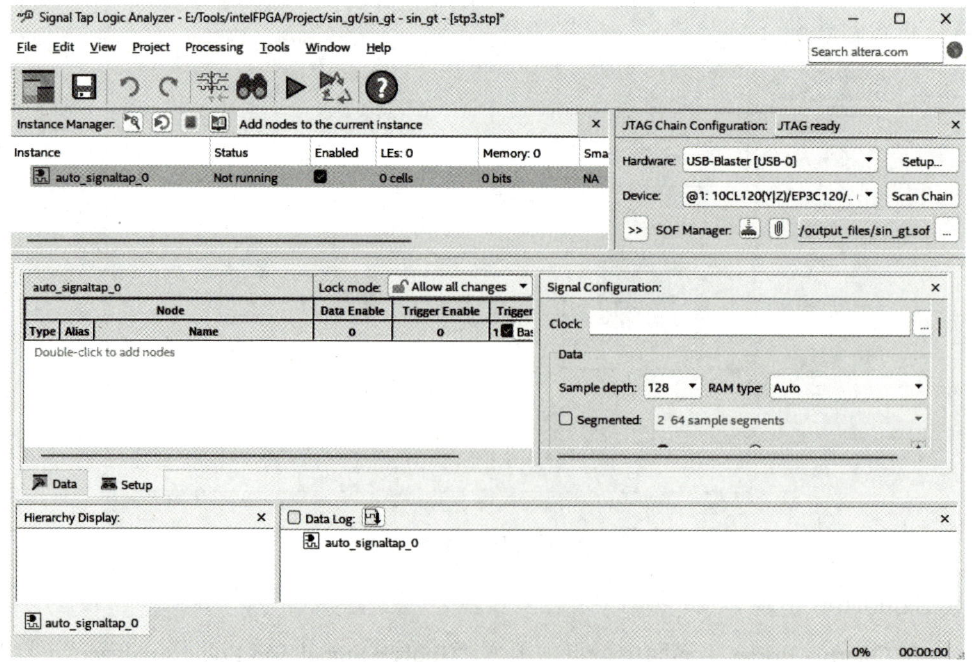

图 F2.37　Signal Tap 界面

(3) 继续在当前界面上点击“Setup”按键，然后点击 Signal Configuration 框中 Clock 后方的“…”按键，弹出的界面如图 F2.38 所示。在弹出的 Node Finder 界面，如图 F2.38 所示，依次点击“List”按钮，选中“PIN_Y2”(即输入端口)，然后点击“>”按键，就可将输入端口移入，最后点击“OK”按键。

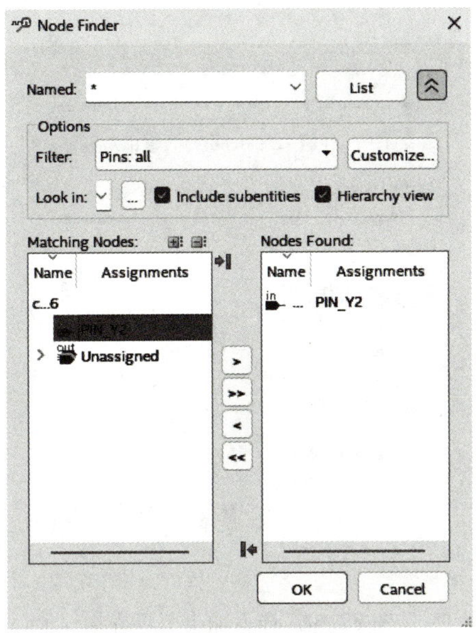

图 F2.38　插入输入节点界面

(4) Clock 配置完成之后，Clock 后方会出现 clk，由于之前设置的正弦波的周期为 64，此时还需将 Sample deoth 设置为大于 64，如图 F2.39 所示。

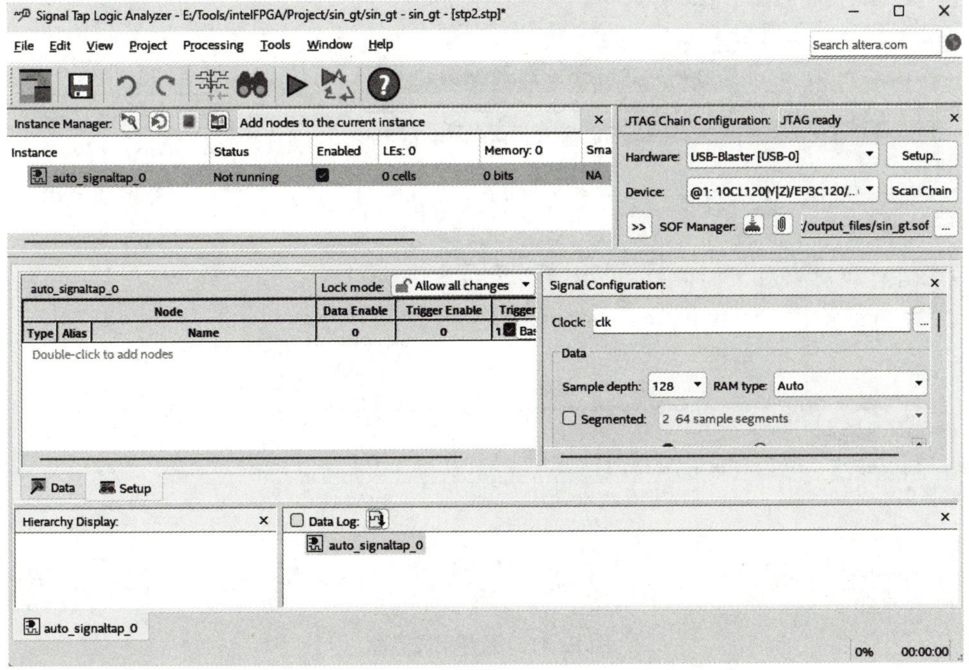

图 F2.39　配置 Clock

(5) 然后双击 Data 中的空白区域，弹出的界面如图 F2.40 所示，在弹出的 Node Finder 界面，依次点击“List”按键，选中“out”(即输出端口)，然后点击“>”按键，就可将输入端口移入，最后点击“Inster”。

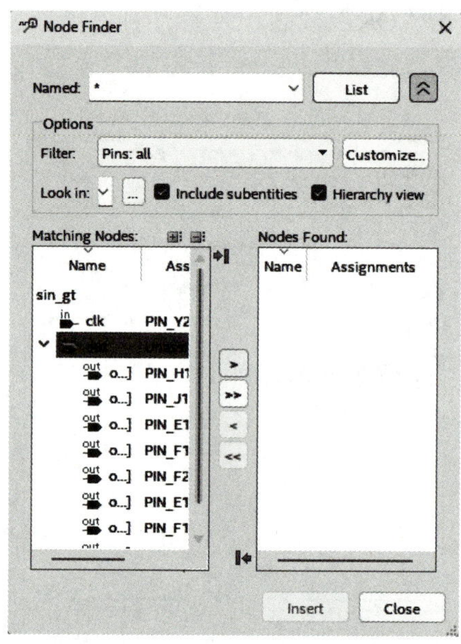

图 F2.40　插入输出节点界面

(6) 此时所有配置均已配置完成，界面如图 F2.41 所示。配置完成后需保存此文件然后对整个工程进行编译。

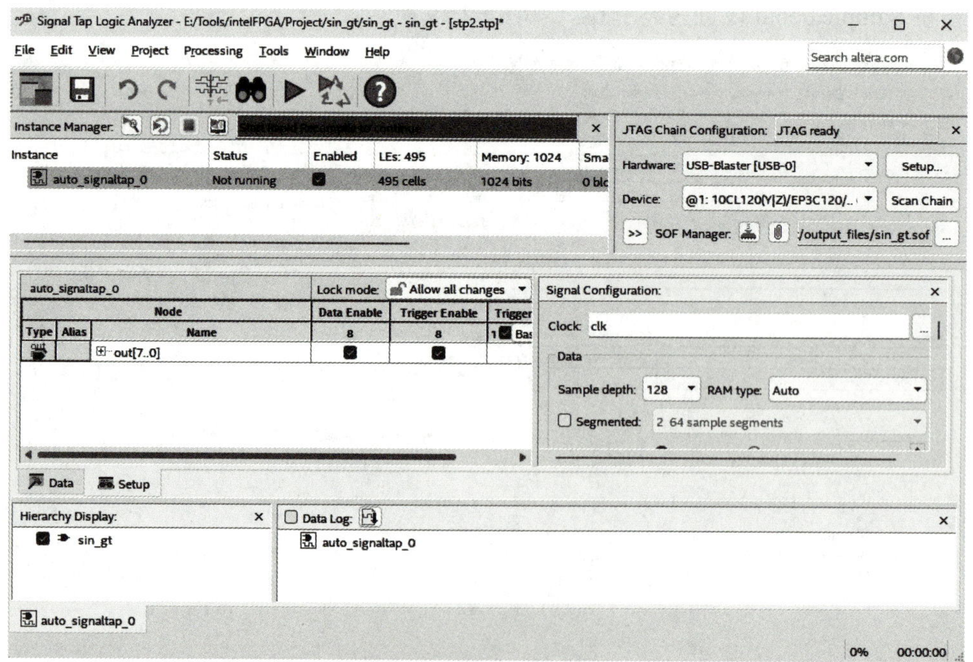

图 F2.41　配置完成界面

(7) 编译完成后重新打开此界面如图 F2.42 所示。打开界面之后需将代码烧录进开发板中才能进行仿真。

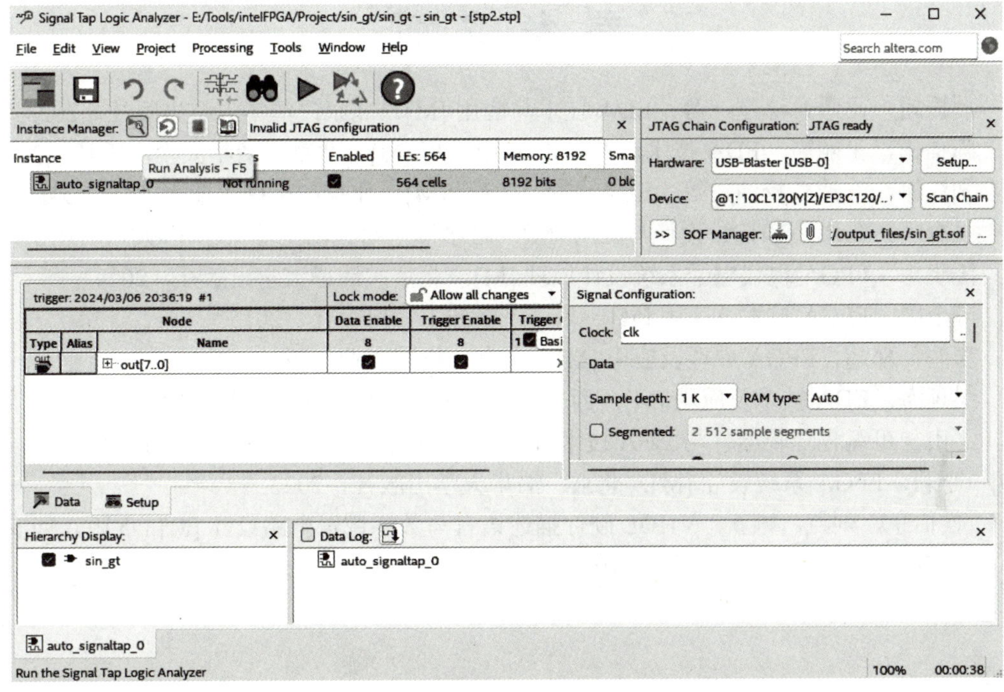

图 F2.42 编译完成重新打开界面

(8) 烧录完成之后再点击“Run Analysis”按键或“F5”就可进行仿真，仿真结果如图 F2.43 所示，可以清晰地看到产生的正弦波。

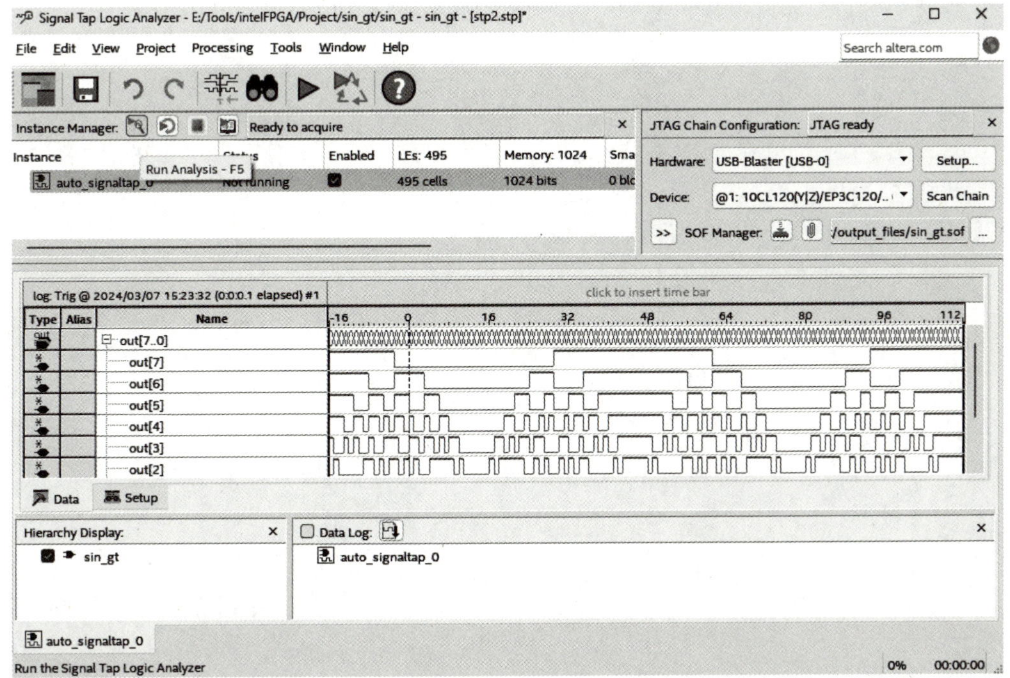

图 F2.43 仿真结果

参 考 文 献

[1] 周振超，冯暖，沈超，等．EDA 技术与应用 [M]．北京：清华大学出版社，2023.
[2] 陈福彬，王丽霞．EDA 技术与 VHDL 实用教程 [M]．北京：清华大学出版社，2021.
[3] 刘江海，方洁，杨沛，等．EDA 技术与应用 [M]．北京：机械工业出版社，2021.
[4] 吴少川，马琳．VHDL 设计与应用 [M]．哈尔滨：哈尔滨工业大学出版社，2015.
[5] 陈晓梅．FPGA 现代电子系统设计原理 [M]．北京：清华大学出版社，2024.
[6] 陈金鹰．FPGA 技术及应用 [M]．北京：机械工业出版社，2015.
[7] 李辉，邓超．FPGA 原理及应用 [M]．北京：机械工业出版社，2019.
[8] 吴延海．EDA 技术及应用 [M]．西安：西安电子科技大学出版社，2012.
[9] 丁山．可编程逻辑器件与 EDA 技术 [M]．北京：机械工业出版社，2018.
[10] 李莉．FPGA 系统设计 [M]．北京：清华大学出版社，2022.
[11] 侯伯亨，刘凯，顾新．VHDL 硬件描述语言与数字逻辑电路设计 [M]．5 版．西安：西安电子科技大学出版社，2019.